普通高等教育软件工程专业系列教材

软件测试技术（微课版）

主　编　田永红

副主编　张林丰　刘文静

中国水利水电出版社
www.waterpub.com.cn
·北京·

内 容 提 要

本书涵盖了软件测试的基本概念、方法和技术，内容由浅入深。全书共分 8 个章节，主要从软件质量与软件测试、软件测试技术及主要模型、软件测试过程、软件测试阶段、Web 应用测试、移动 App 测试、软件测试度量与评价、软件测试项目管理等方面进行了系统阐述，并结合案例进行分析讲解。其中，根据目前软件市场对软件测试人才的实际应用需求，对 Web 应用测试、移动 App 测试进行了有针对性的讲解，以提高读者在实际工作中分析、解决问题的能力和对软件测试工具的应用能力。

全书内容综合、全面，理论性强，体系完整，层次清晰，理论讲解精准深刻，选用案例丰富实用。通过学习本书，读者可以具备从事软件测试工作的基本知识、基本技能和实践能力，为将来胜任软件工程、软件测试工作打下良好的基础。

本书可作为高等院校计算机及软件工程或相关专业"软件测试"课程的教材，也可作为软件测试技术人员的自学参考书或软件测试培训机构的教材。

图书在版编目（ＣＩＰ）数据

软件测试技术：微课版 / 田永红主编. -- 北京：
中国水利水电出版社，2020.10
普通高等教育软件工程专业系列教材
ISBN 978-7-5170-8963-6

Ⅰ．①软… Ⅱ．①田… Ⅲ．①软件－测试－高等学校
－教材 Ⅳ．①TP311.55

中国版本图书馆CIP数据核字(2020)第199691号

策划编辑：石永峰　责任编辑：高双春　加工编辑：孙 丹　封面设计：李 佳

书　　名	普通高等教育软件工程专业系列教材 **软件测试技术（微课版）** RUANJIAN CESHI JISHU（WEIKE BAN）
作　　者	主　编　田永红 副主编　张林丰　刘文静
出版发行	中国水利水电出版社 （北京市海淀区玉渊潭南路 1 号 D 座　100038） 网址：www.waterpub.com.cn E-mail: mchannel@263.net（万水） 　　　　sales@waterpub.com.cn 电话：(010) 68367658（营销中心）、82562819（万水）
经　　售	全国各地新华书店和相关出版物销售网点
排　　版	北京万水电子信息有限公司
印　　刷	三河市铭浩彩色印装有限公司
规　　格	184mm×260mm　16 开本　16.25 印张　398 千字
版　　次	2020 年 10 月第 1 版　2020 年 10 月第 1 次印刷
印　　数	0001—3000 册
定　　价	48.00 元

前　　言

随着软件产业的快速发展，软件规模不断扩大，软件的复杂性也在日益增加，如何保证软件质量已成为软件开发过程中越来越重要的问题。软件测试是保证软件质量的重要手段。近几年来，软件测试已经越来越受到软件企业和用户的高度重视。软件企业纷纷增大软件测试在软件开发过程中的比重，成立了相应的软件测试与质量保证部门，也相应地出现了专门从事软件测试的第三方软件企业，使得目前软件企业对软件测试人才的需求与日俱增。同时，软件行业对高效率、专业化实施的软件测试的要求越来越严格。对于软件企业来说，不仅要提高对软件测试的认识，还要建立起独立的软件测试组织，采用先进的测试技术，充分运用测试工具，建立完善的软件质量保证的管理体系，以降低软件开发的成本和风险，提高软件开发的效率和生产力，确保及时地发布高质量的软件产品。

软件测试是一项专业性很强的工作，要求测试人员掌握软件测试的方法、技术、流程、度量和管理等综合知识，也要学会应用必要的软件测试工具。因此，软件测试人员需要具备丰富的理论知识和实践技能。为适应软件产业发展的需要，各高等院校的计算机软件相关专业都相继开设了软件测试课程。为了满足教学需要，我们组织了具有丰富软件测试教学经验和软件测试项目经验的教师编写本书，并且在编写过程中，结合了大型 IT 企业的具体软件项目，融入了软件测试工程师的丰富软件测试经验和具体工程实践知识与技能。

本书既注重使学生掌握软件测试基本理论、技术，又培养学生工程实践能力。在编写过程中，我们特别注重突出教材的应用性、实践性，理论联系实际，把对学生实践应用能力的培养融入其中。本书以 IT 企业对软件测试人员的技术能力要求为基础，以工程能力培养为目标，梳理了软件测试的各项基本技能和知识，并形成相应知识单元；按照工程需求顺序组织课程内容，便于读者学习和掌握。本书提供一定量的案例，注重实践能力的培养。在内容的安排上，本书由易到难、深入浅出，使读者能够较好地掌握软件测试的基本知识和基本技能。

本书在内容组织结构方面做了精心安排，全书共分 8 章。第 1 章详细介绍了软件测试的基本概念和基础知识；第 2 章介绍了常用的软件开发过程模型与测试模型、常用的软件测试技术、用例设计方法；第 3 章介绍了软件测试过程模型、测试计划、测试需求分析、测试用例执行、测试总结报告；第 4 章介绍了软件测试阶段，详细介绍了单元测试、集成测试、系统测试、验收测试及其策略；第 5 章介绍了 Web 应用测试，将前面学习的软件测试用例设计方法应用于实际的 Web 应用功能测试中，并掌握相关的性能指标；第 6 章介绍了移动 App 测试，包括移动 App 功能测试、服务端接口测试、UI 自动化测试和移动 App 性能测试；第 7 章介绍了软件测试度量与评价、测试测量与产品质量评估的一般方法；第 8 章介绍了软件测试项目管理原则、测试进度管理、工作量预估、测试风险管理、测试配置管理。

本书具有以下特点：

（1）遵照教育部高等学校教学指导委员会的最新软件工程专业和计算机科学与技术及相关专业的培养目标和培养方案，结合软件测试的先修课程和后续课程，考虑到软件行业对软件测试工程师的实际技能需求而合理安排知识体系，以组织相关知识点与内容。

（2）注重理论和实践的结合。本书融入具有软件测试工程实践背景的项目案例，使得读者在掌握软件测试理论知识的同时具备测试项目的分析问题和解决问题的实践动手能力，启发读者的创新意识，使读者的理论知识和实践技能得到全面发展。

（3）针对知识点或知识单元包括了对应的案例，按照知识体系结合了综合案例，知识内容层层推进，使得读者易于接受和掌握相关知识内容。每章综合案例以"香霖网上书城"为基础，以本书知识体系为主线，将知识点有机地串联在一起，便于读者掌握与理解。

（4）在章节习题中提供一定数量的课外实践题目，采用课内外结合的方式，培养读者对软件测试的兴趣，提高其工程实践能力，使其能够满足当前社会对软件测试人员的需求。

（5）提供配套的课件、例题案例、章节案例和部分案例的测试脚本。

本书由田永红任主编，张林丰和刘文静任副主编。在编写本书的过程中，编者得到了高级软件测试工程师于涌给予的技术支持和帮助，在此表示感谢；同时参阅了上海泽众软件科技有限公司、青岛软件园等公司的教学科研成果，吸取了国内外优秀软件测试教材的精髓，我们对这些作者的贡献表示由衷的感谢。在出版过程中，本书得到了刘利民教授的支持和帮助，还得到了中国水利水电出版社石永峰编辑的大力支持，在此表示诚挚的感谢。

由于计算机技术日新月异，加之作者水平有限，书中难免有不妥和疏漏之处，恳请各位专家、同仁、读者不吝赐教和批评指正，并与笔者讨论，联系邮箱：tyh@imut.edu.cn。

编 者
2020 年 7 月

目　　录

第 1 章　软件质量与软件测试

 **本章导读**

本章由功能测试、安全性测试和兼容性测试 3 个失败案例引入软件测试，介绍软件测试相关概念、测试缺陷概念、缺陷管理工具和缺陷编写的方法、缺陷的处理过程和缺陷的流转过程、软件工程标准、能力成熟度模型集成（Capability Maturity Model Integration，CMMI）、测试成熟度模型集成（Test Maturity Model Integration，TMMi）、软件测试的发展和软件测试相关岗位以及它们对应的素质要求。

本章要点

- 软件与软件工程的相关概念
- 软件测试的概念
- 软件事故案例
- 软件工程标准
- 能力成熟度模型集成
- 测试成熟度模型集成
- 软件测试的发展
- 软件测试相关岗位与素质要求

1.1　软件与软件工程

什么是软件？什么是软件生命周期？什么是软件工程？在学习软件测试之前,大家应对这些概念有一个清晰的认识。

1. 软件的概念

简单地说，软件就是程序、文档和数据的集合。程序是指实现某种功能的指令的集合，如目前广泛应用于各行各业的 Java 程序、Python 程序、Visual Basic 程序、C#程序等。文档是指在软件从无到有这个完整的生命周期中产生的各类图文的集合。数据是指使程序能正常运行、操作的数据结构或者数据实体。

2. 软件生命周期的概念

软件生命周期是指从软件需求的定义、产生直到被废弃的整个过程。生命周期内包括软件的需求定义、可行性分析、软件概要设计、软件详细设计、编码实现、调试和测试、软件验收与应用、维护升级到废弃等各个阶段。这种按时间分为各个阶段的方法是软件工程中的一种思想，即按部就班、逐步推进，每个阶段都要有定义、工作、审查并形成文档以供交流或备查，提高软件的质量。

3. 软件工程

关于软件工程长期以来都没有一个统一的定义，很多学者和机构组织都给出了自身认可的定义。目前大家比较认可的定义是采用工程的概念、原理、技术和方法来开发与维护软件，把经过时间考验且证明正确的管理技术和当前能够得到的最好的技术方法结合起来，以经济地开发出高质量的软件并有效地维护它。

1.2   软件质量与软件事故案例

软件测试目的

软件产品是人脑高度智力化劳动的结晶。由于软件系统的规模和复杂性日益增长，软件系统的开发人员少则几人，多则数万人，在编写代码和沟通协作的过程中难免会出现一些问题，这将直接导致软件中存在缺陷。下面是 3 个软件缺陷和故障案例及分析。

【例 1-1】记事本软件功能性问题："联通"变成了乱码。

【案例分析】我们平时在使用 Windows 操作系统时，经常会应用到"记事本"。"记事本"是 Windows 系统自带的一款文本编辑工具，由于其界面简洁、操作简单，被广大用户使用。但当在其中输入一些中文文字时，存在一些小问题。这里，我们创建一个名称为"demo.txt"的文本文件，在该文件中输入"联通"，如图 1-1 所示，此时，我们可以看到文字是正常显示的。

图 1-1   文本文件内容

当保存该文件后再次打开它时，却发现先前正常显示的文字变成了乱码，如图 1-2 所示。

图 1-2   由于编码问题而导致文件内容乱码

这是一个非常典型的由字符集编码问题导致的软件功能性问题。

【例 1-2】软件的兼容性问题：美国迪士尼公司的"狮子王动画故事书"游戏软件让客服应接不暇。

【案例分析】1994 年，美国迪士尼公司发布面向少年儿童的多媒体游戏软件——"狮子王动画故事书"。经过迪士尼公司的大力促销活动，销售情况异常火爆，该游戏软件几乎成为当年秋季全美少年儿童争相购买的游戏软件。但产品销售后不久，该公司的客户支持部门的电话一直不断，大量家长和玩不成游戏的孩子们投诉该游戏软件的缺陷。后来经过调查证实，造成该严重后果的原因是，迪士尼公司没有在已投入市场上适用的各种计算机上对该游戏软件进行测试，也就是说，该游戏软件对硬件环境的兼容性没有得到保证。当时该软件故障使迪士尼公司的声誉受损，并为改正软件缺陷和故障付出了很大的代价。

【例 1-3】软件安全性问题：不存在的用户也能正常登录系统。

【案例分析】通常每个系统都有一个用户认证、用户登录模块，用于验证用户的合法性及该用户所拥有的操作本系统的相应权限，如图 1-3 所示。只有数据库中存在的用户才能正常登录系统，否则将不能登录系统并进行该系统提供的业务功能操作。

图 1-3　"用户认证"对话框

我们先进入后台数据库中，看看存在哪些有效的用户和密码信息。可以看到，目前系统中有一个 user 表，存在两个用户——tester 和 admin，相应的密码分别为 123456 和 admin，如图 1-4 所示。

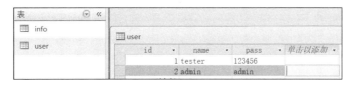

图 1-4　user 表中用户名和用户密码的相关信息

原则上，只有输入 tester 或者 admin，并且正确输入相应的密码信息，才能正常登录系统，如图 1-5 所示。但我们在"用户名称"文本框中输入"孙悟空"，在"用户密码"文本框中输入"or"1=1，会惊奇地发现也可以成功登录系统，如图 1-6 所示。这是一个典型的 SQL 注入类安全性问题，即利用程序代码漏洞和数据库的一些关键词，构成了一条永远为"真"的 SQL 语句，从而避开了系统对用户名称和用户密码合法性的验证。在本例中，甚至不输入用户名称，也可以成功登录系统，如图 1-7 所示。

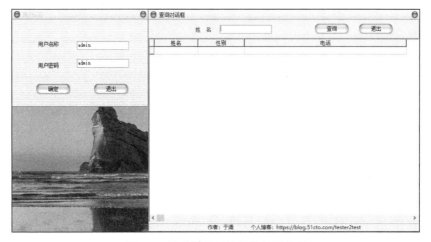

图 1-5　正常登录后的相关显示信息

图 1-6　SQL 注入方式登录后的相关显示信息

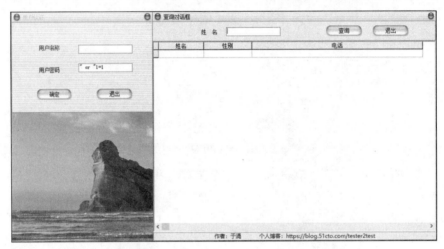

图 1-7　SQL 注入方式（不输入用户名称）登录后的相关显示信息

在上面的 3 个例子中，大家可以看到软件系统功能、兼容性和安全性方面都有可能产生这样或者那样的缺陷，当然这里只是从这 3 个常见的测试分类举了一些例子，如果软件测试不充分，则将直接导致软件质量出现问题，在实际生活、工作中，大家可能会碰到更多的由测试不充分导致的严重后果。

前面我们提到了软件质量，那么什么是软件质量呢？ANSI/IEEE STD 729—1983 给出的关于软件质量的定义是软件产品满足规定的和隐含的与需求能力有关的全部特征和特性。从这个定义我们可以看出，如果产出的软件产品没有按照既定的需求实现，软件质量就无从谈起。如果软件产品只满足了规定的需求，而没有实现那些隐含的需求，则同样是存在质量问题的。

1.3　软件测试与软件缺陷

随着计算机行业的不断发展，软件系统规模和复杂性不断扩大，先前由一两个人就可以完成的中小型项目已经不再适用于现在软件项目的开发模式和系统的规模。通常现行软件项目业务功能复杂,操作人数较多,软件厂商在激烈的市场竞争中不仅需要考虑产品的功能实用性、界面的美观性、易用性等,产品的健壮性以及快速及时的响应、支持多用户的并发请求等性能测试方面的要求也越来越受到关注。软件的性能测试可以说是软件测试的重中之重,是测试人员从用户角度出发对软件系统功能、性能等方面进行测试的行为,是一种非常重要的软件质量保证的手段。

1.3.1　软件测试概念

软件测试原则

软件测试就是在软件投入正式运行前,对软件需求文档、设计文档、代码实现的最终产品以及用户操作手册等方面进行检查、评审和确认的活动。软件测试通常主要描述以下两项内容。

描述 1:软件测试是为了发现软件中的错误而执行程序的过程。

描述 2:软件测试是根据软件开发各个阶段的规格说明和程序的内部结构而精心设计的多组测试用例(即输入数据及其预期的输出结果),并利用这些测试用例运行程序以发现错误的过程,即执行测试步骤。

这里又提到了两个概念——测试和测试用例。

测试包含硬件测试和软件测试,在本书中如没有特殊说明,测试仅指软件测试。它是为了找出软件中的缺陷而执行多组软件测试用例的活动。

测试用例是针对需求规格说明书中的相关功能描述和系统实现而设计的,用于测试输入、执行条件和预期输出。测试用例是执行软件测试的最小实体。

设计测试用例的目的是发现软件中是否存在软件缺陷。那么,什么是软件缺陷呢?

1.3.2　软件缺陷概念

软件缺陷是指计算机的硬件、软件系统(如操作系统)或应用软件(如办公软件、进销存系统、财务系统等)出现的错误。大家经常会把这些错误称为 Bug。Bug 在英语中是臭虫的意思。在以前的大型机器中,经常出现有些臭虫破坏系统的硬件结构,导致硬件运行出现问题甚至崩溃情况。后来,Bug 这个名词就沿用下来了。Bug 被引申为错误的意思,什么地方出现了问题,就说什么地方出现了 Bug,于是就用 Bug 来表示计算机系统或程序中隐藏的错误、缺陷或问题。

硬件出错有两个原因,一个原因是设计错误,另一个原因是硬件部件老化失效等。软件缺陷基本上是软件开发企业设计错误而引发的。设计完善的软件不会因用户可能的误操作产生 Bug,如本来是做加法运算,但错按了乘法键,这样用户会得到一个不正确的结果,这个误操作产生错误的结果,但不是 Bug。

1.3.3　缺陷管理工具及缺陷填写

在软件测试过程中,测试人员发现缺陷以后,通常会提交到缺陷管理工具中,常见的缺陷管理工具包括:开源免费的测试工具 BugFree、BugZilla、Mantis、JIRA 等;商业的测试工具 HP QualityCenter、IBM Rational ClearQuest、Compuware TrackRecord、禅道等。

下面以缺陷管理工具 BugFree 为例,简单介绍缺陷的填写、缺陷的严重程度定义以及缺陷流转的过程。图 1-8 为 BugFree 新建 Bug 的界面。

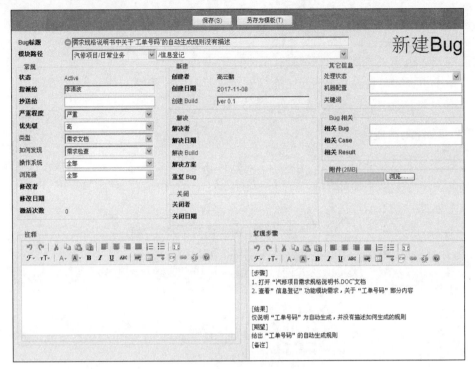

图 1-8　BugFree 新建 Bug 的界面

下面简单介绍图 1-8 中填写的相关内容：

（1）Bug 标题：是关于 Bug 的摘要，要求简单明了。

（2）模块路径：是问题的所在模块，如果后续有新的模块，可以在后台管理，添加相应模块，同时可以指定模块负责人，若指定负责人，则选择模块时，会自动指派给相应负责人。

（3）状态：Bug 从产生到被关闭，其状态不断发生变化。表 1.1 为 Bug 状态说明表。

表 1.1　Bug 状态说明表

状态	说明
Active（活动）	Bug 的初始状态，新建的 Bug 状态都是从 Active 状态开始的。可以填写 Bug 的相关内容，并指派给相应的研发人员或者产品设计人员解决
Resolved（已解决）	解决 Bug 之后的状态
Closed（已关闭）	已修复并在验证无误之后可以关闭 Bug，该 Bug 处理完毕。如果没有解决或者再次出现该问题，可以重新激活该 Bug，Bug 状态也将重新变为 Active

（4）指派给：是 Bug 的当前处理人。如果不知道 Bug 的处理人，可以指派给 Active，项目或模块负责人再重新分发、指派给具体人员。如果设定了邮件通知，被指派者会收到邮件通知。状态为 Closed 的 Bug 会默认指派给 Closed，表示 Bug 生命周期结束。

（5）抄送给：需要通知相关人员时填写，例如测试主管或者开发主管等。可以同时指派多个人员，其间用逗号分隔。如果设定了邮件通知，当 Bug 有任何更新时，被指派者都会收到邮件通知。

（6）严重程度：是 Bug 的严重程度，这里我们定义 4 个级别的严重程度，见表 1.2。

表 1.2　Bug 严重程度说明表

严重程度	说明
致命	系统无法执行、崩溃或严重资源不足、应用模块无法启动或异常退出、无法测试、造成系统不稳定，比如：系统安装、系统崩溃、重要数据丢失等
严重	系统的主要功能存在的严重缺陷，比如：主要功能未实现、功能业务实现错误、安全性问题
一般	系统的其他功能、界面展现等存在的错误，比如：界面展现错误、提示信息错误等
轻微	系统易用性或者建议性的问题，比如：界面描述说明不清楚、提示信息不准确、界面错别字等

（7）优先级：是 Bug 处理的优先级，包括最高、高、中、低。

（8）类型：是 Bug 产生的根源，包括代码错误、用户界面、需求变动、新增需求，需求文档、设计文档、配置相关、安装部署等。

（9）如何发现：即 Bug 是如何被发现的，包括功能测试、单元测试、版本验证测试、集成测试、系统测试、冒烟测试、验收测试等。

（10）操作系统：即 Bug 是在什么操作系统中被发现的，包括 Windows 7、Windows Vista、Windows XP、Windows 2000、Linux 等。

（11）浏览器：即 Bug 是在用什么浏览器时被发现的，包括 IE 8.0、IE 7.0、IE 6.0、FireFox 4.0、FireFox 3.0、FireFox 2.0、Chrome 等。

（12）创建 Build：是指相应的构建软件的版本或者需求等相关文档的版本。

（13）解决方案：是指相应的研发或者产品对缺陷的处理方案，包括设计如此（By Design）、重复（Duplicate）Bug、已修改（Fixed）、延期（Postponed）等。

（14）相关 Bug：是指与当前 Bug 相关的 Bug。例如，由同一段代码导致的不同问题可以在相关 Bug 注明。

（15）相关 Case：是指与当前 Bug 相关的测试用例（Case）。例如，测试遗漏的 Bug 可以在补充了 Case 之后，在 Bug 的相关 Case 中注明。

（16）附件：是指上传 Bug 的对应屏幕截图、日志（Log）等，方便研发或者产品人员定位、处理问题。

（17）复现步骤：是指描述产生该 Bug 的详细操作步骤，以及根据这些步骤产生的实际结果与应该出现的预期结果信息。

1.3.4　缺陷处理过程及缺陷流转过程

不同企业对缺陷的处理流程是各不相同的，最普遍的缺陷处理过程如图 1-9 所示。

下面结合 BugFree 管理工具简单介绍缺陷流转过程。

（1）测试人员发现并提交一个 Bug，此时 Bug 的状态为新建（Active）状态。

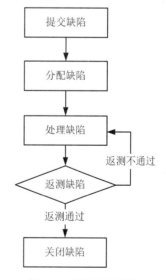

图 1-9　缺陷处理过程

（2）研发人员修改该 Bug 后，将 Bug 的状态变为已修复（Fixed），待系统 Bug 修复完成以后，置为打开（Resolved）状态，形成一个新的版本提交给测试人员。

（3）测试人员对新版本进行回归测试，如果该 Bug 确实已经修正，则将 Bug 的状态修改为已关闭（Closed）；如果没有修正，则需要让开发人员继续修改该 Bug。

当然，上面的缺陷流转过程还不完善，在测试过程中还会遇到新版本中仍然存在与前一个版本相同的缺陷，此时就需要将 Bug 置为重新打开（Reopen）状态；测试人员甲和测试人员乙提交相同 Bug，此时就需要将 Bug 置为重复（Duplicated）状态；测试人员认为这不是一个 Bug，此时就需要 Bug 被置为拒绝（Rejected）状态等，这些情况在上面的流程中都没有涉及，如果想对这部分进行处理，则需进一步修改缺陷流转过程。

1.4 软件测试相关标准

如何保证开发出的软件产品能够满足软件质量要求呢？软件工程和针对信息技术行业的一些标准无疑可以较大程度地提升软件质量。软件工程的标准化也就是针对软件生命周期的各阶段建立对应的标准或规范。目前软件测试行业也有一些相关的标准、规范供我们参考和使用。

1.4.1 软件工程标准

软件工程标准分为国际标准、国家标准、行业标准、企业标准和项目规范 5 个质量标准级别。很多标准的原始状态可能是从墙面标准或者企业标准做起，随着行业的发展，企业标准可能因为权威性促使其成为行业标准、国家标准甚至国际标准。

下面让我们一起来了解一下这 5 个质量标准级别。

（1）国际标准。国际标准是由国际机构指定和公布供各国参考的标准称为国际标准。国际标准化组织（International Standards Organization，ISO）具有广泛的权威性和代表性，因此其发布的标准也具有世界范围的影响力。20 世纪 60 年代初，ISO 建立了"计算机与信息处理技术委员会"，专门负责与计算机有关的标准化工作。它发布的标准通常均带有"ISO"字样，如 ISO/IEC 15504 是软件过程评估的国际标准，它提供了一个软件过程评估的框架。ISO/IEC 15504 TR 由概念和介绍性指南、过程和过程能力的参考模型、实施评估、实施和指标指南、过程评估模型、评估员资格指南、用于过程改进指南、确定供应者过程能力应用指南和词汇 9 部分组成。

（2）国家标准。国家标准是由政府或国家级的机构制定或批准，适用于本国范围的标准。下面简单介绍一些国家标准，其对应的标准通常均带有如下字样信息。

GB：中华人民共和国国家技术监督局是中国的最高标准化机构，它所公布实施的标准简称为"国标"。

ANSI（American National Standards Institute）：美国国家标准协会，是美国一些民间标准化组织的领导机构，具有一定的权威性。

FIPS（Federal Information Processing Standards）：美国商务部国家标准局联邦信息处理标准。它所公布的标准均冠有 FIPS 字样，如 1987 年发表的 FIPS PUB 132—87 Guideline for validation and verification plan of computer software（软件确认与验证计划指南）。

BS（British Standard）：英国国家标准。

DIN（Deutsches Institut für Normung）：德国标准化学会。

JIS（Japanese Industrial Standards）：日本工业标准。

我国已制定的一些与软件行业相关国标内容见表 1.3 至表 1.8。

表 1.3　国家标准代号说明表

序号	代号	含义
1	GB	中华人民共和国强制性国家标准
2	GB/T	中华人民共和国推荐性国家标准
3	GB/Z	中华人民共和国国家标准化指导性技术文件

表 1.4　基础标准说明表

标准号	标准名称
GB 1526—1989	信息处理　数据流程图、程序流程图、系统流程图、程序网络图和系统资源图的文件编制符号及约定
GB/T 11457—2006	信息技术　软件工程术语
GB/T 14085—1993	信息处理系统计算机系统配置图符号及约定

表 1.5　生命周期管理标准说明表

标准号	标准名称
GB/T 8566—2007	信息技术　软件生存周期过程

表 1.6　文档化标准说明表

标准号	标准名称
GB/T 8567—2006	计算机软件文档编制规范
GB/T 9385—2008	计算机软件需求规格说明规范

表 1.7　生命周期管理标准说明表

标准号	标准名称
GB/T 9386—2008	计算机软件测试文档编制规范
GB/T 15532—2008	计算机软件测试规范
GB/T 25000.10—2016	系统与软件工程　系统与软件质量要求和评价（SQuaRE）　第 10 部分：系统与软件质量模型

表 1.8　其他标准说明表

标准号	标准名称
GB/T 13502—1992	信息处理　程序构造及其表示的约定
GB/T 14394—2008	计算机软件可靠性和可维护性管理
GB/T 16680—2015	系统与软件工程　用户文档的管理者要求

（3）行业标准。行业标准是由一些行业机构、学术团体或国防机构制定，并适用于某个业务领域的标准。

下面简单介绍一些行业标准，其对应的标准通常带有如下字样信息。

GJB：中华人民共和国国家军用标准。其是由我国国防科学技术工业委员会批准，适合国防部门和军队使用的标准。通常情况下，其所制定的标准包含"GJB"字样，如 GJB 437—1988 军用软件开发规范。

IEEE（Institute of Electrical and Electronics Engineers）：电气和电子工程师协会。其是一个美国的电子技术与信息科学工程师的协会，是目前世界上最大的非营利性专业技术学会。通常情况下，其所制定的标准包含"IEEE"字样，如 IEEE 829 软件测试文档标准，它定义了一套文档，用于测试计划、测试设计、测试用例、测试过程、测试项传递报告、测试记录、测试附加报告和测试摘要报告 8 个已定义的软件测试阶段，每个阶段可产生单独文件。

DOD-STD（Department of Defense-Standards）：美国国防部标准。

MIL-S（Military-Standards）：美国军用标准。

这些标准规范的制定参考了国际标准和国家标准，对各自行业起到了推动的作用。

（4）企业标准。企业标准是一些大型企业或公司，由于软件工程工作的需要，制定适用于本企业或者本企业的某些部门的规范，如美国 IBM 公司通用产品部（General Products Division）1984 年制定的"程序设计开发指南"。

（5）项目规范。项目规范是为一些科研生产项目需要而由组织制定一些具体项目的操作规范，这种规范制定的目标很明确，即为该项任务专用。虽然项目规范最初的使用范围小，但如果能成功指导一个项目成功运行并重复使用，也有可能发展为行业规范。

1.4.2　能力成熟度模型集成

CMMI 过程域

20 世纪 60 年代中期，大型软件系统开发过程中出现了大量软件开发失败的情况，表现为软件开发成本无法控制、开发进度无法预测、开发出来的软件质量差而无法满足需求等。20 世纪 70 年代中期，美国国防部曾研究这些项目失败的原因，发现 70%的项目是因为管理不善而失败的，并不是因为技术原因。1987 年，美国卡内基·梅隆大学软件工程研究中心研究、发布了软件过程成熟度框架，并提供软件过程评估和软件能力评价两种评估方法和软件成熟度提问单。几年后，软件工程协会将软件过程成熟度框架进化为软件能力成熟度模型（Capability Maturity Model for Software，SW-CMM）。

SW-CMM 为软件企业的过程管理能力提供了一个阶梯式进化的框架。它吸取了以往软件工程的经验教训，将软件过程分为 5 个阶段，同时对这些阶段进行排序，形成 5 个逐层提高的等级，如图 1-10 所示。通过 5 个不同等级来引导软件开发组织不断识别软件开发过程中的问题，指出应该做哪些改进，但它并不提供做这些改进的具体措施。

（1）初始级。

1）软件过程非常混乱。

2）不具备稳定的环境以进行软件开发和维护。

3）缺乏健全的管理惯例，其软件过程能力无法预计。

4）软件过程总是随着软件开发工作的推进而处于变化和调整之中。

5）现实中有许多这种软件组织，这种情况被 CMM 定义为初级（第 1 级）能力成熟度。

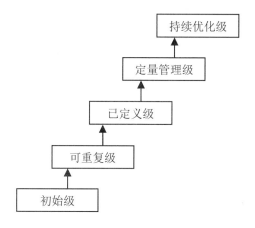

图 1-10　软件能力成熟度等级

（2）可重复级。

1）软件开发的首要问题不是技术问题而是管理问题。因此，可重复级的焦点集中在软件管理过程上。

2）一个可管理的过程是一个可重复级的过程，一个可重复级的过程则能逐渐进化和成熟。

3）可重复级管理过程包括需求管理、项目管理、质量管理、配置管理和子合同管理 5 个方面。

4）项目管理分为计划过程和跟踪监控过程两个过程。

5）通过实施这些过程，从管理角度可以看到一个按计划执行且阶段可控的软件开发过程。

（3）已定义级。

1）制定企业范围的工程化标准。

2）将这些标准集成到企业软件开发标准过程中。所有的开发项目需根据这个标准过程剪裁出该项目的过程并执行。

3）成熟度级别 3 级的过程描述往往比成熟度级别 2 级更为严谨。已定义的过程清晰地陈述了目的、输入、入口准则、活动、角色、度量项、验证步骤、输出与出口准则。

（4）定量管理级。

1）第 4 级的管理是量化的管理。

2）所有过程都需建立相应的度量方式，所有产品的质量（包括工作产品和提交给用户的产品）需有明确的度量指标。这些度量是详尽的，且可用于理解、控制软件过程和产品，这种量化控制将使软件开发真正变成工业生产活动。

处于定量管理级的组织已经能够为软件产品和软件过程设定定量的质量目标，并且能够对跨项目的重要软件过程活动的效率和质量予以度量。管理级是可度量的、可预测的软件过程。

（5）持续优化级。

1）第 5 级的目标是达到一个持续改善的境界。

2）可根据过程执行的反馈信息来改善下一步的执行过程，即优化执行步骤。

如果一个企业达到了持续优化级，那么表明该企业能够根据实际的项目性质、技术等因素，不断调整软件生产过程以求达到最佳。

早期的能力成熟度模型（Capability Maturity Model，CMM）是一种单一的模型，较多地用于软件工程。随着应用的推广与模型本身的发展，该模型演绎成为一种被广泛应用的综合性模型，因此改名为 CMMI 模型。CMMI 是 1994 年由美国国防部与卡内基·梅隆大学的软件工程研究中心以及美国国防工业协会共同开发和研制的。他们计划把现在所有现存实施的与即将被发展出来的各种能力成熟度模型集成到一个框架中，申请此认证的前提条件是该企业具有有效的软件企业认定证书。其目的是帮助软件企业对软件工程过程进行管理和改进，提高开发与改进能力，从而能按时、不超预算地开发出高质量的软件。其所依据的想法是，只要集中精力持续努力建立有效的软件工程过程的基础结构，不断进行管理的实践和过程的改进，就可以克服软件开发中的困难。

CMMI 为改进一个组织的各种过程提供了一个单一的集成化框架，新的集成模型框架消除了各个模型的不一致性，减少了模型间的重复，增加透明度和理解，建立了一个自动的、可扩展的框架，因而能够从总体上改进组织的质量和效率。CMMI 的主要关注点是成本效益、明确重点、过程集中和灵活性。

CMMI 提供了阶段式和连续式两种表示方法，但是这两种表示法在逻辑上是等价的。阶段式方法将模型表示为一系列"成熟度等级"阶段，共有 5 级（初始级、已管理级、已定义级、定量管理级、优化级），每个阶段都有一组过程域指出一个组织应集中于何处以改善其组织过程，每个过程域用满足其目标的方法来描述，过程改进通过在一个特定的成熟度等级中满足所有过程域的目标而实现。连续式模型没有像阶段式那样的分散阶段，模型的过程域中的方法是当前过程域的外部形式，并可应用于所有的过程域中，通过实现公用方法来改进过程。它不专门指出目标，而是强调方法。组织可以根据自身情况适当裁剪连续模型并以确定的过程域为改进目标。两种表示方法的差异反映了为每个能力和成熟度等级描述过程而使用的方法，虽然它们描述的机制可能不同，但是通过采用公用的目标和方法作为"必需"的和"期望"的模型元素，而达到了相同的改善目的。

CMMI 还有一个重要的概念是过程域（Process Area）。过程域指出了达到某个成熟度等级时必须解决的一族问题。除了初始级以外，每个成熟度等级都有若干个过程域，CMMI 1.3 版本过程域说明表见表 1.9。由于成熟度等级是循序渐进的，如果想达到某个成熟度等级，例如 CMMI 3 级，除了满足 CMMI 3 级本身 11 个过程域之外，还要满足 CMMI 2 级的 7 个过程域，依此类推。

表 1.9　CMMI 1.3 版本过程域说明表

CMMI 等级	过程域中文名称	过程域英文名称	过程类型
CMMI 2 级 已管理级 7 个过程域	需求管理	Requirements Management	工程
	项目规划	Project Planning	项目管理
	项目监控	Project Monitoring and Control	项目管理
	供应商协议管理	Supplier Agreement Management	项目管理
	度量分析	Measurement and Analysis	支持
	过程和产品质量保证	Process and Product Quality Assurance	支持
	配置管理	Configuration Management	支持

续表

CMMI 等级	过程域中文名称	过程域英文名称	过程类型
CMMI 3 级 已定义级 11 个过程域	需求开发	Requirements Development	工程
	技术方案	Technical Solution	工程
	产品集成	Product Integration	工程
	验证	Verification	工程
	确认	Validation	工程
	组织过程焦点	Organizational Process Focus	过程管理
	组织过程定义	Organizational Process Definition	过程管理
	组织培训	Organizational Training	过程管理
	集成化项目管理	Integrated Project Management	项目管理
	风险管理	Risk Management	项目管理
	决策分析与解决方案	Decision Analysis and Resolution	支持
CMMI 4 级 量化管理级 2 个过程域	组织过程绩效	Organizational Process Performance	过程管理
	定量项目管理	Quantitative Project Management	项目管理
CMMI 5 级 优化级 2 个过程域	组织革新与推广	Organizational Innovation and Deployment	过程管理
	原因分析与解决方案	Causal Analysis and Resolution	支持

2018 年 7 月 17 日，CMMI 研究院正式发布了 CMMI 2.0 版本。CMMI 2.0 版本是一个全球公认的软件、产品和系统开发最佳实践过程改进模型，能够帮助组织提升绩效。CMMI 2.0 版本产品套件包括成熟度模型、使用指南、系统与支持工具、培训、认证和评估方法。与前面版本相同，CMMI 2.0 版本使用 5 个级别代表提高能力成熟度以改进业务绩效的途径。

CMMI 2.0 版本具备以下优势：

- 改善业务绩效：商业目标直接与运营相关联，达到在时间、质量、预算、客户满意度和其他关键驱动因素的性能方面实现可衡量的提升。
- 利用当前的最佳实践：CMMI 2.0 版本是经过验证的最佳实践的可靠来源，并会在新的在线平台上持续更新，能够反映不断变化的业务需求。
- 构建敏捷弹性和规模化：在整个企业范围内以绩效为焦点，为加强使用 Scrum 的敏捷项目过程提供直接的指导。
- 对能力和性能进行对标：新的性能导向的评估方法提高了基准评估的可靠性和一致性，同时缩短了准备时间，降低了生命周期成本。
- 加速采用：通过在线平台和应用指南，更容易获得 CMMI 提供的帮助。

1.4.3　测试成熟度模型集成

TMMi 是由 TMMi 基金会（一个非营利组织，注册地为爱尔兰，成立于 2007 年）开发的一个非商业化的、独立于组织的测试成熟度模型。它是与国际标准一致的、由业务驱动（目标驱动）的。CMMI 常常被作为软件

TMMi 过程域

开发过程的工业标准。尽管事实上测试至少占到整个项目花费的 30%～40%，但在各种软件过程改进模型（如 CMMI）中，测试仍很少被提及，为此测试社区创建了 TMMi。它是测试过程改进的详细模型，并且可以实现与 CMMI 互补。

如图 1-11 所示，在 TMMi 模型中也采用阶段架构的过程改进模型。每个阶段要确保足够的改进，为下一阶段奠定基础。TMMi 有 5 个级别，遵守成熟度等级制度来进行测试过程改进，每个级别都有一套过程域。

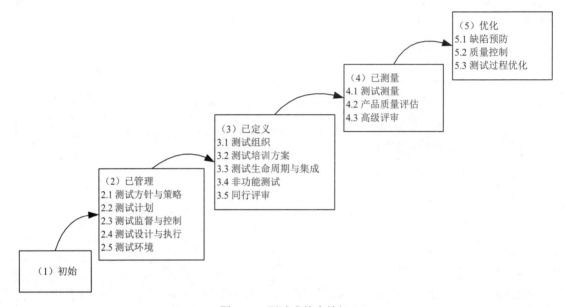

图 1-11   测试成熟度等级

（1）TMMi 1 级——初始级。在 TMMi 1 级中，测试工作是混乱的、无定义的过程。组织通常不提供稳定的环境来支持这个过程。组织的成功都是依靠能力超强英雄式人物，而不是使用被证实有效的过程。测试和调试被混合到一起来解决系统中的错误。这个级别的测试目标是软件运行后没有严重的 Bug。对质量和风险没有足够清晰的认识，产品就被发布。在该级别中没有定义过程域，软件产品往往也不能按时发布，产品质量更不可预料。

（2）TMMi 2 级——已管理级。在 TMMi 2 级中，测试成为一个可管理的过程并被清晰地从调试中分离出来。TMMi 2 级反映出的过程训练能确信现有的实践仍然有时间压力。然而，很多人仍然认为测试是编码的后一个阶段。在改善测试过程的前后，公司范围或者项目范围制定了测试策略和测试计划。在测试计划中定义了测试方法，这个方法基于产品风险评估的结果。风险管理技术被用来澄清文档需求基础上的产品风险。测试也定义了哪些测试需要做、什么时候做、谁来做等。根据需要制定委托和检验。监控测试以确保能按照计划执行，一旦发生背离，会有相应的动作。工作产品的状态和测试服务的递交对管理来说是可见的。然而，在开发生命周期中，测试仍然开始得比较晚，比如要在设计阶段或者编码阶段才开始。测试有多个标准，有单元测试、综合测试、系统测试和验收测试。对于每个确定的测试标准，有指定的测试目标定义在组织范围或者项目范围的测试策略。该级别的主要测试目标是检验产品是否符合指定的需求以及清楚地界定测试和调试。该级别的 TMMi 有许多质量问题，原因是测试启动太晚，许多人认为编码后的测试执行才是主要的测试活动，而忽视了前期阶段也会产生大量缺陷。

（3）TMMi 3 级——已定义。在 TMMi 3 级，测试不再是编码的后一个阶段，它被集成到整个开发生命周期和相关的里程碑。测试计划在项目的初期就被完成，比如在需求阶段，通过一个测试总体计划。在 TMMi 2 级，测试总体计划的发展建立在测试计划技能和承诺的基础上。组织的一套标准测试过程是 TMMi 3 级的基础，随着时间被建立和完善。存在测试组织和明确的培训程序，测试被明确为一种职业。测试过程改进是完全制度化测试组织的一部分。该级别的组织明白评审在质量控制方面的重要性；虽然没有链接到动态测试过程，仍然实施正式的评审程序。评审贯穿于整个开发生命周期。需求说明书指定测试职业包含评审。TMMi 2 级测试的设计重点是功能性测试、测试设计和扩展测试技术，视商业目标，也包括非功能性测试，例如可用性测试和可靠性测试。TMMi 2 级和 TMMi 3 级的本质区别是标准的范围，过程描述和步骤。TMMi 2 级在每个特定的实例有着完全的差别。TMMi 3 级可以从组织的一套标准过程中裁剪出适合一个特定的项目或者组织单元，因此更加一致，除非裁剪规则不同。另外一个本质区别是 TMMi 3 级比 TMMi 2 级的过程表述更加严格。因此在 TMMi 3 级，组织必须重新访问 TMMi 2 级的过程域。

（4）TMMi 4 级——已测量。在 TMMi 4 级中，测试是一个充分定义、有事实根据和可度量的过程。组织和项目为产品质量和过程性能建立多个目标，并作为标准管理它们。产品质量和过程性能通过度量指标体现出来，在整个生命周期被管理。测量成为组织度量库的一部分以支持基于事实策略的制定。评审和检查被视为测试的一部分并用来度量文档质量。静态测试方法与动态测试方法集成到一起。评审被正式用来控制质量关口。产品使用质量评价量化标准的属性，如可靠性、可用性和可维护性。一个组织广泛的测试度量方案可提供有关信息和能见度测试过程。测试被认为是评估，它由检测产品和相关的工作产品生命周期有关的所有活动组成。

（5）TMMi 5 级——优化级。在取得之前成熟度级别所有改进目标的基础上，测试是一个完全可定义的过程，并能控制成本和测试效率。在 TMMi 5 级中，组织在理解众多变化过程中的固有的常见原因的基础上持续改进过程。通过渐近和改进的过程与技术改进，提高测试过程的性能被执行。方法和技术被优化，并持续致力于微调和测试过程的提高。缺陷预防和质量控制被实践。测试过程的特点是基于质量测量的抽样。存在一个详细的步骤来选择和评估测试工具。在测试设计中，测试执行、衰退测试、测试用例管理等期间尽可能地用工具来支持测试过程。在 TMMi 5 级中，支持通过一个过程资产库实践过程重用。测试是以缺陷预防为目标的过程。

TMMi 过程域说明表见表 1.10。

表 1.10　TMMi 过程域说明表

TMMi 等级	过程域中文名称
TMMi 2 级 已管理 5 个过程域	测试方针和策略
	测试计划
	测试监控
	测试设计和执行
	测试环境
TMMi 3 级 已定义 5 个过程域	测试组织
	测试培训程序
	测试生命周期和整合

续表

TMMi 等级	过程域中文名称
TMMi 3 级 已定义 5 个过程域	非功能测试
	同行评审
TMMi 4 级 已测量 3 个过程域	测试度量
	产品质量评估
	高级同行评审
TMMi 5 级 优化级 3 个过程域	缺陷预防
	测试过程优化
	质量控制

1.5　软件测试的发展

软件测试是伴随着软件的产生而产生的。早期的软件开发过程中，软件规模很小、复杂程度低，软件开发的过程混乱无序、相当随意，测试的含义比较狭窄，开发人员将测试等同于程序调试，一般情况下都是由开发人员自己来完成测试工作的。

20 世纪 80 年代初，IT 行业进入了大发展时期，软件系统规模变得越来越庞大，复杂度越来越高，用户对软件的质量要求也越来越高。此时，一些软件测试的基础理论和实用技术开始逐渐形成，软件开发方式也逐渐由混乱无序的开发过程过渡到结构化开发过程，并且还将"质量"的概念融入其中，软件测试定义发生了改变，测试不单纯是一个发现错误的过程，而且将测试作为软件质量保证的主要职能。《软件测试完全指南》一书中指出："测试是以评价一个程序或者系统属性为目标的任何一种活动。测试是对软件质量的度量。"

1983 年，IEEE 提出的软件工程术语中，软件测试的定义是"使用人工或自动的手段来运行或测定某个软件系统的过程,其目的在于检验它是否满足规定的需求或弄清预期结果与实际结果之间的差别"。它明确指出软件测试的目的是检验软件系统是否满足需求。软件测试已成为一个专业，需要专业人才运用专业的方法和手段来对软件系统进行检验。

进入 20 世纪 90 年代后，软件行业开始迅猛发展，软件的规模变得非常大。在一些大型软件开发过程中，测试活动需要花费大量的时间和成本，而当时测试的手段几乎完全都是手工测试，测试的效率非常低。随着软件复杂度的提高，出现了很多通过手工方式无法完成测试的情况。尽管在一些大型软件的开发过程中，人们尝试编写了一些小程序来辅助测试，但仍然不能满足大多数软件项目的需要。于是，很多测试实践者开始尝试开发商业的测试工具来支持测试，辅助测试人员完成某个类型或某个领域内的测试工作，测试工具逐渐盛行起来。运用测试工具可以提高测试效率。设计良好的自动化测试，在一定程度上可以完成夜间无人测试。商业化的软件测试工具有很多，例如自动化功能测试工具（如 QuickTest Professional，今天其对应的升级版本为 Unified Functional Testing）、性能测试工具（如 LoadRunner）、测试管理工具（TestDirector，也就是对应 Quality Center 的早期版本）等。同时，在开源码社区中也出现了许多软件测试工具，已得到广泛应用且相当成熟和完善，典型的代表就是目前用于性能和接口测试的工具——JMeter。

近几年，随着越来越多的团队应用敏捷开发方法，测试团队也不断提升自身的专业能力，构建企业自己的自动化测试平台、接口测试平台、性能测试平台等，在提升测试工作效率、加强团队配合、发挥测试在团队更高价值、测试自动化、持续集成等方面越做越深入。目前，可以在 GitHub 上找到非常多开源且优秀的基于性能测试、接口测试、自动化测试和安全性测试的项目。

扩展阅读：软件
测试的经济学

1.6　软件测试相关岗位及素质要求

近年来，由于 IT 行业人才稀缺，越来越多的人转向了 IT 相关职业，而很多人选择了软件测试行业。软件测试工程师在一家软件企业中担当的是软件质量保障人员，他们的职责就是为开发的软件产品质量把关、负责。

那么要成为一名软件测试工程师，应具备哪些职业素质呢？

首先，作为一名测试从业者，必须热爱测试行业，也许你经常听到一句话："兴趣是最好的老师。"确实是这样，测试从业者面临的最大问题就是重复性的工作，无论做功能测试还是自动化测试，都有可能经常测试不同版本。一名优秀的测试人员会乐此不疲，热衷于不断尝试运用不同的用例设计方法、不同的自动化测试手段来发现更多有价值的缺陷，覆盖更多的测试范围和不断提升测试的执行效率。

其次，作为测试人员需要有较强的分析、思考能力，不仅要深入了解业务、有责任心，还要结合自身掌握的操作系统、数据库、中间件、网络、服务器的相关知识以及功能性和非功能测试相关的理论知识去设计相应的测试用例，软件测试的核心其实应该就是设计测试用例，而设计测试用例就需要具备较强的分析、思考能力。将复杂的系统进行抽象，分拆成几个不同的维度，结合维度可能出现的情况进行有选择的组合，以做到系统性测试、百分百覆盖范围的要求。这也是在设计自动化测试脚本或者性能测试脚本的同时，保证自身测试脚本正确性的前提条件，如果脚本代码的业务逻辑是混乱的甚至是错误的，那么如何做正确的系统验证呢？

再次，如今的软件系统通常是功能强大、复杂且多用户协同工作的软件产品，需要产品、程序、测试和运维等相关人员相互协作才能完成。需要团队协作精神，不仅是测试团队相关人员的协作，而且测试团队与其他产品、研发团队都需要有良好的协作与沟通。一个产品或者项目的顺利完成应该是大家一起努力的结果。

最后，不断学习、努力向上的内心是做好测试工作的原动力。进入 21 世纪，IT 行业发展日新月异，编程技术、系统架构、设计方法、团队协作模式、项目开发、团队管理等不断涌现出新的知识。测试人员要对这些内容有一定程度的了解、理解和掌握，只有与时俱进才能保证不被社会淘汰、不被行业淘汰。

前面介绍了测试工程师应该具备的职业素质要求。那么，测试行业又有哪些岗位可以选择呢？

目前主要的测试岗位有功能测试工程师（初级、中级、高级），性能测试工程师（初级、中级、高级），安全测试工程师（初级、中级、高级），自动化测试工程师（初级、中级、高级），测试开发工程师（初级、中级、高级），测试专家，测试主管/测试经理/测试总监。

测试行业有很多测试岗位可以供大家参考、选择。从大的方向上讲，分为技术和管理两个方向，通常情况下即使选择管理方向，也需要技术支撑，在国内多数情况下都是做了很多年的技术工作后才会转到管理岗位。

测试相关岗位要求说明表见表 1.11。

表 1.11　测试相关岗位要求说明表

测试岗位	岗位要求
功能测试工程师	测试相关知识：功能测试流程、测试用例设计方法、测试计划/测试总结文档编写 操作系统：Windows/Linux 操作系统的安装、操作、应用及命令行操作命令 数据库：MySQL、Oracle 等，需掌握数据库操作相关命令、存储过程 配置管理：Git、SVN、VSS 等 缺陷/项目管理：QC/Jira/禅道/Bugzilla 等 环境搭建：Tomcat/Nginx/Apache 等的安装、部署和配置，VMware 等虚拟机、网络配置等 业务知识：从事行业对应的业务知识储备 其他知识：HTML、CSS、XML、JSON 等语言或者格式知识
性能测试工程师	测试相关知识：性能测试流程、性能场景设计、性能指标、测试计划/测试总结文档编写 操作系统：Windows/Linux 等操作系统的安装、操作、应用及命令行操作命令，操作系统命令行方式查看性能指标、操作系统性能优化知识 数据库：MySQL、Oracle、Redis、MongoDB 等，需掌握数据库操作相关命令、存储过程，对数据库（关系型和非关系型）软件架构、相关配置、性能监控、性能优化知识 配置管理：Git、SVN、VSS 等 缺陷/项目管理：QC/Jira/禅道/Bugzilla 等 环境搭建：Tomcat/Nginx/Apache Redis/MongoDB 等安装、部署和配置，SecureCRT、Xshell 等、VMware 等虚拟机、网络配置等 性能测试工具：LoadRunner/JMeter/Locust 等 编程语言：C、Python、Java 等且具备编程能力 业务知识：从事行业对应的业务知识储备 其他知识：JVM 调优、云平台相关监控工具、网络拓扑、系统架构、源代码等
安全测试工程师	测试相关知识：安全测试流程、安全性用例设计、测试计划/测试总结文档编写 操作系统：Windows/Linux 等操作系统的安装、操作、应用及命令行操作命令，操作系统安全知识 数据库：MySQL、Oracle、Redis、MongoDB 等，需掌握数据库操作相关命令、存储过程，对数据库（关系型和非关系型）软件架构、相关配置 缺陷/项目管理：QC/Jira/禅道/Bugzilla 等 配置管理：Git、SVN、VSS 等 环境搭建：Tomcat/Nginx/Apache Redis/MongoDB 等安装、部署和配置，SecureCRT、Xshell 等、VMware 等虚拟机、网络配置等 安全性测试工具：Appscan 等 编程语言：C、Python、Java 等且具备编程能力 业务知识：从事行业对应的业务知识储备 其他知识：JVM 调优、云平台相关监控工具、网络拓扑、系统架构、源代码等

测试岗位	岗位要求
自动化测试工程师	测试相关知识：功能测试流程、测试用例设计方法、测试计划/测试总结文档编写 操作系统：Windows/Linux 操作系统的安装、操作、应用及命令行操作命令 数据库：MySQL、Oracle 等，需掌握数据库操作相关命令、存储过程 缺陷/项目管理：QC/Jira/禅道/Bugzilla 等 配置管理：Git、SVN、VSS 等 环境搭建：Tomcat/Nginx/Apache 等安装、部署和配置，VMware 等虚拟机、网络配置等 业务知识：从事行业对应的业务知识储备 编程语言：Python、Java、HTML、JQuery、CSS 等且具备编程能力，HTTP/HTTPS 协议相关知识，HTML、CSS 等相关知识 测试工具：Selenium、Appium、adb、QTP/UFT、Web 抓取界面元素工具，如 Firebug 等、移动端 Uiautomator 等、Postman 等抓包类工具、Jenkins 等
测试开发工程师	测试相关知识：功能测试、性能测试、安全性测试等知识 操作系统：Windows/Linux 操作系统的安装、操作、应用及命令行操作命令 数据库：MySQL、Oracle 等，需掌握数据库操作相关命令、存储过程 缺陷/项目管理：QC/Jira/禅道/Bugzilla 等 配置管理：Git、SVN、VSS 等 环境搭建：Tomcat/Nginx/Apache 等安装、部署和配置，VMware 等虚拟机、网络配置等 业务知识：从事行业对应的业务知识储备 编程语言：Python、Java、HTML、JQuery、CSS 等且具备编程能力，HTTP/HTTPS 协议相关知识，HTML、CSS 等相关知识，Spring、Django 等框架设计知识，性能测试或者自动化测试工具提供的二次开发调用动态链接库或者接口函数等 测试工具：Selenium、Appium、adb、QTP/UFT、Web 抓取界面元素工具，如 Firebug 等、移动端 Uiautomator 等、Postman 等抓包类工具、Jenkins 等
测试专家	测试相关知识：功能测试及非功能性测试、测试架构设计等知识，知识面广，并在测试的某个方面或者多个方面有深度研究或独到见解、创新 操作系统：深入理解 Windows/Linux 等不同操作系统的工作原理、系统命令、监控、优化方法等 数据库：深入掌握关系型、非关系型各数据库架构设计、监控、优化方法等 缺陷/项目管理：QC/Jira/禅道/Bugzilla 等 配置管理：Git、SVN、VSS 等 环境搭建：各种应用服务器、中间件架构设计、配置、监控和优化方法等 业务知识：深入理解从事行业对应的业务，并能结合知识储备抓住测试重点，持续不断创新 编程语言：Python、Java、HTML、JQuery、CSS 等且具备编程能力，HTTP/HTTPS 协议相关知识，HTML、CSS 等相关知识，Spring、Django 等框架设计知识，能整合团队需求，对性能、接口、自动化等工具进行整合，构建测试平台等 测试工具：自动化测试、性能测试、安全性测试、兼容性测试、持续集成等方面工具
测试主管 测试经理 测试总监	测试相关知识：功能测试、性能测试、安全性测试等知识 操作系统：Windows/Linux 操作系统 安装、操作、应用及命令行操作命令 数据库：MySQL、Oracle 等，需掌握数据库操作相关命令、存储过程

续表

测试岗位	岗位要求
测试主管 测试经理 测试总监	缺陷/项目管理：QC/Jira/禅道/Bugzilla 等
	配置管理：Git、SVN、VSS 等
	环境搭建：Tomcat/Nginx/Apache 等安装、部署和配置，VMware 等虚拟机、网络配置等
	业务知识：从事行业对应的业务知识储备
	编程语言：Python、Java、HTML、JQuery、CSS 等且具备编程能力，HTTP/HTTPS 协议相关知识，HTML、CSS 等相关知识，Spring、Django 等框架设计知识，性能测试或者自动化测试工具提供的二次开发调用动态链接库或者接口函数等
	测试工具：Selenium、Appium、adb、QTP/UFT、Web 抓取界面元素工具，如 Firebug 等、移动端 Uiautomator 等、Postman 等抓包类工具、Jenkins 等
	其他知识：项目管理知识、团队建设、人才招聘、绩效考核、沟通协作等知识

表 1.11 罗列了一些作为不同角色的测试工程师所需具备的技能，当然无论是功能测试还是其他类型的测试工作人员，都要求有初、中、高不同级别的能力划分，他们更多的是从所掌握的各项技能、工作时间及在企业中发挥的作用、作出的贡献度等方面考虑而划分的，不同企业对角色要求、角色的划分也不同，无须严格按此对号入座。任何岗位的要求都是随着时代的变化、行业的发展、行业的要求决定的，不会也不可能一成不变，工作相关技能（理论知识、工具、语言和其他方面）都有可能发生变化，所以必须与时俱进，拥抱变化，持续提升自身综合能力，才能适应时代和行业的要求。

扩展阅读：软件测试行业年度调查

1.7 项目案例

本书将以"香霖网上书城"系统为例，介绍相关的测试技术与方法。香霖网上书城（图 1-12）为 B/S 架构，分为前台购书系统和后台管理系统两部分。其中，用户可以在前台快速方便地网上购书，而网站管理员可以在后台对会员信息、书籍入库和订单进行管理，使网上购书方便、安全、快捷。主要功能如下：

（1）用户管理：用户的添加、修改、查询、删除等功能。

（2）角色管理：角色的添加、修改、查询、删除等功能。

（3）图书类型管理：图书类型的添加、修改、查询、删除等功能。

（4）图书管理：图书信息的添加、修改、查询、删除等功能。

（5）会员等级管理：划分会员等级，等级不同，购书享受的优惠也不同。

（6）购物车管理：包括将图书加入购物车、从购物车中删除图书、清空购物车内所有图书、下单等功能。

（7）会员订单管理：包括订单查询与订单取消功能。

（8）公告管理：添加、修改、查询、删除公告信息等功能。

图 1-12　"香霖网上书城"首页

随着网上购物的普遍化，大家对"香霖网上书城"的以上功能理解起来没有困难。在这种小型系统的设计开发过程中，同样需要进行测试活动。通过软件测试，寻找系统存在的 Bug，并通过修复 Bug，使得系统的功能得到进一步完善，从而提升系统质量。随着本书后续章节相关知识的展开，我们将结合"香霖网上书城"系统进行测试知识讲解。

本章小结

本章节主要以功能测试、安全性测试和兼容性测试三个失败案例引入软件测试，介绍软件测试相关概念、测试缺陷概念、缺陷管理工具和缺陷编写的方法、缺陷的处理过程和缺陷的流转过程、软件工程标准、能力成熟度模型集成、测试能力成熟度模型集成、软件测试的发展和软件测试相关岗位以及其对应的素质要求。通过学习本章内容，读者将对软件工程、软件质量、软件测试及软件的相关标准有清晰的认知。

课后习题

一、简答题

1．请简述软件、软件生命周期、软件工程和软件测试的概念。
2．请画出通常情况下缺陷处理过程。
3．软件能力成熟度的 5 个等级分别是什么？
4．测试成熟度模型集成的 5 个等级分别是什么？

二、设计题

请补充完整 TMMi 过程域说明表，见表 1.12。

表 1.12　TMMi 过程域说明表

TMMi 等级	过程域中文名称
TMMi 2 级 已管理 5 个过程域	测试方针和策略
TMMi 3 级 已定义 5 个过程域	测试组织
TMMi 4 级 已测量 3 个过程域	
TMMi 5 级 优化级 3 个过程域	
	质量控制

第 2 章　软件测试技术及主要模型

 **本章导读**

第 1 章我们了解了软件工程、软件测试、软件质量等概念，本章主要介绍常用的软件开发过程模型与测试模型，围绕软件测试的不同分类方法介绍静态测试与动态测试、功能测试与非功能测试、手工测试与自动化测试及其他测试概念，通过具体案例系统深入讲解白盒与黑盒两种测试技术，达到掌握白盒与黑盒测试用例设计的主要方法，并能应用在实际的测试工作中。

本章要点

- 软件开发过程模型
- 软件测试模型
- 静态测试与动态测试
- 功能测试与非功能测试
- 手工测试与自动化测试
- 黑盒测试技术
- 白盒测试技术
- 其他测试概念

2.1　软件开发过程模型

了解了软件工程、软件测试等概念后，我们来了解软件是通过怎样的过程开发出来的，也就是了解软件的开发过程。一般软件开发要按照需求规格说明的要求，由抽象到具体，逐步形成软件产品。软件开发一般由分析、设计、实现等阶段组成，所以软件开发过程是软件工程的重要内容，也是进行软件测试的基础。

模型是对事物的一种抽象。人们希望建立一些简化的模型，通过这种抽象达到更透彻的说明软件开发的整个过程，使软件开发过程更加简单明了、易于理解和把握。经过软件领域的专家和学者的不懈努力，形成了各种软件过程模型，主要有以下 5 种。

1. 瀑布模型

20 世纪 70 年代，温斯顿·罗伊斯提出瀑布模型，直到 80 年代早期，这是唯一被广泛采用的软件过程模型。瀑布模型是一种线性的、顺序的软件开发模型，强调阶段的划分及其顺序性、各阶段工作及其文档的完备性，是一种严格线性的、按阶段顺序的、逐步细化的开发模式，如图 2-1 所示。

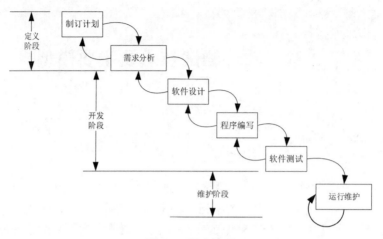

图 2-1　瀑布模型

瀑布模型将软件生命周期划分为制订计划、需求分析、软件设计、程序编写、软件测试和运行维护 6 个基本活动，并且规定了它们自上而下、相互衔接的固定次序，如同瀑布流水，逐级下落。

在瀑布模型中，软件开发的各项活动严格按照线性方式进行，当前活动接受上一项活动的工作结果，实施完成所需的工作内容。当前活动的工作结果需要进行验证，如果验证通过，则该结果作为下一项活动的输入，继续进行下一项活动，否则返回修改。

瀑布模型反映了人们早期对软件工程的认识水平，是人们所熟悉的一种线性思维的体现，反映了软件工程的基本思想。瀑布模型强调文档的作用，并要求仔细验证每个阶段。这种模型的线性过程太理想化，而当今的软件业竞争非常激烈，节奏明显加快，因此，瀑布模型已不再适合现代的软件开发模式，应用越来越少。

2. 快速原型模型

快速原型过程模型（Rapid Application Development，RAD）首先是快速进行系统分析，在设计人员和用户的紧密配合下，快速确定软件系统的基本要求，尽快实现一个可运行的、功能简单的原型系统（prototype），然后通过对原型系统逐步求精，不断扩充、完善，得到最终的软件系统。快速原型模型如图 2-2 所示。

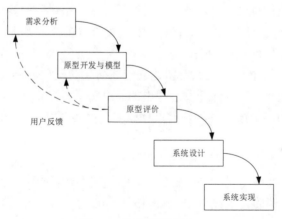

图 2-2　快速原型模型

快速原型是不带反馈环节的，这也是其主要优点。产品的开发基本上是按线性顺序进行的，能做到基本按线性顺序开发的主要原因如下：

（1）原型系统已经通过与用户交互而得到验证，据此产生的规格说明文档正确描述了用户需求，因此在开发过程的后续阶段，不会因为发现了规格说明文档的错误而进行较大的返工。

（2）开发人员已经通过建立原型系统学到了许多东西，至少知道了系统不应该做什么，以及如何不去做不该做的事情。因此，在设计和编码阶段发生错误的可能性也比较小，自然减少了在后续阶段需要改正前面阶段所犯错误的可能性。

快速原型模型的本质是"快速"。开发人员应该尽可能快速地构造出原型系统，以加速软件开发过程，节约软件开发成本。原型的用途是获得用户的真正需求，一旦需求确定了，原型将被抛弃，因此，原先系统的内部结构并不重要，重要的是必须迅速地构建原型，然后根据用户意见迅速地修改原型。一旦软件产品交付给用户使用，维护便开始了。根据用户使用过程中的反馈，可能需要返回到收集需求阶段。

3．增量模型

增量模型融合了瀑布模型的重复应用和原型实现的迭代特征，采用随着工程进展而交错的线性时间序列，每个线性序列形成软件的一个可发布的"增量"。使用增量模型时，第一个"增量"往往是实现了软件基本需求的核心产品，但很多补充的特征还没有发布。客户对每个增量的使用和评估都会作为下一个增量发布的新增功能和特征，而这个过程在每个增量发布后不断迭代重复，直到产生最终软件产品。

增量模型把软件产品作为一系列的增量构建来设计、实现、集成和测试，在开发迭代中逐步把这些增量构建集成到现有软件体系结构中，每个构建由多个相互作用的模块构成，并具有特定的功能。早期完成的增量构建可为后期增量构建提供服务，强调每个增量均发布一个可操作的产品。增量模型如图 2-3 所示。

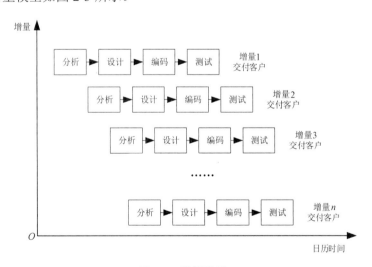

图 2-3　增量模型

增量模型的优点如下：

（1）如果在项目既定的商业要求期限前找不到足够多的开发人员，增强模型显得特别有用，早期的增量可由少量的开发人员实现。

（2）增量模型可避免技术风险。例如，一个系统用到一个正在开发的新硬件，而这个正在开发的新硬件的交付日期不确定，那么在早期的增量中避免使用这个硬件，可以保证部分功能按时交付给用户，不至于造成过分延期。

（3）当配备人员不能在限定的时间内完成产品时，它可提供一种先推出核心产品的途径，可先发布部分功能给用户。

增量模型的缺点如下：

（1）由于各个构建是逐步并入已有的软件体系结构中的，因此，加入构建必须不破坏已构造好的系统部分，这需要软件具备开放式的体系结构。

（2）在开发过程中，需求的变化是不可避免的，增量模型的灵活性可以使其适应这种变化的能力大大优于瀑布模型和快速原型模型的，但也很容易演化为边做边改模型，从而使软件过程的控制失去整体性。

4. 螺旋模型

1988 年巴利·玻姆（Barry Boehm）提出了螺旋模型。螺旋模型的基本思路是，依据前一个版本的结果构造新的版本，不断重复迭代，形成一个螺旋上升的路径。该模型开始不必详细定义所有细节，模型从小到大，逐步定义重要功能，努力实现这些功能，接收客户反馈，然后进入下一个阶段，重复上述过程，直至得到最终产品。螺旋模型如图 2-4 所示，特别适用于大型复杂系统。

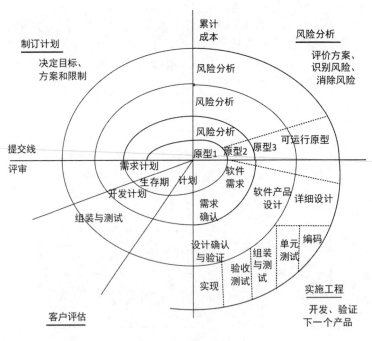

图 2-4　螺旋模型

螺旋模型的一个螺旋周期包括以下 5 个步骤：

（1）确定目标、可选项以及强制条件。

（2）识别并化解风险。

（3）评估可选项。

（4）开发并测试当前阶段。

（5）规划下一个阶段，确定进入下一个阶段的方法和步骤。

螺旋模型的优点如下：

（1）设计灵活，可以在项目的各个阶段进行模型变更。

（2）以小的分段构建大型系统，使成本计算变得简单容易。

（3）客户始终参与，保证了项目不偏离正确方向以及项目的可控性。

（4）客户始终掌握项目的最新信息，从而能够与开发管理层有效地交互和沟通。

（5）客户始终参与，便于开发出高质量的产品。

螺旋模型的缺点如下：

（1）适用于内部的大规模软件开发，适用于大规模软件项目；螺旋模型强调风险分析，但执行风险分析将大大影响项目的利润，有时客户无法接受和相信这种分析，进行风险分析失去意义。

（2）如果软件开发人员没有足够的开发经验，则不擅长寻找可能的风险，不能准确地分析风险时，将会带来更大的风险。

（3）很难让用户确信这种演化方法的结果是可以控制的；对于建设周期长的项目，因软件技术发展比较快，经常会出现软件开发完毕后，在技术上和当前的技术水平相比有了较大的差距，无法满足当前用户的需求。

2.2　软件测试过程模型

软件测试与开发的关系

在我们了解了软件的开发模型后，再来学习软件测试过程模型。软件测试过程模型是对测试过程的一种抽象，用于定义软件测试的流程和方法，与开发过程模型相同，测试过程模型是作为软件工程整体过程模型的另一部分。随着测试过程管理的发展，专家、学者们通过实践总结出了很多很好的测试过程模型。这些模型对测试活动进行了抽象，并与开发活动有机结合，是测试过程管理的重要参考依据。

1. V 模型

V 模型由保罗·洛克（Paul Rook）在 1980 年提出，旨在改进瀑布模型的开发效率和效果。"V"的左端表示传统的瀑布开发模型，"V"的右端表明相应的测试阶段。V 模型指出，单元和集成测试应检测程序的执行是否满足软件设计的要求；系统测试应检测系统功能、性能的质量特性是否达到系统要求的指标；验收测试要确定软件的实现是否满足用户需要或合同的要求。

V 模型是最具有代表意义的测试模型，反映出了测试活动与分析设计活动的关系。在传统的开发模型（如瀑布模型）中，人们通常把测试流程看作在需求分析、概要设计、详细设计、编码等过程结束后的一个阶段，有时被看作一个收尾工作，而不是主要过程。V 模型的出现改变了这种认识，V 模型可以看作软件开发瀑布模型的变种，它反映了测试活动与开发流程的对应关系，从左到右既描述了基本的开发过程和测试行为，又描述了这些测试阶段和开发过程期间各阶段的对应关系。V 模型如图 2-5 所示。

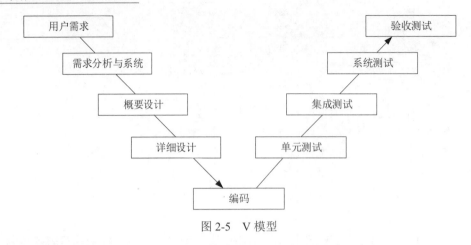

图 2-5　V 模型

V 模型的优点如下：

（1）V 模型明确地将测试分为不同的级别或阶段，每个阶段都与开发的各阶段相对应。

（2）V 模型的测试策略包括低层测试和高层测试，低层测试是为了检查源代码的正确性，高层测试是为了整个系统满足用户的需求。

V 模型的缺点如下：

（1）V 模型容易理解为测试是开发之后的最后一个阶段，主要针对程序进行测试而寻找错误，这样在实际应用中容易导致需求阶段的错误一直到最后的验收测试阶段才被发现。

（2）V 模型忽视了测试活动对需求分析、系统设计等活动的验证和确认的功能，直观理解为测试的对象就是程序本身，即主要针对程序进行测试以寻找错误。

2. W 模型

W 模型由 V 模型演化而来，由两个 V 模型组成，一个是开发阶段，另一个是测试阶段。相对于 V 模型，W 模型增加了软件各开发阶段中应同步进行的确认和验证活动。因测试伴随着整个开发周期，而且测试的对象不仅是程序，需求、设计等同样要进行测试，并且 W 模型强调测试与开发是同步进行的。

W 模型有利于尽早、全面地发现问题，体现了"尽早地和不断地进行软件测试"的原则。根据 W 模型的要求，一旦有文档提供，就要及时确定测试条件、编写测试用例，这些工作对测试的各级别都有意义。比如，需求被提交后，就需要确定高级别的测试用例来测试这些需求，当编写完成概要设计后，就需要确定测试条件来查找该阶段的设计缺陷。W 模型如图 2-6 所示。

W 模型的优点如下：

（1）W 模型从 V 模型演化而来，实际上开发是 V 模型，测试是并行的 V 模型，强调测试与开发同步进行，有利于尽早、全面地发现问题。

（2）强调测试伴随整个软件的开发周期。

（3）强调测试的对象不仅仅是程序，需求、设计等同样要进行测试。

W 模型的缺点如下：

（1）在 W 模型中，需求、设计、编码等活动被视为串行的，与实际测试活动不符。

（2）测试和开发活动保持着一种线性的前后关系，上一个阶段完全结束，才可正式开始下一个阶段工作，这样无法支持迭代的开发模型。

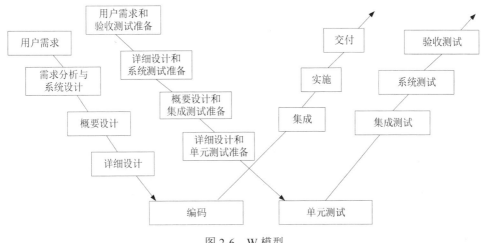

图 2-6　W 模型

3. H 模型

软件工程实践告诉我们，严格的阶段划分只是一种理想状态，就是测试之间也不存在严格的次序关系，同时，各层次的测试之间也存在反复触发、迭代和增量关系。为了解决 V 模型和 W 模型存在的问题，有些专家、学者提出了 H 模型。它将测试活动完全独立出来，形成一个完全独立的流程，将测试准备活动和测试执行活动清晰地体现出来，只要测试条件成熟了，测试准备活动完成了，测试执行活动就可以进行了。H 模型如图 2-7 所示。

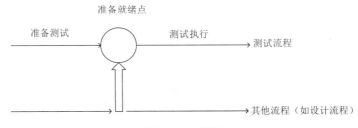

图 2-7　H 模型

H 模型强调，软件测试作为一个局部独立的流程，贯穿于产品整个生命周期，与其他流程并发地进行。当某个测试时间点就绪时，软件测试即从测试准备阶段进入测试执行阶段，不同层次的测试活动可以是按照某个次序先后进行的，也可以是反复的。

H 模型的优点如下：

（1）H 模型揭示了软件测试除测试执行外，还包括很多其他活动（计划、需求分析、用例设计、环境搭建、提交缺陷、评估总结等）。

（2）软件测试完全独立，贯穿于整个软件生命周期，且与其他流程并发进行。

（3）软件测试活动可以尽早准备、尽早执行，具有很强的灵活性。

（4）软件测试可以根据被测系统的不同而分层次、分阶段、分次序地执行，而不同阶段是可以迭代的。

H 模型的缺点如下：

（1）H 模型对测试管理要求很高，由于 H 模型很灵活，因此必须定义清晰的规则和管理制度，否则测试过程将非常难以管理和控制。

（2）对技能要求高，H模型要求能够很好地定义每个迭代的规模，不能太大也不能太小。

（3）测试就绪点分析困难，在很多时候，并不知道测试准备到什么时候是合适的、就绪点在哪里、就绪点的标准是什么，这对后续的测试执行的启动带来了很大困难。

4．其他模型

除上述3种常见模型外，还有其他模型，如X模型、前置测试模型等。

X模型描述的是针对单独程序片段所进行的相互分离的编码和测试，此后将进行频繁的交接，通过集成最终合成可执行的程序，这些可执行的程序还要经过测试，已通过集成测试的成品可以作为阶段版本提交给用户，也可以作为更大规模和范围内集成的一部分。

前置测试模型体现了开发与测试的结合，要求对每个交付内容进行测试，该模型标识了项目生命周期从开始到结束之间的关键行为，表示这些行为在项目周期中的价值所在，让验收测试和技术测试保持相互独立，并进行反复交替的测试。该模式提供了轻松的方式，可以加快项目进度。

前置测试模型用较低的成本来及早发现错误，并且充分强调了测试对确保系统高质量的重要意义。在整个开发过程中，反复使用了各自的测试技术，可使开发人员、经理和用户节省时间、简化工作。

2.3 软件测试的分类

软件测试是一项复杂的系统工程，从不同的角度划分会有不同的划分方法。比如，从是否执行程序的角度可分为静态测试和动态测试；从是否关注软件的内部结构可分为白盒测试和黑盒测试；从软件开发过程的角度按阶段划分为单元测试、集成测试、系统测试、确认测试和验收测试。各种分类之间又有着联系和相互包容，没有清晰、明确的界限，如白盒测试中既有属于静态测试的技术也有属于动态测试的技术。软件测试分类示意如图2-8所示。

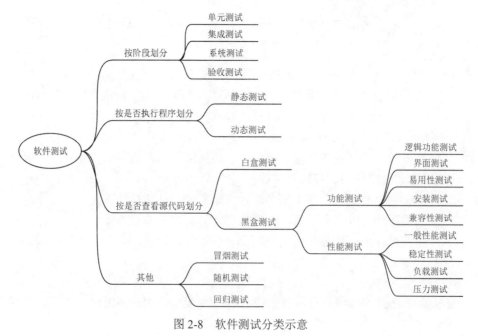

图2-8 软件测试分类示意

2.3.1　白盒测试与黑盒测试

白盒测试和黑盒测试是软件测试中使用最多的两类测试方法，传统的软件测试活动基本上都可以划分到这两类方法中。

白盒测试又称结构测试、逻辑驱动测试或基于代码的测试。白盒测试所指的盒子是被测试的软件，白盒即盒子是可视的、透明的，测试时需弄清楚盒子内部的东西以及里面是如何运作的，所以白盒测试需全面了解程序内部逻辑结构，对所有逻辑路径进行测试。白盒测试是穷举路径测试，在使用该方案时，测试者必须检查程序的内部结构，检查所用的结构及路径是否都正确，检查软件内部动作是否按照设计说明的规定正常进行。

黑盒测试又称功能测试，它是通过测试来检测每个功能是否都能正常使用。在测试中，把程序看作一个不能打开的黑盒子，在完全不考虑程序内部结构和内部特性的情况下，在程序接口进行测试，它只检查程序功能是否按照需求规格说明书的规定正常使用，程序是否能适当地接收输入数据而产生正确的输出信息。黑盒测试着眼于程序外部结构，不考虑内部逻辑结构，主要针对软件界面和软件功能进行测试。

白盒测试和黑盒测试是从不同的视角出发的，各有侧重，不能替代，但两种方法又不完全相互独立，二者既有区别又有联系。二者最大的区别是测试对象不同，白盒测试主要针对的是程序代码逻辑，黑盒测试主要针对的是程序展现给用户的功能。简单地说，前者测试后台程序，后者测试前台展示功能。介于白盒测试与黑盒测试之间的灰盒测试既关注输出对输入的正确性，也关注程序的内部表现，但又不像白盒测试那样详细完整，只是通过一些表征性的现象、事件、标志来判断程序内部的运行状态，结合了白盒测试和黑盒测试的要素。

1. 白盒测试

白盒测试把测试对象看作一个打开的盒子，如图 2-9 所示。测试人员依据程序内部逻辑结构相关信息，设计或选择测试用例，对程序所有逻辑路径进行测试，通过在不同点检查程序的状态，确定实际的状态是否与预期的状态一致，依据软件设计说明书对程序内部细节进行严密检验，针对特定条件设计测试用例，对软件的逻辑路径进行覆盖测试。

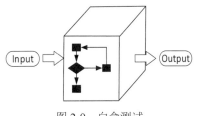

图 2-9　白盒测试

通过白盒测试能够对程序模块进行如下检查：

（1）保证一个模块中的所有独立路径至少被执行一次。

（2）对所有的逻辑进行判定，其逻辑值均需测试 true 和 false 两种情况。

（3）在循环的边界及可操作范围内运行所有循环。

（4）检查内部数据结构以确保其有效性。

2. 黑盒测试

黑盒测试把程序看作装在一个黑盒子里，不考虑软件内部结构，只考虑输入所对应的输出，通过软件外部表现来发现其缺陷和错误，如图 2-10 所示。即测试人员不考虑程序内部逻辑结构，只依据程序的需求规格说明书和用户手册，检查程序的功能是否符合它的功能说明，性能是否满足用户的要求。因此，黑盒测试又称功能测试或数据驱动测试，黑盒测试是在程序界面进行测试，它只是检查程序是否按照需

图 2-10　黑盒测试

求说明书的规定正常实现。黑盒测试是以用户的角度，从输入数据与输出数据的对应关系出发进行测试的。很明显，如果程序内部逻辑设计有问题或规格说明规定有误，简单用黑盒测试方法是发现不了的。

黑盒测试注重于测试软件的功能需求，主要为了发现以下 5 类错误：

（1）软件功能不正确或是否有遗漏。

（2）软件界面或接口上的错误，能否正常输入、能否正确显示输出结果。

（3）性能错误，性能上是否能够满足需求。

（4）是否有软件初始化或终止性错误。

（5）是否有外部信息（如数据库、数据文件）访问错误。

白盒测试与黑盒测试的区别与联系见表 2.1。具体白盒测试与黑盒测试用例设计在后面用例设计部分将详细介绍。

表 2.1　黑盒测试与白盒测试的区别与联系

	黑盒测试	白盒测试
区别	不需要源代码，需要可执行文件	需要源代码
	从用户的角度出发进行测试	无法检验程序的外部特性，无法测试遗漏的需求
	关心程序的外在功能和非功能表现	关心程序内部结构、逻辑以及代码的可维护性
	确认测试、系统测试阶段进行	编码、集成测试阶段进行
联系	白盒测试和黑盒测试都是软件测试的一个方面；两者有时结合起来同时进行测试，即"灰盒测试"	

2.3.2　静态测试与动态测试

一般来讲，静态测试是指不运行程序，通过人工对程序或文档进行检查与分析而发现问题。动态测试是指通过人工或使用工具运行程序进行检查、分析程序的执行状态和程序的外部表现、运行结果等确定软件存在的问题。静态测试一般是对软件的需求说明书、设计说明书、程序源码等进行人工的分析检查，通过分析软件过程产品的静态特性以找出不足、可疑之处，例如在程序代码编写过程中不匹配的参数、不适当的循环嵌套和分支嵌套、不允许的递归、未声明即使用的变量、空指针的引用等。通过静态测试可以在不运行软件的情况下第一步靠人工分析来查找大量的软件缺陷问题。

1. 静态测试

静态测试包括代码检查、静态结构分析、代码质量度量等，一般由人工进行，可以充分发挥人的逻辑思维优势。静态测试也可使用静态测试工具来完成。

（1）代码检查。代码检查包括代码走查、桌面检查、代码审查等，主要检查代码和设计的一致性、代码的可读性、逻辑表达的正确性、结构的合理性以及对标准的遵循等方面。可以发现违背程序编写标准的问题以及程序中不安全、不明确和模糊的部分。可以找出程序中不可移植部分、违背程序编写风格的问题，包括变量检查、命名和类型审查、程序逻辑审查、程序语法检查和程序结构检查等内容。

在实际使用中，代码检查比动态测试更有效率，能快速找到缺陷。经统计分析，大约 30%～70%的逻辑设计和编码缺陷可通过静态测试找到。代码检查看到的是问题本身而非征兆，但是代码检查非常消耗时间，也需要知识和经验的积累。代码检查应在编译和动态测试之前进行，在检查前应准备好需求描述文档、程序设计文档、程序的源代码清单、代码编码标准和代码缺陷检查表等。

（2）静态结构分析。静态结构分析往往以有向图的方式表现程序的内部结构，再对程序的特性关系进行分析。例如，函数调用关系图可以直观地描述一个应用程序中各个函数的调用和被调用关系；控制流图则显示一个函数的逻辑结构，它的每个节点代表一个语句块或多条语句，有向边表示节点间的控制流向。静态结构分析一般可以进行代码风格检查、程序设计和结构的审核、业务逻辑的审核等。

（3）代码质量度量。代码质量依赖于代码编码规范及其度量标准。如果一个项目或者一个企业要下决心实施软件质量、实施软件工程，第一步要做的就是确定软件编码规范。编码规范是程序编写过程中必须遵循的规则，软件公司一般会详细规定代码的语法规则、语法格式等。不同的行业对软件的可靠性有不同的要求，例如航天/航空的嵌入式软件对代码的要求特别高，而普通使用的 Windows 平台系统相对宽松些。

有了统一的规范后，测试工程师或者程序员自身就可以实施编码规范检查了。要真正把编码规范贯彻下去，单靠测试员、程序员的热情是很难坚持下去的，所以可以借助使用一些专业的工具来实施。比如在 C/C++语言方面的编程规则检查工具有 C++Test、LINT、QAC/QAC++等，这些工具通常可以与比较流行的开发工具集成在一起，程序员在编码过程中，在编译代码的同时即完成了编程规则的检查。

有了严格的编程规范，只能算是万里长征迈出了第一步。要提高软件的可重用性及软件的可维护性，还需要进一步努力，即代码质量度量。静态质量度量依据的标准是 ISO 9126。在该标准中，软件的质量用以下几个方面来衡量，即功能性（functionality）、可靠性（reliability）、可用性（usability）、有效性（efficiency）、可维护性（maintainability）、可移植性（portability）。以 ISO 9126 质量模型为基础，可以构造质量度量模型。静态测试主要关注的是可维护性。静态测试要衡量软件的可维护性，可以从 4 个方面度量，即可分析性（analyzability）、可改变性（changeability）、稳定性（stability）以及可测试性（testability）。具体到软件的可测试性如何衡量，又可从 3 个度量元去考虑，即圈复杂度、输入的数量、输出的数量等，圈复杂度越大，说明代码中的路径越多，意味着要做测试需要更多的测试用例，输入/输出的数量是相同的道理。在具体的实践中，专门的质量度量工具是必要的，没有工具的支持，这一步很难只靠人工完成。在这个阶段，比较专业的工具有 Testbed、Logiscope 等。

2. 动态测试

动态测试是指通过运行被测程序，检查运行结果与预期结果的差异，并分析运行效率、健壮性等性能。动态测试由 3 部分组成：构造测试用例、执行程序、分析程序的输出结果。

动态测试主要包括程序插桩、逻辑覆盖、基本路径测试等，这些内容将在白盒测试中详细讲解。根据动态测试在软件开发过程中所处的阶段和作用，动态测试可分为如下 5 个步骤：

（1）单元测试。单元测试是对软件中的基本组成单位进行测试，其目的是检验软件基本组成单位的正确性。在公司的质量控制体系中，单元测试由产品小组在软件提交测试部门前完成。

（2）集成测试。集成测试是在软件系统集成过程中进行的测试，其主要目的是检查软件单元之间的接口是否正确。在实际工作中，集成测试被分为若干次的组装测试和确认测试。组装测试是单元测试的延伸，除对软件基本组成单位的测试外，还需增加对相互联系模块之间接口的测试。

（3）系统测试。系统测试是对已经集成好的软件系统进行彻底的测试，以验证软件系统的正确性、性能等满足其规约指定的要求。系统测试应该按照测试计划进行，其输入、输出和其他动态运行行为应该与软件规约进行对比，同时测试软件的健壮性和易用性。如果软件规约（即软件的设计说明书、软件需求说明书等文档）不完备，则系统测试更多的是依赖测试人员的工作经验和判断。

（4）验收测试。验收测试是软件在投入使用之前的最后测试，是购买者对软件的试用过程。在公司实际工作中，通常采用请客户试用或发布 Beta 版本软件的方式来实现。

（5）回归测试。回归测试可以发生在软件开发的任何阶段，包括软件维护阶段，其目的是验证变更系统没有影响以前的功能，并保证当前功能的变更是正确的。在实际应用中，对客户提出的修改意见进行处理就是回归测试的一种体现。

2.3.3 功能测试与非功能测试

一般来讲，功能需求是指软件组件或系统必须能够执行的功能，而功能测试就是为评估某组件或系统是否符合功能要求而进行的测试。功能测试涉及软件在功能上正反两方面的测试，是针对应用程序的业务需求而进行的测试类型。非功能测试是指软件在功能需求以外其他方面的测试，包括性能、安全、负载、可靠性等，非功能测试有时被称作行为测试或质量测试。

1. 功能测试

功能测试是一种黑盒测试，它涉及完整的集成系统，以评估系统是否符合其指定要求。功能测试基于功能规范文档执行测试，在实际测试中，测试人员需要验证代码的特定操作或功能。对于功能测试，可以使用手工测试或自动化测试。在非功能测试之前，将首先执行功能测试。

在功能测试中，业务需求是功能测试的依据，要根据功能规格准备测试数据并找到功能的输出，通过执行测试用例，观察实际和预期的输出。功能测试策略多种多样，手工测试和自动化测试混合使用是确保功能测试覆盖率的最佳方法。最常见的功能测试策略是黑盒测试，测试者不需要审查内部源代码，而是通过测试各种输入组合来验证功能。

以下是一些常用的功能测试技术：

（1）安装测试：用于测试桌面或移动应用程序是否安装正确。

（2）边界值分析：数值输入边界测试。

（3）等价划分：分组测试，以减少类似功能测试的重叠。

（4）错误猜测：评估功能问题最有可能被发现，并比其他领域更广泛地进行测试。

（5）单元测试：在软件的最小级别上执行测试，不是将系统作为一个整体运行，而是在划分单元上进行测试。

（6）API 测试：检查内部和外部 API 是否正常运行，包括数据传输和授权。

（7）回归测试：用于验证新软件更改没有对现有功能产生不利影响的测试。

所有的功能测试都有一个特定的输出，且所有的功能测试都可以用非常明确的通过或者失败标准来判断。

2．非功能测试

功能测试反映的是软件在正反两方面的测试，而非功能测试就是软件在所有其他方面的测试。非功能测试有时也被称作行为测试或质量测试，包括软件的性能、负载、安全、可靠性等方面。非功能测试的众多属性一般不能直接测量，而是被间接地测量。按照国际标准化组织在 ISO 9216 和 ISO 25000 中的定义，非功能测试的常见属性包括可靠性、可用性、可维护性、可移植性等。其中最主要的是性能测试。

以下是主要的非功能性测试技术：

（1）负载测试：在模拟环境中执行的测试，以测试系统在预期条件（不同数量的用户）期间的行为。

（2）压力测试：在资源不足时测试性能，例如服务器问题或设备上硬盘空间的不足。

（3）扩展性测试：检查系统的规模，以便随着使用率的增加和性能受到何种程度的影响而进行扩展。

（4）容量测试：用大量的数据测试性能，不一定是数量庞大的用户，也可以是一个用户执行高容量的任务，例如多文件上传。

（5）安全性测试：进行测试以发现系统受到攻击的脆弱程度及数据的保护程度。

（6）灾难恢复测试：检查系统在崩溃或重大问题后能在多久时间内恢复速度。

（7）一致性测试：根据统一标准（无论是行业法规还是公司的标准）测试软件系统。

（8）可用性测试：测试 GUI 是否一致，以及整个应用程序是否直观且易于使用。

虽然一些非功能性测试技术可以具有通过/失败的标准（如批量测试），但相比之下，其他测试技术能够基于测试人员的意见（如可用性测试）更加客观地倾听客户反馈，这对更新非功能性需求至关重要。虽然在收集意见过程中，可能会识别某些扩展性和安全因素，但客户反馈可以扩展这些检查集合，包括更好地测试应用程序在崩溃后应该如何恢复，或应用程序如何在设备上占用最小的存储空间。因此，客户的反馈有助于进行功能测试的风险评估，对于非功能性测试来说，用户反馈更有价值。

2.3.4　手工测试与自动化测试

随着软件工程规模的扩大，软件开发的流程越来越复杂，客户对软件的质量越来越高，测试的工作量和难度也越来越大，如何有效地采用手工测试和自动化测试，提高软件测试的质量和效率，从而保证软件产品的质量和可靠性成为软件测试的一个重要研究领域。

进行软件测试，最早的是手工测试。顾名思义，手工测试即依靠人力来查找缺陷，一般采用黑盒测试方法，可用于集成测试、系统测试、验收测试中。有时为了更加快速、有效地对软件进行测试，提高软件产品质量，人们必然会利用测试工具，也必然会引入自动化测试。自动化测试是有针对性地使用测试工具，让计算机代替测试人员进行软件测试的方法。它可以使测试人员从烦琐、重复的测试活动中解脱出来，专心从事有意义的测试设计等活动。如果采用自动比较技术，还可以自动完成测试用例执行结果的判断，从而避免人工比对存在的疏漏。在大多数情况下，软件测试自动化可以减少开支，增加有限时间内可执行的测试，在执行相同数量测试时节约测试时间。

1. 手工测试与自动化测试的区别

手工测试属于传统的测试方法，由测试人员手工编写测试用例，能实现快速测试，所发现的缺陷要比自动化测试的多，且成本较低。其缺点在于，对于某些测试工作量大、重复多，手工测试难以实现，尤其对于一些重复的手工回归测试，成本高，易出错。

自动化测试的优点体现在重复成本低，可以实现无人测试，尤其是对新版本执行的回归测试，可以实现更多、更频繁的测试，具有一致性和可重复性。另外，自动化测试可以更好地利用资源，替代困难的手工测试，解决测试与开发的矛盾。

自动化测试的缺点如下：

（1）不能取代手工测试，有很多需要人脑分析判断结果的测试用例无法用自动工具实现。

（2）自动化测试对测试质量的依赖性极大。

（3）测试自动化不能提高有效性。

（4）测试自动化可能制约软件开发，由于自动化测试比手工测试更脆弱，因为维护会受到限制，从而制约软件的开发。

（5）工具本身并无想象力。

2. 手工测试与自动化测试的联系与选择

根据业界统计结果，自动测试只能发现 15%～30% 的缺陷，而手工测试可以发现 70%～85% 的缺陷，所以自动化测试有其局限性，不适用于软件的新功能测试，而特别适用于回归测试、负载测试、性能测试。系统功能的逻辑测试、验收测试、适用性测试、设计物理交互测试中，也很难通过自动化测试来实现，多采用黑盒测试的手工测试方法。当软件的界面、需求变化频繁时，软件的开发周期很短或一次性项目时，自动化测试投入多、产出少。另外，有些测试工具只能运行在 Windows 平台上，不能运行在 Mac/UNIX 等平台上。系统负载或性能测试、稳定性测试、可靠性测试等比较适合采用自动化测试。

手工测试者最适合成为领域专家，他们可以把相当复杂的业务逻辑存在大脑里，这是最强力的测试工具。而且手工测试速度比较慢，测试者有时间观察分析细微的逻辑问题。自动化测试则更多地胜在测试底层的细节，自动化测试可以测试崩溃、挂起、错误返回值、返回码、异常和内存使用等。如想对业务逻辑进行测试，则自动化测试比较困难，风险也大。有时太依赖自动化测试，对于某些缺陷的查找并不有效，将二者结合效果会更好。

一般来讲，以下情况适合用手工测试：

（1）没有适当的测试过程。

（2）没有精准的测试计划。

（3）测试人员还没有完全理解方案的功能性或者设计。

（4）团队没有资源或者具有自动化测试技能的人。

（5）没有硬件。

相比之下，以下情况适合用自动化测试：

（1）项目没有严格的时间压力。

（2）具有良好定义的测试策略和测试计划。

（3）团队拥有自动化测试框架。

（4）多平台环境需要被测试。

（5）拥有运行测试的硬件。

应该说，现在在性能测试、压力测试等方面，自动化测试有其不可替代的优势。它可以用简单的脚本实现大量的重复性操作，从而通过对测试结果的分析得出结论，这样不仅节省了大量的人力和物力，而且测试的结果更准确。

3. 当前主流软件测试工具

随着自动化测试技术的发展，软件测试工具层出不穷，主要有商业测试工具和开源测试工具，按用途功能划分可分为以下几类：

（1）测试管理工具，包括 HP ALM（Application Lifecycle Management）、Bugzilla、JIRA、禅道等。

（2）接口测试工具，包括 Postman、SoapUI、JMeter 等。

（3）功能测试工具，包括 Selenium、Rational Robot、Quick Test Professional、Unified Functional Testing 等。

（4）性能测试工具，包括 LoadRunner、JMeter、QALoad、AutoRunner、Locust 等。

（5）白盒测试工具，包括 JUnit、cppunit、BoundsChecker C++等。

（6）代码扫描工具，包括 Coverity、GCover、CppCheck c++等。

（7）网络测试工具，包括 Wireshark、Ixia、tcping 等。

（8）App 功能自动化测试工具，包括 MonkeyRunner、Robotium、Appium。

（9）Web 安全测试工具，包括 WebSecurify、WebScarab、Skipfish、AppScan 等。

2.3.5 其他测试概念

不同教科书上按不同分类方法介绍软件测试的概念。下面简单介绍几种常见的软件测试概念。

1. 冒烟测试

在《微软项目求生法则》一书第 14 章"构建过程"关于冒烟测试的介绍中，冒烟测试就是开发人员在个人版本的软件上执行快速项目测试，确定新的程序代码不出故障。冒烟测试的目的是确认软件基本功能正常，冒烟测试的执行者也可是版本编译人员，这样在正规测试一个新版本之前，投入较少的人力和时间验证基本功能，通过则测试准入。

2. 随机测试

随机测试主要是根据测试者的经验对软件进行功能和性能抽查。根据测试说明书执行用例测试作为重要补充手段，是保证测试覆盖完整性的有效方式和过程。随机测试主要是对被测软件的一些重要功能进行复测，也包括测试当前的测试用例（TestCase）没有覆盖到的部分。

3. 探索性测试

探索性测试可以说是一种测试思维技术。它没有很多实际的测试方法、技术和工具，但是所有测试人员都应该掌握的一种测试思维方式。探索性测试强调测试人员的主观能动性，抛弃繁杂的测试计划和测试用例设计过程，强调在碰到问题时及时改变测试策略。探索性测试自动化暂时无法代替。

4. 回归测试

回归测试是指修改了旧代码后，重新进行测试以确认修改没有引入新的错误或导致其他代码产生错误。自动回归测试将大幅降低系统测试、维护升级等阶段的成本。在整个软件测试过程中工作量占比很大，软件开发的各个阶段都会进行多次回归测试。通过选择正确的回归测试策略来改进回归测试的效率和有效性是很有意义的。

5. α测试

α测试是由用户在开发环境下进行的测试，也可以是公司内部的用户在模拟实际操作环境下进行的测试。α测试的目的是评价软件产品的 FLURPS（即功能、局域化、可使用性、可靠性、性能和支持）。在正式发布大型通用软件前，通常需要执行 α 测试和 β 测试。α 测试不能由程序员或测试员完成。

6. β测试

β测试是一种验收测试，β测试是由软件的最终用户在实际应用场所进行的。

α 测试与 β 测试的区别如下：

（1）测试的场所不同，α 测试是指把用户请到开发方的场所来测试，β 测试是指在一个或多个用户的场所进行的测试。

（2）α 测试的环境是受开发方控制的，用户的数量相对比较少，时间比较集中。β 测试的环境是不受开发方控制的，用户数量相对比较多，时间不集中。

（3）α 测试先于 β 测试的执行。通用的软件产品需要较大规模的 β 测试，测试周期也比较长。

2.4　软件测试用例设计

软件测试用例是为特定目的设计的一组测试输入、执行条件和预期的结果。测试用例是测试执行的指令。正常情况下要求软件程序在执行测试用例时能正常运行并达到软件程序需求或运行要求，如果执行测试用例，软件程序不能正常运行，而且问题重复发生，表示软件存在软件缺陷。这样，通过设计与执行用例，能够将软件存在的缺陷标识出来，并且输入缺陷跟踪系统中，通知软件开发人员，及时将软件存在的缺陷修改完善。

测试样式与测试用例

测试用例的设计和编写是软件测试活动中最重要的活动之一。测试用例是测试工作的指导，是软件测试的必须遵守的准则，更是软件测试质量稳定的根本保障。测试用例设计是根据测试需求的测试点，逐一设计测试用例。测试用例与测试点一般为多对一或一对一的关系。

设计和编写测试用例是一项十分复杂的技术。测试人员要对整个系统的业务流程有深入的了解，保证不遗漏功能点，能引导测试人员，并且要求测试人员掌握软件测试的技术与流程。

1. 测试用例的设计原则

（1）测试用例的代表性：测试用例能够代表所有合理和不合理的、合法和非法的、边界和越界的、极限的输入数据、操作和环境设置等。

（2）测试结果的可判定性：测试执行结果的正确性是可判断定的，每个测试用例都应有期望的结果。

（3）测试结果的可再现性：对于相同的测试用例，系统执行的结果应当是相同的、一致的。

（4）测试结果的设计基础：测试用例的设计必须建立在需求的基础之上，要根据用户的需求设计，用于检验系统的行为是否与用户的需求一致。

　　编写测试用例需要参考《软件需求说明》及相关文档、相关的设计说明（概要设计、详细设计等），并与开发组交流对需求的理解，参考同类的成熟的、使用过的测试用例。由于测试工作通常与开发工作同时进行,因此在完成测试计划的编写后即可开始测试用例的设计与编写工作。

　　2. 用例编制要素

　　测试用例是软件测试的核心，编写测试用例是测试人员必须掌握的一项技能。测试用例的基本要素包括用例编号、用例标题、用例优先级、预置条件、操作步骤、预期结果等。具体用例设计的基本要素及测试用例执行流程在第 3 章中将做详细介绍,本章主要从白盒测试和黑盒测试技术角度介绍测试用例的设计方法。

2.5　白盒测试用例设计方法

　　白盒测试又称结构性测试或逻辑驱动测试。在测试过程中，常见的白盒测试技术主要有逻辑覆盖法、独立路径测试法、静态白盒法、程序片段法、侵入式法等，其中覆盖测试和路径测试是最常用的两种方法。覆盖测试以覆盖某些程序元素为测试目标，任何有关路径分析的测试均可看作路径测试，下面重点介绍这两种方法，其他方法在后面篇幅做简要介绍。

2.5.1　逻辑覆盖

　　逻辑覆盖是以程序的内部逻辑结构为基础的测试用例分析技术,它要求测试人员十分清楚程序的逻辑结构，考虑的是测试用例对程序内部逻辑覆盖的程度。逻辑覆盖法又可分为语句覆盖、判定覆盖、条件覆盖、判定/条件覆盖、条件组合覆盖、路径覆盖 6 种,下面通过案例来具体说明。

关于覆盖测试
的讨论

　　1. 语句覆盖

　　（1）语句覆盖的基本思想：选择足够的测试用例，使得运行这些测试用例时，被测程序的每条语句至少被执行一次。程序流程如图 2-11 所示。

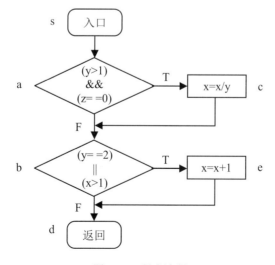

图 2-11　程序流程

（2）用例设计：选择测试用例 CASE1，使得运行测试用例时，被测程序的两条语句 x=x/y 和 x=x+1 均被执行一次。语句覆盖用例设计见表 2.2。

表 2.2　语句覆盖用例设计

测试用例	输入	预期输出	被测路径
CASE1	x=4, y=2, z=0	x=3	sacbed

（3）语句覆盖的优点：可以很直观地从源代码得到测试用例，无须细分每条判定表达式。

（4）语句覆盖的缺点：语句覆盖并不充分，当第一个判定中的"&&"写成"||"时，CASE1 程序仍按 sacbed 执行。

2. 判定覆盖

（1）判定覆盖的基本思想：又称分支覆盖，判定覆盖比语句覆盖的标准稍强一些，它是指设计足够的测试用例，使得程序中的每个判定至少都获得一次"真值"和"假值"，或者说使得程序中的每个分支都至少通过一次。

（2）判定覆盖用例设计见表 2.3。

表 2.3　判定覆盖用例设计

测试用例	输入	预期输出	覆盖分支	被测路径
CASE2	x=1，y=3，z=0	x=1/3	ac，bd	sacbd
CASE3	x=3，y=2，z=1	x=4	ab，be	sabed

（3）判定覆盖的优点：判定覆盖比语句覆盖大约多一倍的测试路径，具有比语句覆盖更强的测试能力，判定覆盖同样无须细分每个判定分支就可以得到测试用例。

（4）判定覆盖的缺点：判定覆盖包含语句覆盖，但判定覆盖也不充分，当第 2 个判定中的 x>1 写成 x<1 时，对于上述测试用例，程序仍按原路径执行。

3. 条件覆盖

（1）条件覆盖的基本思想：对于每个判定中包含的若干个条件，应设计足够多的测试用例，使得判定中的每个条件都至少取到一次"真值"和"假值"的机会，也就是说，判定中的每个条件的所有可能结果至少出现一次。

（2）用例设计：
- 对判定 1：（y>1）&&（z==0）
  条件 y>1 取真、假分别记为　T1、-T1
  条件 z==0 取真、假分别记为　T2、-T2
- 判定 2：（y==2）||（x>1）
  条件 y==2 取真、假分别记为　T3、-T3
  条件　x>1 取真、假分别记为　T4、-T4

条件覆盖用例设计见表 2.4。

（3）条件覆盖的优点：条件覆盖比判定覆盖增加了对符合判定情况的测试，增加了测试路径。

表 2.4　条件覆盖用例设计

测试用例	输入	预期输出	覆盖条件	覆盖分支	被测路径
CASE4	x=0，y=2，z=0	x=1	T1，T2 T3，-T4	ac，be	sacbed
CASE5	x=2，y=1，z=1	x=3	-T1，-T2 -T3，T4	ab，be	sabed

（4）条件覆盖的缺点：条件覆盖并不能包含判定覆盖，对于上述测试用例，分支 bd 并未出现。

4. 判定/条件覆盖

（1）判定/条件覆盖的基本思想：设计足够多的测试用例，使得运行这些测试用例时，判定中的每个条件的所有可能结果至少出现一次，并且每个判定本身的所有可能结果也至少出现一次。

（2）用例设计：

● 对判定 1：（y>1）&&（z==0）
　　条件 y>1 取真、假分别记为　T1、-T1
　　条件 z==0 取真、假分别记为　T2、-T2
● 判定 2：（y==2）||（x>1）
　　条件 y==2 取真、假分别记为　T3、-T3
　　条件　x>1 取真、假分别记为　T4、-T4

判定/条件覆盖用例设计见表 2.5。

表 2.5　判定/条件覆盖用例设计

测试用例	输入	预期输出	覆盖条件	覆盖分支	被测路径
CASE6	x=4，y=2，z=0	x=3	T4，T1 T3，T2	ac，be	sacbed
CASE7	x=1，y=1，z=1	x=1	-T4，-T1 -T3，-T2	ab，bd	sabd

（3）判定/条件覆盖的优点：同时满足判定覆盖准则和条件覆盖准则，弥补了二者的不足，覆盖率更高。

（4）判定/条件覆盖的缺点：从表面上看，它测试了所有条件的所有可能结果，但事实上并不是这样，因为某些条件掩盖了另一些条件。例如，在逻辑表达式中，如果"与"表达式中某个条件为"假"，则整个表达式的值为"假"，这个表达式中另外的几个条件就不起作用了。同样地，如果在"或"表达式中某个条件为"真"，则整个表达式的值为"真"，其他条件也就不起作用了。

因此，使用判定/条件覆盖时，逻辑表达式中的错误不一定能测试出来。

5. 条件组合覆盖

（1）条件组合覆盖的基本思想：设计足够多的测试用例，使得运行这些测试用例时，每个判定中条件结果的所有可能组合至少出现一次。

（2）条件组合覆盖用例设计见表 2.6 和表 2.7。

表 2.6　条件组合覆盖用例设计一

编号	判定 1 各条件组合	编号	判定 2 各条件组合
1	y>1,z==0	5	y==2, x>1
2	y>1,z!=0	6	y==2, x<=1
3	y<1,z==0	7	y!=2, x>1
4	y<1,z!=0	8	y!=2, x<=1

表 2.7　条件组合覆盖用例设计二

测试用例	输入	预期输出	覆盖条件组合编号	被测路径
CASE8	x=4，y=2，z=0	x=3	1，5	sacbed
CASE9	x=1，y=2，z=1	x=2	2，6	sabed
CASE10	x=2，y=1，z=0	x=3	3，7	sabed
CASE11	x=1，y=1，z=1	x=1	4，8	sabd

（3）条件组合覆盖的优点：使用多重条件覆盖准则满足判定覆盖、条件覆盖和判定/条件覆盖准则。更改的判定/条件覆盖要求设计足够多的测试用例，使得判定中每个条件的所有可能结果至少出现一次，每个判定本身的所有可能结果也至少出现一次，并且每个条件都显示能单独影响判定结果。

（4）条件组合覆盖的缺点：线性地增加了测试用例的数量。

6. 路径覆盖

（1）路径覆盖的基本思想：设计足够的测试用例，能覆盖被测程序中所有可能的路径。

（2）用例设计：只有当程序中的每条路径都受到了检验，才能使程序受到全面检验。在实际问题中，一个不太复杂的程序，其路径数都是一个庞大的数字，要在测试中覆盖这么多路径是无法实现的，因此需要把覆盖的路径数压缩到一定的限度内，如程序中的循环体只执行了一次。路径覆盖用例设计见表 2.8。

表 2.8　路径覆盖用例设计

测试用例	输入	预期输出	被测路径
CASE8	x=4，y=2，z=0	x=3	sacbed
CASE9	x=1，y=2，z=1	x=2	sabed
CASE10	x=1，y=3，z=0	x=1/3	sacbd
CASE11	x=1，y=1，z=1	x=1	sabd

（3）路径覆盖的优点：可测试测程序中所有可能的路径，对程序的测试也比较彻底，是6 种覆盖里覆盖面最广的一种。

（4）路径覆盖的缺点：需要设计大量、复杂的测试用例，使得工作量呈指数级增长，不见得把所有的条件组合都覆盖到。实际上路径覆盖考虑了程序中各种判定结果的所有可能组合，但并未考虑判定中的条件组合。因此，虽然路径覆盖是一种非常强的覆盖度量标准，但并不能代替条件组合覆盖。

【综合案例】对下面的程序单元，设计测试用例实现上述白盒测试覆盖准则，并给出覆盖的程序路径。

```
void coverage (int x, int y, int z)
{
    int k=0, j=0;
    if((x>3) && (z<10))
    {
        k=x*y-1;         //语句块 1
        j=sqrt(k);
    }
    if((x==4) || (y>5))
    {
        j=x*y+10;        //语句块 2
    }
    j=j%3;               //语句块 3
}
```

【案例分析】首先将程序转化为程序流程图，如图 2-12 所示。然后设计测试用例分别实现语句覆盖、分支覆盖、谓词覆盖和路径覆盖。

（1）语句覆盖。

测试用例：{x=4、y=5、z=5}

程序执行的路径：a→b→d

（2）判定覆盖。

测试用例：{x=4、y=5、z=5}、{x=2、y=5、z=5}

程序执行的路径：a→b→d、a→c→e

（3）条件覆盖。

测试用例：{x=4、y=6、z=5}、{x=2、y=5、z=5}、{x=4、y=5、z=15}

程序执行的路径：a→b→d、a→c→e、a→c→d

（4）判定/条件覆盖。

测试用例：{x=4、y=6、z=5}、{x=2、y=5、z=11}

程序执行的路径：a→b→d、a→c→e

（5）条件组合覆盖。

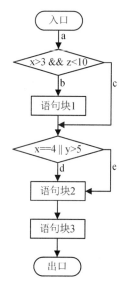

图 2-12　程序流程图

两个判断中各包含两个条件，4 个条件在两个判断中可能有 8 种组合，见表 2.9。

表 2.9　条件组合情况

序号	分支	条件取值	分支取值
1	x>3, z<10	T1，T2	第一个判断的取真分支
2	x>3, z>=10	T1，-T2	第一个判断的取假分支
3	x<=3, z<10	-T1，T2	第一个判断的取假分支

续表

序号	分支	条件取值	分支取值
4	x<=3, z>=10	-T1，-T2	第一个判断的取假分支
5	x=4, y>5	T3，T4	第二个判断的取真分支
6	x=4, y<=5	T3，-T4	第二个判断的取真分支
7	x!=4, y>5	-T3，T4	第二个判断的取真分支
8	x!=4, y<=5	-T3，-T4	第二个判断的取假分支

下面 4 组测试数据可以使上面的 8 种组合至少出现一次，见表 2.10。

表 2.10 测试数据

测试用例	程序执行的路径	覆盖条件	覆盖组合号
{x=4、y=6、z=5}	a→b→d	T1，T2，T3，T4	1 和 5
{x=4、y=5、z=15}	a→c→d	T1，-T2，T3，-T4	2 和 6
{x=2、y=6、z=5}	a→c→d	-T1，T2，-T3，T4	3 和 7
{x=2、y=5、z=15}	a→c→e	-T1，-T2，-T3，-T4	4 和 8

（6）路径覆盖。

测试用例：{x=4、y=6、z=5}，{x=2、y=5、z=5}，{x=4、y=5、z=15}，{x=5、y=5、z=9}

执行的路径：a→b→d、a→c→e、a→c→d、a→b→e

复合谓词（条件组合）覆盖准则包含语句覆盖准则、分支（判定）覆盖准则、原子谓词（条件）覆盖准则、分支-谓词（判定/条件）覆盖准则。路径覆盖准则包含分支（判定）覆盖准则，原子谓词（条件）、分支-谓词（判定/条件）及复合谓词（条件组合）覆盖准则之间没有包含关系。可以用图 2-13 所示的图形表示上述覆盖准则之间的关系，图中的 ➡ 表示准则之间的包含关系。

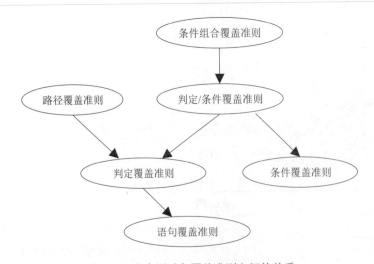

图 2-13 白盒测试各覆盖准则之间的关系

7. 数据流分析

控制流测试面向程序的结构，一旦给定控制流图和测试覆盖准则，即可产生测试用例；而数据流测试面向程序中的变量。程序中的变量有两种作用，一是将数据存储起来，二是将所存储的数据取出。这两种作用通过变量在程序中所处的位置决定。例如在赋值语句 x=y+z 中，变量 x 出现在左边，表示把赋值语句右边的计算结果存储在该变量所对应的存储空间中，也就是将数据与变量绑定；变量 y 和 z 出现在右边，表示该变量中存储的数据被取出，参与计算，即与该变量绑定的数据被引用。若一个变量在程序中的某处出现使数据与该变量绑定，则称该出现是定义性出现。若一个变量在程序中的某处出现使与该变量绑定的数据被引用，则称该出现是引用性出现。

数据流分析最初是随着编译系统要生成有效的目标码而出现的，这类方法主要用于代码优化。现在主要为了发现定义/引用异常缺陷，用来查找引用未定义变量等程序错误以及对未曾使用的变量再次赋值等数据流异常的情况。在程序测试中，找出引用未定义变量等类型错误是很重要的，因为这通常是常见程序错误的表现形式，如错拼名字、名字混淆或是丢失了语句等。

2.5.2 独立路径测试法

独立路径测试
法样例

独立路径测试法是在程序控制流图的基础上，通过分析控制结构的环形复杂度，导出独立路径的集合，从而设计测试用例的方法。要保证设计出的测试用例测试中程序的每个可执行路径至少执行一次。从广义上讲，任何有关路径分析的测试都可被称作路径测试。

1. 独立路径的基本思想

完成路径测试的理想情况是做到路径覆盖，但对于复杂性大的程序要做到所有路径覆盖（测试所有可执行路径）是不可能的，在不能做到所有路径覆盖的前提下，如果某个程序的每个独立路径都被测试过，那么可以认为程序中的每条语句都已经检验过了，即达到了语句覆盖，这种测试方法就是通常所说的基本路径测试法。

2. 控制流图

（1）控制流图：可简称流图，是对程序流程图进行简化后得到的，它可以更加突出地表示程序控制流的结构。

（2）控制流图中包括两种图形符号：节点和控制流线。节点由带标号的圆圈表示，可代表一个或多个语句、一个处理框序列和一个条件判定框。控制流线由带箭头的弧或线表示，可称为边，它与程序流程图的流线一致，表明控制的顺序，代表程序中的控制流，通常标有名字。控制流图包含条件的节点被称为判定节点（也称谓词节点），由判定节点发出的边必须终止于某个节点，由边和节点限定的范围被称为区域。常见结构的程序流程图与控制流图如图 2-14 所示。

3. 程序流程图向控制流图的转换规则

程序流程图向控制流图转换的基本转换规则如下：

（1）由判定节点（即谓词节点）出发的边必须终止某个节点。

（2）用菱形框表示的判定条件内没有符合条件，如果判定中的条件表达式是由一个或多个逻辑运算符（OR,AND,...）连接的复合条件表达式，则需改为一系列只由单个条件的嵌套判断，而一组顺序处理框可以映射为一个单一的节点。

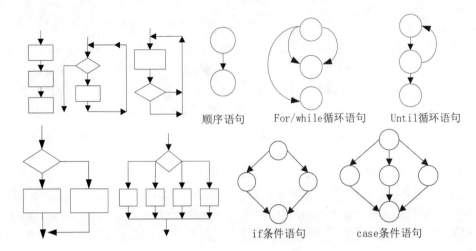

图 2-14　常见结构的程序流程图与控制流图

（3）控制流图中的箭头（边）表示控制流的方向，类似于流程图中的流线，一条边必须终止于一个节点。

（4）在选择或者多分支结构中分支的汇聚处，即使汇聚处没有执行语句也应该添加一个汇聚节点。

（5）边和节点圈定的范围称为区域，在计算区域数时，图形外的部分也应该计为一个区域。

程序流程图和转化后的控制流图如图 2-15 所示。

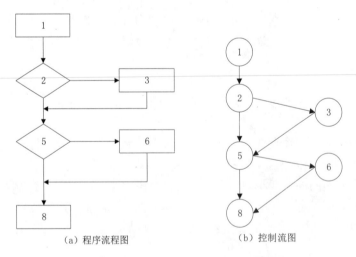

（a）程序流程图　　　　　（b）控制流图

图 2-15　程序流程图和转化后的控制流图

复合条件处理转换的语句及转换后的控制流图如图 2-16 所示。

If a OR b
　Then call x

```
        Then call y
        End IF
        ------
```

4. 环形复杂度

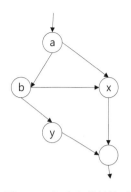

环形复杂度又称圈复杂度,以图论为基础,为我们提供了非常有用的软件度量。它是一种以程序逻辑复杂度为度量标准,在进行独立路径测试时,从程序的环形复杂度可导出独立路径集合中的独立路径条数。

独立路径是指包括一组以前没有处理的语句或条件的一条路径。这是确保程序中每个可执行路径至少执行一次所必需的测试用例数目的上界。

图 2-16 复合条件转换后的控制流图

环形复杂度的 3 种计算方法如下:

(1)给定控制流图 G 的环形复杂度——V(G),定义为 V(G) = E–N+2,其中,E 是控制流图中边的数量,N 是控制流图中的节点数量。

(2)给定控制流图 G 的环形复杂度——V(G),定义为 V(G) = P+1,其中,P 是控制流图 G 中判定节点的数量。

(3)控制流图中区域的数量对应于环形复杂度。

计算环形复杂度的程序流程图和控制流图分别如图 2-17 和图 2-18 所示。

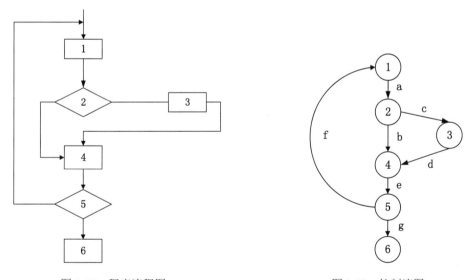

图 2-17 程序流程图　　　　　　　　　图 2-18 控制流图

由环形复杂度计算方法(1):控制流图中有 7 条边和 6 个节点,所以环形复杂度为 V(G) = E–N+2=7–6+2=3;

由环形复杂度计算方法(2):控制流图中有 2 个判定节点,所以环形复杂度为 V(G) = P+1=2+1=3;

由环形复杂度计算方法(3):控制流图中有 2 个封闭区域和 1 个图形外区域,共 3 个区域,所以环形复杂度为 V(G) =3。

5. 获取独立路径步骤

独立路径是指程序中至少引入了一个新的处理语句集合或一条新条件的程序通路，采用流图的术语，即独立路径必须至少包含一条在本次定义路径之前不曾用过的边。

获取独立路径主要包括以下 3 个步骤：

（1）根据源程序或程序流程图准确画出控制流图。

（2）按照常用的 3 种环形复杂度计算方法，计算程序环形复杂度，并导出程序路径集合中的独立路径数量，这是确定程序中每条可执行路径至少执行一次所必需的测试用例数目的上界。

（3）依据独立路径数设计测试用例，确保独立路径集中的每条路径的执行。

【例 2-1】以下通过案例综合说明。

```
        void Sort ( int iRecordNum, int iType )
1  {
2        int x=0;
3        int y=0;
4        while ( iRecordNum> 0 )
5        {
6          If ( iType==0 )
7          {x=y+2;break;}
8          else
9            If ( iType==1 )
10                 x=y+10;
11          else
12                 x=y+20;
13        }
14 }
```

（1）控制流图如图 2-19 所示。

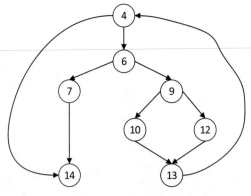

图 2-19 控制流图

（2）计算环形复杂度。

V(G) = E–N+2=10–8+2=4；或者 V(G) = P+1=3+1=4；或者 V(G) =4 个区域。因此，独立路径数目为 4，分别为：

① 4→14

② 4→6→7→14

① 4→6→9→10→13→4…
④ 4→6→9→12→13→4…

"…"表示后面剩下的路径是可以选择的，存在于后面循环结构中。

（3）依据独立路径数，设计测试用例，见表 2.11。

表 2.11　测试用例

用例编号	输入数据	覆盖路径	预期输出
测试用例 1	iRecordNum = 0 iType = 0	①	x = 0 y = 0
测试用例 2	iRecordNum = 1 iType = 0	②	x = 2 y = 0
测试用例 3	iRecordNum = 1 iType = 1	③	x = 10 y = 0
测试用例 4	iRecordNum = 1 iType = 2	④	x = 20 y = 0

2.6　黑盒测试用例设计方法

黑盒测试主要将软件功能进行分解，然后按照不同方法设计测试用例，通过测试可以检测每项功能是否都能正常工作。因此，黑盒测试又称从用户观点和需求出发进行的测试。许多高层次测试（如确认测试、系统测试、验收测试）主要采用黑盒测试，设计黑盒测试用例可以与软件实现同时进行，可以缩短整个测试周期和时间。

黑盒测试用例设计方法主要有等价类划分法、边界值分析法、判定表分析法、因果图法、场景设计法、错误推测法等。本章主要介绍等价类划分法、边界值分析法、判定表分析法、因果图法、场景设计法。

2.6.1　等价类划分法

等价类划分法是一种重要的、常用的黑盒测试用例设计方法，它把所有可能输入数据（即程序的输入领域）划分成若干部分（即输入子集），然后从每个子集中选取一些具有代表性的数据作为测试用例。它将不能群举的测试过程进行合理分类，从而保证了设计出来的测试用例具有完整性和代表性。

1. 等价类概念

等价类是指某个输入域的子集合。在该子集合中，各输入数据对揭露程序中的错误都是有效的，测试某等价类的代表值就等价于对该类其他值的测试。因此，可以把全部输入数据合理地划分为若干等价类，在每个等价类中取代表数据作为测试输入条件，可达到用少量代表性数据等价代替该子集全部数据的效果。等价类可划分为有效等价类和无效等价类两种情况。

（1）有效等价类：是指对于程序的规格说明来说，有意义的、合理的输入数据所构成的子集。有效等价类关注的是规格说明中规定的功能和性能，利用有效等价类可检验程序是否实现了规格说明中所规定的功能和性能。

（2）无效等价类：是指对于程序的规格说明来说，无意义的、不合理的或非法的输入数据所构成的子集。无效等价类关注的是异常处理情况，依据规格说明，无效等价类至少应有一个或多个。

设计测试用例时，要同时考虑有效等价类和无效等价类的设计。软件不能只接收合理的数据，还要经受意外的考验，能接受无效的或不合理的数据，这样软件才能具有较高的可靠性。

2. 等价类的划分方法

（1）按双边区间划分。如果输入条件规定了取值范围或值的数量，则可以确立一个有效等价类和两个无效等价类。例如，在程序的规格说明中，对输入条件有如下限定：

"…… ID可以从1000到9999……"

有效等价类："$1000 \leqslant ID \leqslant 9999$"；

两个无效等价类："$ID < 1000$" "$ID > 9999$"。

在数轴上表示如图2-20所示。

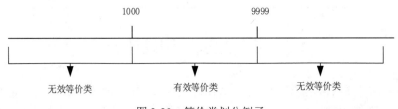

图2-20 等价类划分例子

（2）按不同取值划分。如果规定了输入数据的一组值（假定 n 个），且程序要对每个输入值分别进行处理的情况下，可确定 n 个有效等价类（每个值确定一个有效等价类）和一个无效等价类（所有不允许的输入值的集合）。

例如，程序输入 x 取值于一个固定的枚举类型{1,3,7,15}，且程序中对这 4 个数值分别进行了处理。

有效等价类：x=1，x=3，x=7，x=15；

无效等价类：$x \neq 1,3,7,15$ 的值的集合。

（3）按单边区间划分。如果输入条件规定了输入值的集合，则可确立一个有效等价类和一个无效等价类。

例如：规定淘宝卖家上传的图片尺寸小于120KB。

有效等价类：$\leqslant 120KB$；

无效等价类：$> 120KB$。

（4）按限制条件或规则划分。如果规定了输入数据必须遵守的规则或限制条件，则可确定一个有效等价类（符合规则）和若干个无效等价类（从不同角度违反规则）。

例如：规定必须输入非零的正整数。

有效等价类：非零的正整数；

无效等价类：至少每个规则对应一个无效等价类，即零、字符串、负数、小数，甚至可挖掘出输入为空的隐含等价类。

3．划分等价类的标准

（1）完备测试，避免冗余。

（2）划分等价类最重要的是子集的划分，将整个集合划分为互不相交的一组子集，而这些子集的并集又是整个输入集合，子集之间是互不相交的，保证了一种形式的无冗余性。

（3）同一类标识（选择）一个测试用例，在同一等价类中，往往处理相同，相同处理映射到"相同的执行路径"。

4．设计测试用例

在确定了等价类后，可建立等价类表，列出所有划分出的等价类输入条件——有效等价类和无效等价类，然后从划分出的等价类中按以下原则设计测试用例：

（1）为每个等价类规定一个唯一的编号。

（2）设计一个新的测试用例，使其尽可能多地覆盖尚未被覆盖的有效等价类，重复这一步，直到所有的有效等价类都被覆盖为止。

（3）设计一个新的测试用例，使其仅覆盖一个尚未被覆盖的无效等价类，重复这一步，直到所有的无效等价类都被覆盖为止。

对于有效等价类，采取尽量覆盖的方式是为了全面考察软件的功能。对于无效等价类，采取每次只覆盖一个的方式是因为通常程序发现一类错误后就不再检查是否还有其他错误。

【例 2-2】输入三个整数 a、b、c，分别作为三角形的三条边，现通过程序判断由三条边构成的三角形的类型为等边三角形、等腰三角形、一般三角形以及构不成三角形；a、b、c 必须满足 a,b,c>0；试用前述几种等价类测试用例设计法设计测试用例。

（1）先根据输入限制条件初分等价类，见表 2.12。

表 2.12　初分等价类表

输入变量	有效等价类	无效等价类
a	a>0	a<0
b	b>0	b<0
c	c>0	c>0

（2）再根据输出细分等价类，见表 2.13。

表 2.13　细分等价类表

输入变量		有效等价类	编号	无效等价类	编号
a	a>0	{a|a,b,c 组成等边三角形}	1	a≤0	5
		{a|a,b,c 组成等腰三角形}	2		
		{a|a,b,c 组成普通三角形}	3		
		{a|a,b,c 不能构成三角形}	4		
b	b>0	{b|a,b,c 组成等边三角形}	1	b≤0	6
		{b|a,b,c 组成等腰三角形}	2		
		{b|a,b,c 组成普通三角形}	3		
		{b|a,b,c 不能构成三角形}	4		

续表

输入变量	有效等价类		编号	无效等价类	编号
c	c>0	{c|a,b,c 组成等边三角形}	1	c≤0	7
		{c|a,b,c 组成等腰三角形}	2		
		{c|a,b,c 组成普通三角形}	3		
		{c|a,b,c 不能构成三角形}	4		

（3）设计测试用例，见表 2.14。

表 2.14　测试用例表

测试用例	a	b	c	预期输出
WN1	5	5	5	等边三角形
WN2	2	2	3	等腰三角形
WN3	3	4	5	一般三角形
WN4	4	1	2	不构成三角形

2.6.2　边界值分析法

边界值分析法是对输入或输出的边界值进行测试的一种黑盒测试方法。通常边界值分析法作为对等价类划分法的补充，这种情况下，其测试用例来自等价类的边界。

1. 边界值分析法与等价类划分法的区别

（1）边界值分析不是从某等价类中随便挑一个作为代表，而是使这个等价类的每个边界都作为测试条件。

（2）边界值分析法不仅考虑输入条件，还要考虑输出空间产生的测试情况。

2. 边界值分析方法的考虑

（1）长期的测试工作经验告诉我们，大量的错误发生在输入或输出范围的边界上，而不是发生在输入或输出范围的内部。因此，针对各种边界情况设计测试用例，可以查出更多错误。

（2）使用边界值分析法设计测试用例，首先应确定边界情况。通常输入和输出等价类的边界，就是应着重测试的边界情况。应当选取正好等于、刚刚大于或刚刚小于边界的值作为测试数据，而不是选取等价类中的典型值或任意值作为测试数据。

3. 常见的边界值

（1）对 16-bit 的整数而言，32767 和 -32768 是边界。

（2）屏幕上的光标在最左上、最右下位置。

（3）报表的第一行和最后一行。

（4）数组元素的第一个和最后一个。

（5）循环的第 0 次、第 1 次、倒数第 2 次、最后一次。

4. 边界值分析法策略

（1）边界值分析法使用与等价类划分法相同的划分，只是边界值分析法假定错误更多地存在于划分的边界上，因此在等价类的边界上以及两侧的情况设计测试用例。

【例 2-3】以测试计算平方根的函数为例介绍边界值分析法。该函数如下，输入：实数；输出：实数。规格说明：当输入一个 0 或比 0 大的数的时候，返回其正平方根；当输入一个小于 0 的数时，显示错误信息"平方根非法-输入值小于 0"并返回 0；库函数 Print-Line 可以用来输出错误信息。

1）等价类划分法。

A．可以考虑作出如下划分：

a．输入 (i)<0 和 (ii)>=0。

b．输出 (a)>=0 和 (b) Error。

B．测试用例有两个：

a．输入 4，输出 2；对应于 (ii) 和 (a)。

b．输入-10，输出 0 和错误提示；对应于 (i) 和 (b)。

2）边界值分析法。划分(ii)的边界为 0 和最大正实数；划分(i)的边界为最小负实数和 0。由此得到以下测试用例：

a．输入 {最小负实数}。

b．输入 {绝对值很小的负数}。

c．输入 0。

d．输入 {绝对值很小的正数}。

e．输入 {最大正实数}。

（2）通常情况下，软件测试包含的边界检验有数字、字符、位置、质量、大小、速度、方位、尺寸、空间等。

（3）相应地，以上类型的边界值应该在最大/最小、首位/末位、上/下、最快/最慢、最高/最低、最短/最长、空/满等情况下。

（4）利用边界值作为测试数据，见表 2.15。

表 2.15　边界值作为测试数据

项	边界值	测试用例的设计思路
字符	起始–1 个字符/结束+1 个字符	假设一个文本输入区域允许输入 1～255 个字符，输入 1 个和 255 个字符作为有效等价类；输入 0 个和 256 个字符作为无效等价类，这几个数值都属于边界条件值
数值	最小值–1/最大值+1	假设某软件的数据输入域要求输入 5 位的数据值，可以使用 10000 作为最小值、99999 作为最大值；然后使用刚好小于 5 位和大于 5 位的数值作为边界条件
空间	小于空余空间一点/大于满空间一点	例如在用 U 盘存储数据时，使用比剩余磁盘空间大一点（几KB）的文件作为边界条件

（5）内部边界值分析。在多数情况下，边界值条件是基于应用程序的功能设计而需要考虑的因素，可以从软件的规格说明或常识中得到，也是最终用户可以很容易发现问题的。然而，在测试用例设计过程中，某些边界值条件是不需要呈现给用户的，或者说用户是很难注意到的，但同时确实属于检验范畴内的边界条件，称为内部边界值条件或子边界值条件。

内部边界值条件主要有下面两种：

1）数值的边界值检验：计算机是基于二进制进行工作的，因此，软件的任何数值运算都有一定的范围限制。数值边界值见表 2.16。

表 2.16　数值边界值

项	范围或值
位（bit）	0 或者 1
字节（byte）	0～225
字（word）	0～65535（单字）或 0～4294967295（双字）
千（K）	1024
兆（M）	1048576
吉（G）	1073741824

2）字符的边界值检验：在计算机软件中，字符也是很重要的表示元素，其中 ASCII 和 Unicode 是常见的编码方式。表 2.17 中列出了一些常用字符对应的 ASCII 码值。

表 2.17　字符边界值

字符	ASCII 码值	字符	ASCII 码值
空（null）	0	A	65
空格（space）	32	a	97
斜杠（/）	47	Z	90
0	48	z	122
冒号（:）	58	单引号（'）	96
@	64		

5. 基于边界值分析法选择测试用例的原则

（1）如果输入条件规定了值的范围，则应取刚达到这个范围的边界的值，以及刚刚超越这个范围边界的值作为测试输入数据。

例如，如果程序的规格说明中规定："质量在 10～50 公斤范围内的邮件，其邮费计算公式为……"作为测试用例，我们应取 10 及 50，还应取 10.01、49.99、9.99 及 50.01 等。

（2）如果输入条件规定了值的数量，则用最大数量、最小数量、比最小数量少一、比最大数量多一的数作为测试数据。

例如，一个输入文件应包括 1～255 个记录，则测试用例可取 1 和 255，还应取 0 及 256 等。

（3）将规则（1）和规则（2）应用于输出条件，即设计测试用例使输出值达到边界值及其左右的值。

例如，某程序的规格说明要求计算出"每月保险金扣除额为 0～1165.25 元"，其测试用例可取 0.00 及 1165.24，还可取–0.01 及 1165.26 等。

再如，一个程序属于情报检索系统，要求每次"最少显示 1 条、最多显示 4 条情报摘要"，此时我们应考虑的测试用例包括 1 和 4，还应包括 0 和 5 等。

（4）如果程序的规格说明给出的输入域或输出域是有序集合，则应选取集合的第一个元素和最后一个元素作为测试用例。

（5）如果程序中使用了一个内部数据结构，则应选择这个内部数据结构的边界上的值作为测试用例。

【例 2-4】假设三角形问题 a、b、c，除了要求边长是整数外，还必须满足以下条件：$1 \leqslant$ a,b,c$\leqslant$200，试用边界条件测试用例设计法设计测试用例。具体测试用例见表 2.18。

表 2.18　边界值分析法用例设计

用例	a	b	c	预期输出
1	100	100	1	等腰三角形
2	100	100	2	等腰三角形
3	100	100	100	等边三角形
4	100	100	199	非三角形
5	100	100	200	等腰三角形
6	100	1	100	等腰三角形
7	100	2	100	等腰三角形
8	100	199	100	等腰三角形
9	100	200	100	非三角形
10	1	100	100	等腰三角形
11	2	100	100	等腰三角形
12	199	100	100	等腰三角形
13	200	100	100	非三角形

2.6.3　判定表分析法

判定表（也称决策表）是用来表示条件和行动的二维表，是分析和表达多逻辑条件下执行不同操作的情况的工具，可以清晰地表达条件、决策规则和应采取的行动之间的逻辑关系。判定表很适合描述不同条件集合下采取行动的若干组合的情况，在所有黑盒测试方法中，基于判定表的测试是最严格、最具有逻辑性的测试方法。可根据需求描述建立判定表后，设计出完整的测试用例集合。

在程序设计发展的初期，判定表就已被当作编写程序的辅助工具了。它可以把复杂的逻辑关系和多种条件组合的情况表达得既具体又明确，能够将复杂的问题按照各种可能的情况全部列举出来，简明并避免遗漏。

因此，在一些数据处理问题当中，若某些操作的实施依赖于多个逻辑条件的组合，即针对不同逻辑条件的组合值分别执行不同的操作，判定表很适合处理这类问题。例如表 2.19 中的"阅读指南"判定表。

表 2.19　"阅读指南"判定表

项目		1	2	3	4	5	6	7	8
问题	你觉得疲倦吗？	Y	Y	Y	Y	N	N	N	N
	你对内容感兴趣吗？	Y	Y	N	N	Y	Y	N	N
	书中内容使你糊涂吗？	Y	N	Y	N	Y	N	Y	N
建议	请回到本章开头重读					√			
	继续读下去						√		
	跳到下一章去读							√	√
	停止阅读，请休息	√	√	√	√				

1. 判定表的组成

判定表通常由 4 个部分组成，如图 2-21 所示。

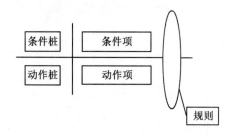

图 2-21　判定表的组成

（1）条件桩（condition stub）：列出了问题的所有条件，通常认为列出的条件的次序无关紧要。

（2）动作桩（action stub）：列出了问题规定可能采取的操作，这些操作的排列顺序没有约束。

（3）条件项（condition entry）：列出针对条件的取值，在所有可能情况下的真假值。

（4）动作项（action entry）：列出在条件项的各种取值情况下应该采取的动作。

2. 判定表的规则

规则：任何一个条件组合的特定取值及其相应要执行的操作称为规则。在判定表中贯穿条件项和动作项的一列就是一条规则。显然，判定表中列出多少组条件取值，就有多少条规则，即条件项和动作项有多少列。

简化就是把有两条或多条具有相同的动作，并且其条件项之间存在极为相似的关系的规则合并，以简化规则。

3. 判定表的规则简化

实际使用判定表时，常常先将它简化，简化是以合并相似规则为目标。判定表的简化主要有下面两种：

（1）规则合并：若两条或多条规则的动作项相同，条件项只有一项不同，则可将该项合并，合并后的条件项用符号"—"表示，说明执行的动作与该条件的取值无关，称为"无关条件"。

（2）规则包含：无关条件项"—"在逻辑上又可包含其他条件项取值，具有相同动作的规则还可进一步合并。

图 2-22 表示两个柜子的动作项一致,条件项中的第三条件的取值不同,这表示在第一、第二条件分别取真值和假值时,无论第三条件取何值,都执行同一个动作,就是说要执行的动作与第三条件的取值无关。这样,我们将这两条规则合并,合并后的第三条件取值用"—"表示,表示与取值无关。

类似地,无关条件项"—"在逻辑上又可包含其他条件项取值,具有相同动作的规则还可进一步合并,如图 2-23 所示。

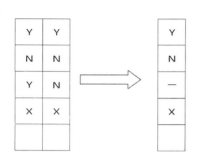

图 2-22   规则合并

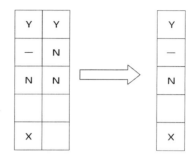

图 2-23   规则进一步合并

经过规则合并,简化后的"阅读指南"判定表见表 2.20。

表 2.20   简化后的"阅读指南"判定表

选项		规则			
		1	5	6	7
问题	你觉得疲倦吗?	Y	N	N	N
	你对内容感兴趣吗?	—	Y	Y	N
	书中内容使你糊涂吗?	—	Y	N	—
建议	请回到本章开头重读		√		
	继续读下去			√	
	跳到下一章读				√
	停止阅读,请休息	√			

4. 判定表的建立步骤

(1)确定规则的数量。假如有 n 个条件,每个条件有两个取值(0,1),则有 $2n$ 种规则。

(2)列出所有的条件桩和动作桩。

(3)填入条件项和动作项,得到初始判定表。

(4)简化、合并相似规则(相同动作)。

【例 2-5】假设某航空公司规定:中国去往欧美的航线的所有座位都有食物供应,每个座位都可以播放电影。中国去往非欧美的国外航线都有食物供应,只有商务舱可以播放电影。中国国内航班的商务舱有食物供应,但是不可以播放电影,中国国内的航班的经济舱除非飞行时间大于 2h 才有食物供应,但是不可以播放电影。请用判定表设计测试用例。

1）列出所有的条件桩和动作桩。

条件桩：

C1:航线为国外欧美航线；

C2:航线为国外非欧美航线；

C3:航线为国内航线；

C4:舱位为商务舱；

C5:舱位为经济舱；

C6:飞行时间小于 2h；

C7:飞行时间大于或等于 2h。

动作桩：

A1:播放电影；

A2:食物供应。

2）确定规则数量。

这里有 7 个条件，故应有 2^7=128 个规则。我们修改条件桩使有限条目判定表成为扩展条目判定表，先把航线、舱位、飞行时间划分等价类如下：

M1={航线为国外欧美航线}；

M2={航线为国外非欧美航线}；

M3={航线为国内航线}；

D1={舱位为商务舱}；

D2={舱位为经济舱}；

Y1={飞行时间小于 2h}；

Y2={飞行时间大于或等于 2h}。

重新得到条件桩：

C1:航线在{M1,M2,M3}中之一；

C2:舱位在{D1,D2}中之一；

C3:飞行时间在{Y1,Y2}中之一；

按扩展条目重新计算规则数为 3×2×2=12。

3）填入条件项和动作项，得到初始判定表，见表 2.21。

表 2.21　初始判定表

项目	1	2	3	4	5	6	7	8	9	10	11	12
C1:航线在	M1	M1	M1	M1	M2	M2	M2	M2	M3	M3	M3	M3
C2:舱位在	D1	D1	D2	D2	D1	D1	D2	D2	D1	D1	D2	D2
C3:飞行时间在	Y1	Y2	Y1	Y2	Y1	Y2	Y1	Y2	Y1	Y2	Y1	Y2
A1:播放电影	√	√	√	√	√	√						
A2:食物供应	√	√	√	√	√	√	√	√	√	√		√

4）简化、合并相似规则后得到合并判定表，见表 2.22。

表 2.22 合并判定表

项目	1	2	3	4	5	6	7	8	9	10	11	12
C1:航线在	M1	M1	M1	M1	M2	M2	M2	M2	M3	M3	M3	M3
C2:舱位在	D1	D1	D2	D2	D1	D1	D2	D2	D1	D1	D2	D2
C3:飞行时间在	Y1	Y2	Y1	Y2	Y1	Y2	Y1	Y2	Y1	Y2	Y1	Y2
A1:播放电影	√	√	√	√	√	√						
A2:食物供应	√	√	√	√	√	√	√	√	√	√		√

最终合并得到的简化判定表，见表 2.23。

表 2.23 简化判定表

项目	1	2	3	4	5	6
C1:航线在	M1	M2	M2	M3	M3	M3
C2:舱位在	–	D1	D2	D1	D2	D2
C3:飞行时间在	–	–	–	–	Y1	Y2
A1:播放电影	√	√				
A2:食物供应	√	√	√	√		√

5. 适合使用判定表设计测试用例的条件

（1）规格说明以判定表形式给出，或很容易转换成判定表。

（2）条件的排列顺序不会也不影响执行哪些操作。

（3）规则的排列顺序不会也不影响执行哪些操作。

（4）每当某个规则的条件已经满足，并确定要执行的操作后，不必检验其他规则。

（5）如果某个规则得到满足，要执行多个操作，这些操作的执行顺序无关紧要。

2.6.4 因果图法

因果图法是一种利用图解法分析输入的各种组合情况，从而设计测试用例的方法，它适用于检查程序输入条件的各种组合情况。

等价类划分法和边界值分析法都是着重考虑输入条件，但未考虑输入条件之间的组合、输入条件之间的相互制约关系。这样虽然各种输入条件可能出错的情况都已经测试到了，但多个输入条件组合起来可能出错的情况被忽视了。而要检查输入条件的组合不是一件容易的事情，即使把所有输入条件划分成等价类，它们之间的组合情况也相当多。因此必须考虑采用一种适合描述多种条件的组合，相应产生多个动作的形式来考虑设计测试用例，这就需要利用因果图法。

因果图法能帮助测试人员按照一定的步骤，高效地开发测试用例，以检测程序输入条件的各种组合情况，它是将自然语言转化为形式语言规格说明的一种严格方法。

1. 因果图介绍

（1）常见因果图如图 2-24 所示，4 种符号分别表示规格说明中常用的 4 种因果关系。

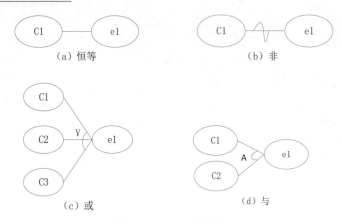

图 2-24　常见因果图

（2）因果图中使用了简单的逻辑符号，以直线连接左右节点。左节点表示输入状态（或称原因），右节点表示输出状态（或称结果）。

（3）C_i 表示原因，通常置于图的左部；e_i 表示结果，通常在图的右部。C_i 和 e_i 均可取值 0 或 1，0 表示某状态不出现，1 表示某状态出现。

2. 因果图概念

（1）因果图具有如下 4 种关系：

1）恒等：若 C_i 是 1，则 e_i 也是 1；否则 e_i 为 0。

2）非：若 C_i 是 1，则 e_i 是 0；否则 e_i 是 1。

3）或：若 C1 或 C2 或 C3 是 1，则 e_i 是 1；否则 e_i 为 0，"或"可有任意个输入。

4）与：若 C1 和 C2 都是 1，则 e_i 为 1；否则 e_i 为 0，"与"也可有任意个输入。

（2）因果图的约束。输入状态之间还可能存在某些依赖关系，称为约束。例如，某些输入条件本身不可能同时出现。输出状态之间也往往存在约束，在因果图中，用特定的符号标明这些约束，如图 2-25 所示。

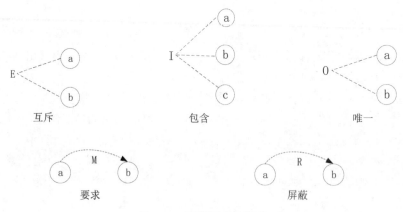

图 2-25　因果图中的约束

其中，输入条件有以下 4 类约束：

1）E 约束（异）：a 和 b 中最多有一个可能为 1，即 a 和 b 不能同时为 1。

2）I 约束（或）：a、b 和 c 中至少有一个必须是 1，即 a、b 和 c 不能同时为 0。

3）O 约束（唯一）；a 和 b 必须有一个且仅有 1 个为 1。

4）R 约束（要求）：a 是 1 时，b 必须是 1，即不可能 a 是 1 时 b 是 0。

输出条件约束类型：输出条件的约束只有 M 约束（屏蔽）：若结果 a 是 1，则结果 b 强制为 0。

3. 采用因果图法设计测试用例的步骤

（1）分析软件规格说明描述中，哪些是原因（即输入条件或输入条件的等价类），哪些是结果（即输出条件），并为每个原因和结果赋予一个标识符。

（2）分析软件规格说明描述中的语义，找出原因与结果之间、原因与原因之间对应的关系，根据这些关系画出因果图。

（3）由于语法或环境限制，有些原因与原因之间、原因与结果之间的组合情况不可能出现，为表明这些特殊情况，在因果图上用一些记号表明约束或限制条件。

（4）把因果图转换为判定表。

（5）把判定表的每列拿出来作为依据，设计测试用例。

【例 2-6】有一个处理单价为 5 角钱的饮料的自动售货机软件测试用例的设计。其规格说明如下：若投入 5 角钱或 1 元钱的硬币，按下"橙汁"或"啤酒"按钮，则相应的饮料就送出来。若售货机没有零钱找，则一个显示"零钱找完"的红灯亮，此时在投入 1 元硬币并按下按钮后，饮料不送出来且 1 元硬币退出来；若有零钱找，则显示"零钱找完"的红灯灭，在送出饮料的同时退还 5 角硬币。

第一步：分析软件规格说明，列出原因和结果。

原因：

① 售货机有零钱找。

② 投入 1 元硬币。

③ 投入 5 角硬币。

④ 按下"橙汁"按钮。

⑤ 按下"啤酒"按钮。

结果：

⑥ 售货机〖零钱找完〗灯亮。

⑦ 退还 1 元硬币。

⑧ 退还 5 角硬币。

扩展阅读：正交
实验法

⑨ 送出橙汁饮料。

⑩ 送出啤酒饮料。

第二步：画出因果图，如图 2-26 所示。所有原因节点列在左边，所有结果节点列在右边。建立中间节点，表示处理的中间状态。中间节点为：

⑪ 投入 1 元硬币且按下"饮料"按钮。

⑫ 按下"橙汁"或"啤酒"按钮。

⑬ 应当找 5 角零钱且售货机有零钱找。

⑭ 钱已付清。

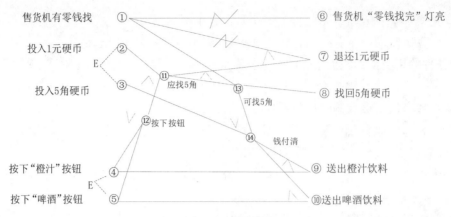

图 2-26　因果图

第三步：将因果图转换为判定表，见表 2.24。

表 2.24　根据因果图建立的判定表

序号		1	2	3	4	5	6	7	8	9	10	1	2	3	4	5	6	7	8	9	20	1	2	3	4	5	6	7	8	9	30	1	2
条件	①	1	1	1	1	1	1	1	1	1	1	1	1	1	1	1	1	0	0	0	0	0	0	0	0	0	0	0	0	0	0	0	0
	②	1	1	1	1	1	1	1	1	0	0	0	0	0	0	0	0	1	1	1	1	1	1	1	1	0	0	0	0	0	0	0	0
	③	1	1	1	1	0	0	0	0	1	1	1	1	0	0	0	0	1	1	1	1	0	0	0	0	1	1	1	1	0	0	0	0
	④	1	1	0	0	1	1	0	0	1	1	0	0	1	1	0	0	1	1	0	0	1	1	0	0	1	1	0	0	1	1	0	0
	⑤	1	0	1	0	1	0	1	0	1	0	1	0	1	0	1	0	1	0	1	0	1	0	1	0	1	0	1	0	1	0	1	0
中间过程	⑪						1	1	0		0	0	0		0	0	0						1	1	0		0	0	0		0	0	0
	⑫						1	1	0		1	1	0		1	1	0						1	1	0		1	1	0		1	1	0
	⑬						1	1	0		0	0	0		0	0	0						0	0	0		0	0	0		0	0	0
	⑭						1	1	0		1	1	0		0	0	0						0	0	0		1	1	0		0	0	0
结果	⑥						0	0	0		0	0	0		0	0	0						1	1	1		1	1	1		1	1	1
	⑦						0	0	0		0	0	0		0	0	0						1	1	0		0	0	0		0	0	0
	⑧						1	1	0		0	0	0		0	0	0						0	0	0		0	0	0		0	0	0
	⑨						1	0	0		1	0	0		0	0	0						0	0	0		1	0	0		0	0	0
	⑩						0	1	0		0	1	0		0	0	0						0	0	0		0	1	0		0	0	0
测试用例							Y	Y	Y		Y	Y	Y		Y	Y							Y	Y	Y		Y	Y	Y		Y	Y	

第四步：在判定表中，阴影部分表示因违反约束条件的不可能出现的情况，故删去。第 16 列与第 32 列什么动作都没做，也删去。最后剩下的 16 列作为确定测试用例的依据。

2.6.5　场景设计法

如今的软件几乎都是用事件触发来控制流程的，事件触发时的情景便形成了场景，而同一个事件不同的触发顺序和处理结果就形成事件流。将在软件设计方面的场景与事件流思想引入软件测试中，可以比较生动地描绘出事件触发时的情景，有利于测试设计者设计测试用例，同时使测试用例更容易理解和执行。

针对单个功能点的测试可直接通过检查一定的输入，产生预期的输出来判断其功能点是否满足预期要求。针对需要多个功能点组合起来完成的某个功能（流程功能），需在对单个功能点验证通过后，再扩展到流程测试，针对流程功能的测试深度，结合项目的特点（如项目成本、项目进度等）进行综合考虑。一般针对流程的测试可以先覆盖正常流程分支，再覆盖异常流程分支。

针对流程功能的测试特点，场景设计法在测试用例设计中得到广泛应用，并在覆盖范围充分的情况下，保障了业务流程完整性和正确性。当今比较流行的测试管理工具引入了业务组件（类似于一个容器，将系统中的公共业务流程节点进行收集归整，并为各子业务流程提供服务）的概念。使用测试管理工具时，可以借助该业务组件功能完成公共业务节点的归整，以提高测试设计的效率。

如图 2-27 所示，图中经过用例的每条路径都用基本流和备选流来表示，直黑线表示基本流，是经过用例的最简单的路径；备选流用不同的色彩表示，一个备选流可能从基本流开始，在某个特定条件下执行，然后重新加入基本流中（如备选流 1 和备选流 3），也可能起源于另一个备选流（如备选流 2），或者终止用例而不再重新加入某个流（如备选流 2 和备选流 4）。

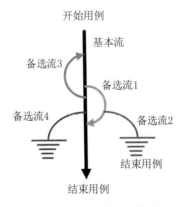

图 2-27　基本流与备选流

【例 2-7】ATM 系统取款业务的场景设计法使用举例。

案例分析：ATM 系统的用例图如图 2-28 所示。

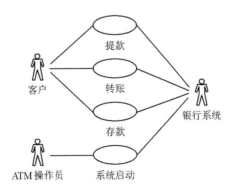

图 2-28　ATM 系统的用例图

步骤一：分析业务流程，如图 2-29 所示。

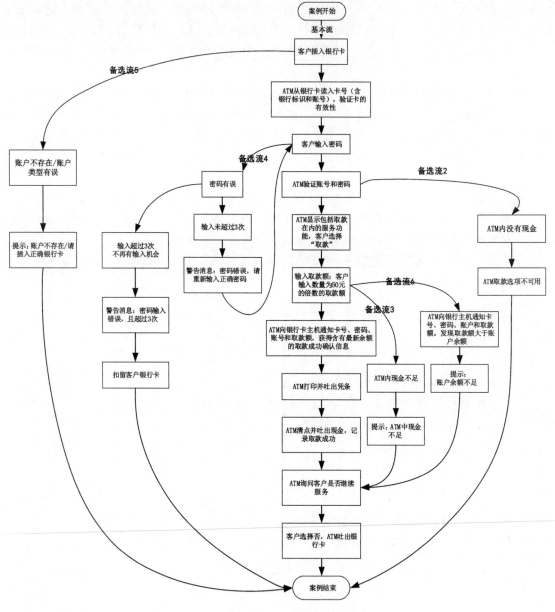

图 2-29 业务流程

步骤二：场景设计，见表 2.25。

表 2.25 ATM 机客户提款场景

场景	流程	
场景 1：成功提款	基本流	
场景 2：ATM 内没有现金	基本流	备选流 2
场景 3：ATM 内现金不足	基本流	备选流 3
场景 4：密码有误（还有输入机会）	基本流	备选流 4

续表

场景	流程	
场景 5：密码有误（不再有输入机会）	基本流	备选流 4
场景 6：账户不存在/账户类型有误	基本流	备选流 5
场景 7：账户余额不足	基本流	备选流 6

步骤三：测试用例设计。这 7 个场景中的每个场景都需要确定测试用例。本示例中，对于每个测试用例，存在一个测试用例 ID、条件（或说明）、测试用例中涉及的所有数据元素（作为输入或已经存在于数据库中）以及预期结果，见表 2.26。

表 2.26　ATM 机提款测试用例设计

测试用例ID 号	场景/条件	密码	账号	输入或选择的金额	账面金额	ATM 内的金额	预期结果
CW1	场景 1：成功提款	√	√	√	√	√	成功提款
CW2	场景 2：ATM 内没有现金	√	√	√	√	×	提款选项不可用，用例结束
CW3	场景 3：ATM 内现金不足	√	√	√	√	×	警告消息，返回基本流相应步骤，输入金额
CW4	场景 4：密码有误（还有不止一次输入机会）	×	√	n/a	√	√	警告消息，返回基本流相应步骤，输入密码
CW5	场景 4：密码有误（还有一次输入机会）	×	√	n/a	√	√	警告消息，返回基本流相应步骤，输入密码
CW6	场景 5：密码有误（不再有输入机会）	×	√	n/a	√	√	警告消息，卡予保留，用例结束
CW7	场景 6：账户不存在/账户类型有误	n/a	×	n/a	n/a	n/a	警告消息，账户不存在，用例结束
CW8	场景 7：账户余额不足	√	√	√	×	√	警告消息，账户余额不足，用例结束

步骤四：测试用例生成。一旦确定了所有的测试用例，则应对这些用例进行复审和验证以确保其准确且适度，并取消多余或等效的测试用例。ATM 机提款测试用例见表 2.27。

表 2.27　ATM 机提款测试用例

测试用例 ID 号	场景/条件	密码	账号	输入或选择的金额/元	账面金额/元	ATM 内的金额/元	预期结果
CW1	场景 1：成功提款	4987	809010	50.00	500.00	2000	成功提款。账户余额被更新为 450.00
CW2	场景 2：ATM 内没有现金	4987	809010	100.00	500.00	0.00	提款选项不可用，用例结束

续表

测试用例 ID 号	场景/条件	密码	账号	输入或选择的金额/元	账面金额/元	ATM 内的金额/元	预期结果
CW3	场景 3：ATM 内现金不足	4987	809010	100.00	500.00	70.00	警告消息，返回基本流相应步骤，输入金额
CW4	场景 4：密码有误（还有不止一次输入机会）	4978	809010	n/a	500.00	2000	警告消息，返回基本流相应步骤，输入密码
CW5	场景 5：密码有误（还有一次输入机会）	4978	809010	n/a	500.00	2000	警告消息，返回基本流相应步骤，输入密码
CW6	场景 6：密码有误（不再有输入机会）	4978	809010	n/a	500.00	2000	警告消息，卡予保留，用例结束
CW7	场景 7：账户不存在/账户类型有误	n/a	000000	n/a	n/a	n/a	警告消息，账户不存在，用例结束
CW8	场景 8：账户余额不足	4978	809010	n/a	0.00	2000	警告消息，账户余额不足，用例结束

2.6.6 错误推测法

错误推测法的基本思想是列举程序中所有可能有的错误和容易发生错误的特殊情况。错误猜测方通常需要测试人员的经验积累，设计用例时也可以参考和分析业务人员和运维人员的反馈。

常见的系统错误如下：

（1）在进行客户销户时，再次对已经注销的用户进行销户，此时系统应该提示错误信息的用例，柜员签入/签出、客户签约/解约等功能同上。

（2）自动计算数据（利率、汇率等）精度过高时，是否会导致数据溢出。

（3）数据计算位数超长时，应显示为科学计数法，再次保存，系统应做相应转换，保存不损失数据精度。

（4）异常终止批处理操作（未到完成时间、错误手工干预等）时，事务是否回滚。

（5）对特殊字符的识别和判断。

（6）初始化设置测试，包括参数、基础数据、默认值等，特别是当参数配置错误（或漏配）时，系统的反应如何。

（7）对系统的接口着重测试，特别是异常处理测试。

（8）对于跨日、跨月、跨年和特殊日期（闰年 2 月 29 日）的利息计算。

（9）连击按钮操作是否会导致多次提交或删除空项。

（10）日志过大、循环报错或磁盘空间不足时，是否有告警提示，提供备份处理。

（11）通过界面注入 SQL 语句或脚本，后台查看是否对数据库有影响。

（12）移植数据后需确认数据、索引、配置信息等是否正确，还要确认中止的交易流程是否仍能正确流转到后台。

2.7　项目案例

2.7.1　测试用例编写——等价类划分法

1. 注册

在"香霖网上书城"注册用户时，要求用户名由 1～20 个字符组成，密码由 1～16 个字符组成。根据等价类，用户名包括一个有效等价类和两个无效等价类：1～20 个字符，小于 1 个字符，大于 20 个字符；密码亦然。

根据用户名和密码的等价类，至少可以设计如下测试用例，其中（1）可以注册成功，（2）～（6）无法注册成功：

（1）用户名为 1～20 个字符，密码为 1～16 个字符。

（2）用户名为空，密码为 1～16 个字符。

（3）用户名 1～20 个字符，密码为空。

（4）用户名大于 20 个字符，密码为 1～16 个字符。

（5）用户名为 1～20 个字符，密码大于 16 个字符。

（6）用户名大于 20 个字符，密码大于 16 个字符。

2. 登录

"香霖网上书城"登录界面如图 2-30 所示，登录系统时需要输入用户名、密码和验证码。当三者填写均正确时，可成功登录；其中某个不正确，均无法正确登录。

图 2-30　"香霖网上书城"登录界面

根据等价类，可以设计登录操作的用例，见表 2.28。

表 2.28　"香霖网上书城"登录操作的用例

序号	用户名	密码	验证码
1	已注册的正确的用户名	已注册的正确的密码	验证码正确
2	已注册的正确的用户名	错误的密码	验证码正确
3	错误的用户名	已注册的正确的密码	验证码正确

续表

序号	用户名	密码	验证码
4	已注册的正确的用户名	已注册的正确的密码	验证码错误
5	已注册的正确的用户名	错误的密码	验证码错误
6	错误的用户名	已注册的正确的密码	验证码错误
7	错误的用户名	错误的密码	验证码错误

2.7.2 测试用例编写——场景设计法

通过对系统功能的理解，对"香霖网上书城"进行业务流程分析，得到基本流和备选流，如图 2-31 所示。

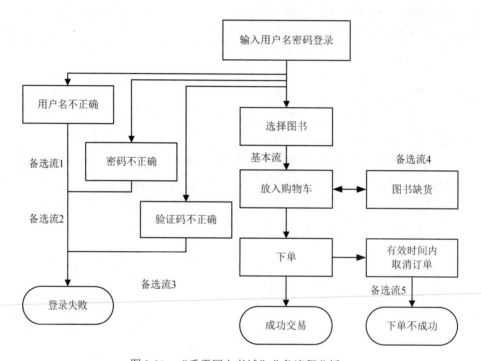

图 2-31 "香霖网上书城"业务流程分析

通过分析，可以得到如下场景：

（1）场景 1：成功交易（基本流）。

（2）场景 2：登录失败，交易不成功（备选流 1）。

（3）场景 3：登录失败，交易不成功（备选流 2）。

（4）场景 4：登录失败，交易不成功（备选流 3）。

（5）场景 5：登录成功，下单不成功（备选流 4）。

（6）场景 6：登录成功，下单不成功（备选流 5）。

根据以上场景，结合测试数据和操作步骤，即可编写相应的测试用例。

本章小结

本章介绍常用的软件开发过程模型与测试模型，从程序执行、软件内部结构、具体实现技术以及软件开发过程的角度对软件测试的不同分类方法进行了介绍，使读者能够比较全面地了解软件测试的内涵、外延和软件测试工作的整体框架。在介绍测试技术时，结合具体案例通过测试用例的设计与执行、结果分析等环节深入讲解白盒与黑盒两种测试技术，达到掌握白盒、黑盒测试用例设计的主要方法，帮助读者更好地学习软件测试相关技术，并能灵活应用在实际的测试工作当中。

课后习题

一、简答题

1．请简述黑盒测试方法的特点。
2．决策表分析法中的规则在什么情况下可以合并？
3．白盒测试有几种方法？
4．按照不同的划分方法，软件测试有哪些不同的分类？
5．常用的白盒测试和黑盒测试用例设计方法有哪些？各有什么优缺点？

二、设计题

1．有一个函数，要求用户输入 8 位正整数，请设计出所有测试用例。
2．根据如下程序段，绘制相应的控制流图，计算相应的环形复杂度，并设计相应的测试用例，设计的测试用例要保证每条基本独立路径至少执行一次。

```
void Sort ( int iRecordNum, int iType )
1    {
2      int x=0;
3      int y=0;
4      while ( iRecordNum> 0 )
5      {
6        If ( iType==0 )
7        {x=y+2;break;}
8      else
9        If ( iType==1 )
10           x=y+10;
11        else
12           x=y+20;
13     }
14   }
```

第 3 章 软件测试过程

过程决定结果，期望软件测试获得更好的成效，软件测试过程的把控和实施非常重要。软件测试过程由哪些测试工作环节组成？每个环节又由哪些活动（或任务）组成？每个活动需要如何进行？不同的测试阶段、不同的测试类型（如黑盒测试与白盒测试、功能测试和非功能测试）有没有共性的软件测试过程？这些过程将有哪些产出物？本章将阐述软件测试过程及其各个环节的作用、内容及方法。

- 测试过程模型
- 测试计划
- 测试需求分析
- 测试用例设计
- 测试用例执行
- 测试总结报告

3.1 测试过程概述

测试工作大纲图

测试过程由 5 个环节组成：测试计划制订、测试需求分析、测试用例/脚本设计、测试执行、测试总结。其中，测试需求分析与测试计划制订是相互交叉和渐进明细的过程。

无论在瀑布开发项目中还是迭代开发的项目中，无论是大型项目还是中小型项目，软件测试过程及测试产品间的关系均可以采用如下过程模型，或基于如下模型进行相关的裁剪。

图 3-1 为测试工作大纲，主要分为 4 个层次，最下边一层是软件开发的生命周期，包括开发阶段、测试阶段和运行阶段，其中测试阶段按照 V 模型分为单元测试、集成测试、系统测试和用户验收测试。

通过前面的学习，我们知道每个阶段可能会有不同的测试内容，涉及不同的测试类型。每个测试类型又会有不同的测试方法以及相应的准入准出标准和测试工具，但是软件测试过程都是大同小异的，都可以分为以上 5 个环节的工作。

这 5 个环节构成了测试的生产过程。此外，测试生产过程需要有相应的测试项目管理过程进行配合。测试项目的管理包括范围管理、进度管理、变更管理等相关的管理形式。

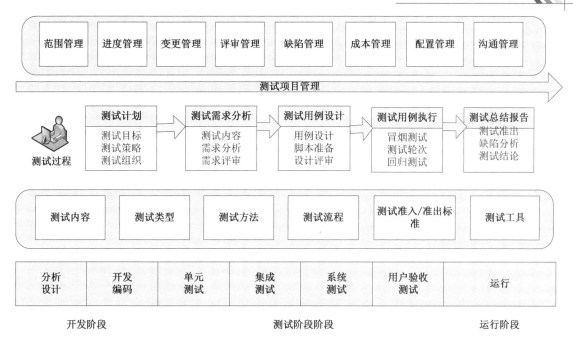

图 3-1　测试工作大纲

第 2 章对软件测试的主要技术及模型进行了相关的讲解，本章将对测试的各个环节进行详细的介绍。第 4 章将重点阐述软件 V 模型中 4 个测试阶段的具体内容，测试项目管理将在第 8 章中讲解。

3.2　测试计划

测试计划样例

3.2.1　测试计划的作用

古语云："凡事豫则立，不豫则废。"软件测试计划非常重要。软件测试计划需要提前规划即将开展的测试工作，包括如何有效开展软件测试工作，测试哪些内容，不测试哪些内容，使用哪些测试方法和测试策略，测试团队如何组织，如何协同多位测试人员共同工作等。

软件测试计划是整个测试工作推进的基本依据，无论是功能测试、性能测试、手工测试还是自动化测试，都要以测试计划为纲。

IEEE 829—1998 对软件测试计划的定义：一个叙述了预定的测试活动的范围、途径、资源以及进度安排的文档，它确认了测试项、被测特征、测试任务、人员安排，以及任何偶发时间的风险。

测试计划是在项目实施之前，对所有要完成的测试工作的描述，包括被测试项目的背景、目标、范围、方式、资源、进度安排、测试组织，以及与测试有关的风险等。制订软件测试计划有如下作用：

（1）使软件测试工作推进更顺利：测试计划中需要明确测试目的、范围边界、测试基准等内容，也需要明确测试实施过程及组织分工，还需要明确测试进度、测试交付物等，这些测试工作中相关问题的明确，有助于测试工作有的放矢，顺利开展。

（2）使各方达成共识，进而使软件测试工作更易于管理：通过对测试计划的评审或宣讲（例如测试项目启动会上讲解），参与测试过程的各个角色可以对测试工作过程有一个概要的、全面的理解，提供对各自角色及相互配合的工作内容的了解，使大家对该次测试内容及流程达成共识，有助于各角色的协同配合和项目的顺利推进。

（3）促进项目参加人员彼此的沟通：测试计划明确组织结构、测试人员工作分配、各方接口人及沟通形式等，使测试人员明确了每个人完成测试工作内容、测试类型、测试策略等，并明确了相关的沟通方式及接口人，使沟通更加顺利。

（4）尽早发现和修正软件相关基准文档的问题：每个阶段的测试或每种类型的测试都有其相应的基准。例如单元测试的基准是系统的详细设计说明书，系统测试的基准是软件需求规格说明书。在计划时，需要对相应的测试基准文档的内容进行相关的梳理和明确。发现其中的缺陷并更早提交有助于问题的尽早发现和修正。

制订测试计划需注意以下几个方面：

（1）认真做好测试资料的搜集整理工作。

（2）明确测试的目标，增强测试计划的实用性。

（3）坚持"5W1H"规则，明确内容与过程。

（4）采用评审和更新机制，保证测试计划满足实际需求。

"5W1H"是指从针对以下 6 个方面提出问题并相应思考：

（1）对象（What）——测试对象与范围是什么？

（2）场所（Where）——测试环境如何？

（3）时间和程序（When）——测试时间如何安排？

（4）人员（Who）——测试责任人是谁？

（5）为什么（Why）——为什么进行本次测试？

（6）方式（How）——如何开展本次测试工作？

3.2.2　IEEE 测试计划模板

不同的项目组织，不同的测试阶段，不同规模的测试项目，测试计划的模板往往各不相同，但又大同小异，尤其是一些关键的要素方面。IEEE 829—1998 软件测试计划文档模板如图 3-2 所示。

3.2.3　测试计划内容

（1）测试计划标识符。用于标识测试计划的版本或等级，在一个组织内，测试计划标识符是一个唯一值。例如某组织的某个测试计划的标识符为"2018-业务-00045【河北】【山西】【交】（车船税对接）-V3.0"。

IEEE 829 – 1998 软件测试文档编制标准
软件测试计划文档模板
目录

1. 测试计划标识符
2. 简要介绍
3. 测试项目
4. 测试对象
5. 不需要测试的对象
6. 测试方法（策略）
7. 测试项通过/失败的标准
8. 中断测试或恢复测试的判断准则
9. 测试完成所提交的材料
10. 测试任务
11. 测试所需的资源
12. 职责
13. 人员安排及培训需求
14. 测试进度表
15. 风险及应急措施
16. 审批

图 3-2　IEEE 829—1998 软件测试计划文档模板

（2）简要介绍。简要介绍测试计划中将涉及的内容、阅读对象、编写中使用的参考资料等。测试阶段不同，参考资料往往不同。可能的参考资料包括软件需求规格说明书、业务需求规格说明书、概要设计说明书、详细设计说明书、用户指南、安装配置手册等。参考文档应标明版本信息，以方便读者查阅。

（3）测试项目。对本次测试的项目背景、工作范围内容、测试类型、测试参与方与支持方进行综述，对测试目的进行阐述。明确的测试目标有助于使项目组各方人员对该次测试工作达成共识，而且可减少或避免测试实施过程中可能产生的偏差，使测试资源得到充分的利用。

例如，某次系统测试的功能测试目标为：验证各被测系统功能是否满足业务需求；尽可能找出隐藏的功能缺陷；根据测试结果，客观准确地报告该系统在目前阶段的功能质量状态。

（4）测试对象。测试计划需要明确测试范围及测试内容，功能测试的对象一般是模块、菜单或功能项等，需要在计划中明确哪些系统/功能需要测试，哪些系统/功能不需要测试。性能测试的范围往往是测试场景（包括单一场景、组合场景等），并发操作的内容等。兼容性测试需要将兼容的操作系统、浏览器等各类版本等进行逐一明确。

【例 3-1】某网站系统测试中，如何明确功能测试对象。

【案例分析】网站的功能测试包括对各页面的功能对象的测试，所以测试对象可以用表3.1 说明。

表 3.1　功能测试对象样例

编号	主要页面	一级菜单	二级菜单	功能点	备注
1	内容管理平台	内容	文章管理	后台文章信息发布，前台内容展示	9 种操作系统，12 种浏览器共 19 种组合，详见兼容性测试内容
2			图片管理		
3			任意文件		
4		结构	频道管理	对门户网站的栏目，模块进行增加，修改，删除，隐藏，对页面整体的调整	
5			二维分类		
6			分类树		
7			扩展字段		
8			站点管理		
9		外观管理	主题管理	……	
10			模板文件	……	
11			皮肤文件	……	
12			网站静态化	……	
13			……	……	

（5）不需要测试的对象。明确测试对象非常重要，明确不需要测试的对象同样重要甚至更重要。因为测试的时间、资源是有限的，所以如果没有提前明确，可能使测试范围蔓延，测试工作重点不突出。此外，还要对测试对象的优先级进行明确，当测试时间有限时，在轮次测试的策略中，需要考虑对优先级更高的对象进行更多的测试。如果一个功能优先级比较低，就会认为它具有相对低的风险。在测试计划的评审中，不需要测试的对象往往会引起参与评审各方人员的关注，从而通过大家的讨论对测试范围更加明确。

（6）测试方法（策略）。测试策略是根据项目目标、测试需求、资源配备、工程环境，因地制宜地概要制定测试及测试管理工作的内容、方法及流程。测试策略需要回答的问题是，在测试成本与测试预期效果之间如何达到最佳的平衡。

制定测试策略需要考虑多方面的内容，如需要考虑被测项目的类型。对于新建项目、测试的难点包括开始时需求细化不足、需求变更频繁、测试过程中缺陷问题较多、开发版本变更频繁。因此测试计划中如何控制需求、版本、计划进度是一个难点，需要有相应的策略；而对于已上线的系统，在版本更新测试中，可能存在测试人员对原系统了解不够、对所优化或修改的功能对原有功能的影响分析不全面等情况，而且此类项目往往留给测试执行的时间很短，容易存在测试死角。针对这两种项目的不同特点，测试策略肯定有所不同。

例如对于系统测试阶段的功能测试，测试策略可以是：采用黑盒测试技术，手工模式执行测试，着眼于系统的表层功能和内部实现逻辑、针对软件界面和业务功能进行测试。在充分了解系统架构和业务逻辑的基础上，结合系统的后台处理逻辑，从不同的运行与控制条件等角度组合不同的输入条件和预定结果，检查功能点的执行情况和信息反馈情况，以找出软件中可能存在的缺陷。

【例 3-2】某个人网银功能测试用例设计策略。

【案例分析】对测试每个环节的工作制定更详细的策略，对于用例设计也需要有相应的策略。个人网银功能测试用例设计策略可以包括如下几个方面：业务流的覆盖，按业务产品区分，确认产品生命周期流程图（包含其他渠道），测试该产品的完整生命周期是否正确；业务级功能的覆盖，针对每个交易，采用专业的分析方法，进行业务覆盖，保证单个交易的正确性；要素级覆盖，界面要素的测试，主要包括界面要素项长度、组合等是否符合需求；页面检查覆盖，主要测试页面的跳转、默认值、关联项、下拉列表、必输项等是否符合需求；其他相关功能的测试，如权限方面、打印相关等。

【例 3-3】某手机 App 兼容性测试用例设计策略。

【案例分析】兼容性测试包括对操作系统、浏览器、屏幕尺寸、与其他软件的兼容等方面。表 3.2 为某手机 App 兼容性测试基于安卓手机的机型选择样例。对于 App 的兼容性测试，需要根据 App 的受众用户分布与特征，确定兼容性测试范围。若可以选择更多机型，通常在测试中选择用户手机机型排名为 TOP200 或 TOP300 的手机进行测试。

表 3.2　手机 App 兼容性测试机型选择样例

品牌名称	机型名称	上市时间	发布版本	操作系统	屏幕尺寸/英寸
OPPO	R11	2017 年 6 月	7.1.1	ColorOS v3.2	5.5
vivo	X20A	2017 年 9 月	7.1.1	Funtouch OS 3.2	6.01
vivo	X21A	2018 年 3 月	8.1.0	Funtouch OS 4	6.28
OPPO	R11s	2017 年	8.1.0	ColorOS v5.2.1	6.01
OPPO	PBEM00	2018 年 8 月	8.1.0	ColorOS v5.2	6.4
vivo	Y85A	2018 年 3 月	8.1.0	Funtouch OS 4	6.26
华为	EML-AL00	2018 年 4 月	9	EMUI 9.0.0	5.8

（7）测试项通过/失败的标准。软件测试过程也是软件评测过程，在测试完成后，应根据"测试项通过/失败的标准"对所测试软件是否通过进行结论性说明。标准包括覆盖率指标、遗留缺陷情况及产品风险情况等，如测试用例对业务需求的覆盖情况、测试执行覆盖率、缺陷的数量，遗留缺陷严重程度和分布情况、被测系统文档的完整性、是否达到性能标准等。

【例 3-4】某项目用户验收测试通过/失败标准。

【案例分析】用户验收测试（UAT）是系统上线前的最后一个阶段的测试，是在业务验收测试环境下，采用业务操作，检测系统是否满足业务需求规格所进行的需求验证。通过/失败标准一般包括如下几点：测试需求覆盖率达到 100%；所编写的测试用例按计划轮次全部执行完毕；测试过程中发现致命性与严重性缺陷全部解决或经过相关方（业务需求组、开发组、测试组等）评审确认暂不修复；致命和严重的缺陷若有遗留，需要项目牵头部门组织相关方对遗留缺陷进行影响分析评估，评估缺陷对业务人员日常操作的影响、对客户服务的影响以及对性能或者系统稳定性的影响，并给出明确解决方案和解决时间；UAT 所有交付物均通过评审。

【例 3-5】某项目系统测试中代码审查通过标准。

【案例分析】代码审查是对代码的人工检测，通过标准可包括：源代码齐全；程序和文档相符，源程序与设计一致；源代码中明确的注释不少于代码的 1/4，主要模块及关键部分必须有详细注释；每个模块都有头说明，包括功能、调用说明、输入、输出；可追溯性：模块的名称、功能、调用说明、输入、输出与设计保持一致；可读性：模块采用合理的缩进格式，便于阅读；清除程序中的冗余对象；保证程序中创建的对象全部正确地删除。

（8）中断测试或恢复测试的判断准则。在某些情况下，由于系统或人力资源等原因，需要中断测试。随着相应问题的解决，满足恢复标准后，测试工作继续进行。

常用的测试中断标准包括：发现程序不是最新版本；正确安装后，冒烟测试发现主要模块功能不能正常运行，且影响其他模块的功能测试；关键路径上存在未完成的任务、测试环境不完整、资源短缺等。

（9）测试完成所提交的材料。测试完成所提交的材料可称为测试提交物或测试产出物，产生于测试过程的各个环节上，如测试计划、测试需求点清单、测试用例、测试执行记录、缺陷清单、测试报告等，自动化测试还包括测试脚本等。此外，还会产生测试管理相关的文档，如日报、周报、会议记录、评审记录等。

（10）测试任务。本节需要对测试任务进行 WBS（Work Breakdown Structure，工作分解结构），创建 WBS 是把项目工作按阶段可交付成果分解成较小的、更易于管理的组成部分的过程。WBS 是计划过程的中心，也是制订进度计划、资源需求、成本预算、风险管理计划等的重要基础。WBS 还是控制项目变更的重要基础。

创建 WBS 时以测试交付物为导向，对测试任务进行逐一细化和分解，任务分解的颗粒度一般到周，小型测试项目可以到天。通过分解，将复杂的任务分解为一系列明确定义的子任务。WBS 的创建方法主要有类比法或自上而下的方法等。类比法是采取参考类似项目的 WBS 创建新项目的 WBS；自上而下的方法是从项目的目标开始，逐级分解项目工作。通过 WBS 分解，可以将测试项目工作定义在适当的细节水平，对测试项目工期、成本和资源需求的估计比较准确。

创建 WBS 时需要满足以下几项基本要求：某项任务应该在 WBS 中的一个地方且只应该在 WBS 中的一个地方出现；WBS 中某项任务的内容是其下所有 WBS 子项的总和；一个 WBS 项只能由一个人或一个小组负责，即使许多人都可能在其上工作，也必须有专门的负责人，其他人只能是参与者；WBS 必须与实际工作中的执行方式一致；每个 WBS 项都必须文档化，以确保准确理解已包括和未包括的工作范围；WBS 必须在根据范围说明书正常地维护项目工作内容的同时，适应无法避免的变更；此外，对于中小型项目，WBS 的工作包的定义一般不超过 40h，建议在 4～8h；WBS 的层次不超过 10 层，建议在 4～6 层。

（11）测试所需的资源。测试资源包括 4 个方面：测试人员、测试文档、测试环境及测试数据。测试计划中需要确定参与的测试人员、人员的角色与数量，以及人员的测试工作经验及能力要求。测试文档包括测试工作输入文档与产出物，如需求规格说明书或测试用例等。测试环境包括硬件环境和软件环境，包括被测软件的具体版本号等，是测试用例执行的基础。此外，测试环境还包括测试必需的外部设备，如打印机、刷卡机、测试工具。测试数据包括基础数据和测试输入数据。基础数据包括组织机构代码、操作用户名密码等。测试输入数据是测试用例的一部分。

（12）职责。测试计划中，需要明确测试组织结构及参与测试活动的角色，并明确各角色的工作职责。

【例 3-6】中小型项目测试组织中的角色与职责举例。

【案例分析】假设该项目包括功能测试和性能测试，有项目督导、项目经理、功能测试工程师、性能测试工程师、配置管理工程师等角色。测试组织中的角色与职责样例见表 3.3。

表 3.3　测试组织中的角色与职责样例

序号	角色	职责
1	项目督导	1．监督、统筹及协调项目中各项活动 2．负责建立软件测试的整个过程 3．负责指导测试的每个关键步骤 4．负责指导测试计划、测试报告的编写
2	项目经理	1．负责承担项目任务的计划、组织和控制工作，以实现项目目标 2．监督、统筹及协调项目中各项活动和任务安排 3．负责向项目协调机构定期报告项目进展情况，就项目中存在的问题提出解决建议 4．负责项目组内各部分的协调配合工作 5．负责测试方和业务方、开发方的协调配合工作
3	功能测试工程师	1．参与功能测试计划制订 2．负责测试需求分析、功能测试用例编写 3．负责执行功能测试用例，记录测试过程，提交测试缺陷 4．负责帮助开发人员重现问题，回归测试 5．负责功能测试缺陷分析、参与总结报告编写等
4	性能测试工程师	1．负责调研测试需求、编写性能测试用例 2．负责准备测试脚本和设置性能测试场景 3．负责实施性能测试并将缺陷录入缺陷管理系统 4．负责性能测试缺陷分类、参与总结报告编写等
5	配置管理工程师	1．负责测试环境的准备和搭建 2．负责每轮次测试版本的部署 3．负责编写配置管理计划，搭建配置管理库 4．负责整个项目的配置项的维护及培训管理库的定期备份
6	测试管理工具管理员（可兼职）	1．负责制订测试管理工具使用计划 2．负责测试管理工具的定制与维护 3．负责定期提取测试管理数据、缺陷清单等 4．负责测试管理工具库的定期备份

（13）人员安排及培训需求。人员安排及培训需求是根据项目需要和人员技能特点进行人员分工，同时明确人员必须掌握的技能等。人员安排需要对各角色包括哪些人员，以及每个人负责哪些具体工作内容进行更加详细的阐述，确保软件的每个部分都有人员负责测试。例如功能测试中每个测试员负责具体测试哪几个模块等。根据各角色的职责要求与实际的工程师的技能水平，找出差距，确定相应的培训需求。一般培训需求包括对系统的架构培训、业务培训、测试工具培训等。

（14）测试进度表。测试进度是围绕项目计划中的主要事件（如文档、模块的交付日期，接口的可用性等）来构造的。可在 WBS 的基础上，对每项任务逐一进行时间安排。

【例 3-7】中小型项目功能测试进度计划表样例。

【案例分析】根据该项目的测试范围及任务等，首先进行项目的 WBS 分解，之后根据被测系统的规模，进行每项任务的工作量估计，然后根据项目资源（项目人员技能及数量），进行项目的进度预估。假设 W1,W2,…,Wn 表示第一周，第二周，…，第 N 周，安排见表 3.4（具体项目可以用具体的"开始时间""结束时间"表示）。

表 3.4　测试组织中的角色与职责样例

阶段	任务	W1	W2	W3	W4	W5	W6	W7	W8
测试需求分析阶段	熟悉业务和系统	■							
	细化测试需求（功能、业务流程、性能）	■							
	评审测试需求	■							
计划制订阶段	制订测试计划		■						
	制订配置管理计划		■						
	制订 Bug 管理规范		■						
	评审计划		■						
测试设计阶段	功能测试用例设计			■					
	评审测试设计			■					
测试执行阶段（第一轮）	测试环境搭建及安装测试				■				
	功能测试执行				■	■			
	缺陷评审及确认				■	■			
测试执行阶段（第二轮，回归测试）	测试环境搭建及安装测试							■	
	回归测试执行							■	
	缺陷评审及确认							■	
测试总结阶段	问题汇总与分析								■
	编写功能测试报告								■
	评审测试报告								■

（15）风险及应急措施。在编制测试计划过程中，需要进行产品风险和项目管理风险的识别及分析，并制定相应的应急措施。

执行产品风险评估是为了识别测试的关键域。在测试计划时，需要组织相关干系人进行产品风险的识别，并记录在产品风险清单上。然后根据预定义的风险类别和优先级准则，分析已识别的产品风险，并进行分类和分组，基于产品风险识别需要测试和不需要测试的项和特征，建立产品风险和需求的可跟踪性，进而对要测试特性进行测试需求分析及测试用例的编写。产品风险包括功能性风险、架构风险、非功能风险（如易用性、有效性、可移植性、可维护性、可靠性等）等。

此外，与所有的项目类似，在项目管理过程中，为了实现在确定的时间和一定的成本内完成某项工作，必须进行项目风险管理。测试计划编写者或者编写团队需要针对项目管理中可能出现的环境、进度、资源、沟通等各方面的风险进行风险预估与分析，提前确定规避风险或减少风险影响的措施，进而在项目进展过程中，能够尽量将可能的风险带来的损失降低到最小。

（16）审批。测试计划完成后需要项目管理人员、业务人员、开发人员及测试人员共同进行评审，通过评审一方面使测试计划更加完善，另一方面使各方对测试工作达成一致。评审中一般会有评审记录或会议记录。一些大型项目或特殊项目需要审批人的签字。审批人应该是有权宣布已经为转入下一个阶段做好准备的某个人或某几个人。测试计划审批部分一个重要的部件是签名页。审批人除了在适当的位置签署自己的名字和日期外，还应该签署表明他们是否建议通过评审的意见。

3.3 测试需求分析

测试需求分析样例

3.3.1 测试需求分析的作用

测试需求是组件/系统中能被一个或多个测试用例验证的条目或事件，如功能、事务、特征、质量属性或者结构化元素。测试需求并不等同于软件需求，它是以测试的观点对软件需求的梳理。

简单地说，测试需求就是在项目中要测试什么。我们在项目测试工作中，首先需要明确测试需求（What），从而决定如何测试（How）、测试多长时间（When）、需要多少人（Who）、测试的环境是什么（Where），测试中需要的技能、工具以及相应的背景知识，测试中可能遇到的风险等。测试计划中测试进度的规划，或者工作量的预估，依据就是对测试需求的梳理和理解。已被确定的测试需求也是测试人员进行测试用例设计和考查测试覆盖情况的依据。

如果把测试活动比作软件生命周期，测试需求就相当于软件的需求规格，测试策略相当于软件的架构设计，测试用例相当于软件的详细设计，测试执行相当于软件的编码过程。只要在测试过程中，我们把"测试"两个字全部替换成"软件"，就明白了整个测试活动的依据来源于测试需求。

测试需求分析是测试活动的起点，也是测试计划细化的基础，它为测试工作的完成提供了一个可供衡量的标准。另外，测试需求也是测试人员进行测试用例设计和考虑测试覆盖的依据。

总之，测试需求分析的作用如下：

（1）测试需求分析可以把不直观、不明确、不能度量的需求转变为直观、明确、可度量的测试需求，包括测试范围、功能点、业务规则、主干及分支流程以及需测试的业务场景等。

（2）测试需求的确定为测试项目的管理者制定进度时间表、分配测试资源以及确定某个阶段测试工作是否完成提供了一个可供衡量的标准。已被确定的测试需求也是测试人员进行测试用例设计和考虑测试覆盖的依据。

在测试过程中，与测试需求相关的工作包括 4 个环节，如图 3-3 所示。

图 3-3　测试需求相关工作

其中：测试需求提取是对测试需求的梳理，对测试点的提取；测试需求评审是对提取的测试点进行评审，形成测试需求基线，供测试用例设计使用；测试需求变更控制是对已基线化的测试需求进行变更控制，当需求发生变更，根据实际情况相应变更测试需求；测试需求跟踪是通过建立测试需求与业务需求、系统需求，测试需求与测试用例之间双向跟踪来实现需求覆盖。

在测试需求分析中需要注意如下两点：

（1）一个测试需求应明确描述一项需要测试的内容，即对于多项测试内容，应尽可能剥离开来，保证一个测试需求只包含一项测试内容。

（2）通常测试需求对应的需求来源包括客户已明确的、实际可行的解决方案，还包括客户没有明确的内容，即显性需求和隐形需求。

3.3.2　测试需求分析过程

（1）测试需求分析基线文档收集。针对不同的测试阶段，测试人员首先需要收集对应的基线文档。例如 SIT 测试需求分析前，测试人员首先需要收集软件需求规格说明书，而且最好是（客户）评审后的签字版需求规格说明书。若需求规格是由一组文档构成的，则需要测试人员将相关文档收集完整。例如某项目的需求可能由需求规格说明书、产品说明、业务规则、报表及单证样例等共同构成，需要测试人员将这些文档均收集起来。若测试人员需要检测数据库字段的正确性及完整性等，则需要收集数据库设计文档或详细设计文档等。总之，在整个信息收集过程中，务必确保通过这些信息，软件的功能与特性被充分理解。

若需求规格文档不完善，而测试需求分析工作需要提前开展，则可以通过一些途径来补充，例如与业务人员、开发人员进行系统业务讲解会，增加正式与非正式的培训等，但基线文档内容的缺乏将带来测试需求分析的完整性、正确性欠缺的风险。测试需求分析后的产出物需要相关方提供详尽的评审。

（2）需求基线文档的阅读和梳理。阅读理解收集到的资料，结合相应的系统培训或业务培训，测试人员需要对所分配的功能模块的业务逐一展开分析，抽取测试需求，明确其可以实现的业务功能、输入/输出及约束条件，同时应关注这些需求是如何产生和形成的。

（3）根据测试类型，逐一展开需求分析。根据软件工程 V 模型可知，不同的测试阶段有不同的责任主体，而且同一测试阶段可有不同的测试类型。

单元测试阶段，从产品风险的角度，测试需求分析可以针对每个类、每个函数进行检测，也可以对复杂的类或函数进行更多的测试。集成测试阶段，需要对各类接口进行测试，需要对接口调用与返回结果进行检测。系统测试阶段，需要从系统功能需求角度验证（功能验证、接口测试、批处理测试、健壮性测试、易用性测试等），也需要从系统非功能需求角度验证（负载、容量、可靠性、可移植性、兼容性等）。用户验收测试将从产品业务角度分析（例如业务流程、业务规则、打印、产品定价等）。需求的测试化分析中，不仅要关心系统的显性需求，还要关注隐形需求。

（4）逐一编写测试需求。编写测试需求，要求测试需求是明确的、可执行的，避免使用模糊的语句；一个测试需求应明确地描述一项需要测试的内容，即对于多项测试内容，应尽可能地剥离开来，保证一个测试需求只包含一项测试内容。每个测试需求又可以称为一个测试点。

对于一条软件需求或者一个需要实现的特性，须存在一个可以明确预知的结果，并且可以通过设计一个可以重复的过程来对这个明确的结果进行验证。说得具体一点，就是要保证所有需要实现的需求都是可以用某种方法来明确地判断是否符合需求文档中的描述。如果对于某条需求或某个特性，无法通过一个明确的方法进行验证，或者无法预知它的结果，就意味着这条需求的描述存在缺陷。

每个测试需求均需要记录相关要素，包括需求编号、需求名称、需求状态、编写日期、编写者、优先级等。测试需求优先级的确定，有利于测试工作有的放矢地展开，使测试人员了解核心的功能、特性与流程有哪些、客户最关注的是什么，由此可确定测试的工作重点在何处，更方便处理测试进度发生问题时，实现不同优先级别的功能、模块、系统等迭代递交或取舍，从而缓和产品风险。

【例 3-8】功能验证测试的测试需求分析。

【案例分析】一般是自上而下梳理系统的子系统、模块、功能项，明确系统所有按钮的功能，同时明确功能按钮在实现功能时的相应数据流转，即输入哪些数据，经过该功能（按钮）的处理后，将实现什么功能，数据将流转到哪个页面；需要关注需求规格说明书中，功能描述文字中的每个动词；每个动词可能是一个功能验证点。根据项目规模的大小、上线时间点的紧迫程度、参与功能测试的人员等总体水平，项目组需要统一确定测试需求条目的颗粒度。根据项目组对功能需求颗粒度的要求，结合表 3.5 中的分析维度，对每个功能逐一展开需求分析。

表 3.5　功能验证测试的测试需求分析

细化类型	分析维度	测试需求分析要求	基准
功能验证	增加	一般每个"增加"按钮对应一条或多条测试需求；当新增界面等文本框、下拉列表框比较多时，可以分区域编写测试需求；对于必填项和选填项，可以分别编写测试需求；需求颗粒度由该项目的测试策略确定	需求规格说明书中的功能需求中对每个按钮的功能的描述

续表

细化类型	分析维度	测试需求分析要求	基准
功能验证	修改	一般每个"修改"按钮对应一条或多条测试需求；当修改多信息量比较大时，包括文本框、下拉列表框比较多时，可以分区域编写测试需求；对于必填项和选填项，可以分别编写测试需求；需求颗粒度由该项目的测试策略确定	
	查询	一般每个"查询"按钮对应一条或多条测试需求；查询包括单条件查询、组合条件查询、模糊查询等，每类查询至少对应一条测试需求	
	删除	一般每个"删除"按钮对应一条测试需求	
	页面跳转	如审批的"同意""不同意""下一步""翻页"等	

【例 3-9】接口测试的测试需求分析。

【案例分析】收集和明确系统的内部接口和外部接口的数量，然后明确各个接口的类型和实现方式。若接口数据是通过按钮的功能可实现的，则采用"功能验证"的测试分析方法，并关注系统日志及对数据库表的检查；若无相应功能按钮，则需要通过报文传送进行测试，此时需要明确报文的发起机制、请求报文及返回报文的各个字段的属性、报文范例。接口报文的需求分析可以从表 3.6 中的 3 个方面进行，建议至少可以对应 3 条测试需求：接口功能验证、接口输入控制、接口规则验证。也可以按照表 3.6 逐一细化为更多条测试需求。

表 3.6　接口测试的测试需求分析

细化类型	分析维度	测试需求分析要求	基准
接口测试	内部接口	内部接口是指各子系统之间的接口，一般通过功能按钮的触发实现。此时可采用"功能验证"的测试分析方法，并关注系统日志及对数据库表的检查	概要设计规格 接口报文格式文档 接口规范文档
	外部接口	外部接口是指系统与其他系统的接口，多系统交互的接口一般有以下两种实现方式： 1. 通过功能按钮发起数据的传递。 2. 通过特定的报文。报文的检查包括如下方面： 1）报文的正常场景； 2）报文的异常场景； 3）输入输出参数边界值分析（必选参数、可选参数组合、参数为空、参数数值范围、字符串长度、特殊字符）； 4）业务规则分析； 5）参数组合需求	

【例 3-10】批处理测试的测试需求分析。

【案例分析】明确系统的批处理类型及调度机制，对调度机制进行自动和手动两种方式的需求分析；自动触发又需要明确触发条件，见表 3.7。每种批处理结果可作为一条测试需求，通过对该需求的检验，检验所处理的这批数据库是否发生了预期的改变；批处理的异常测试可拆解为一条或多条测试需求；对批处理进行断点续做功能的测试，检验需求点也需要做相应的分析。

表 3.7　接口测试的测试需求分析

细化类型	分析维度	测试需求分析要求	准绳
批处理测试	批处理调度机制	分析需求或设计文档的调度要求，且保证系统支持手动触发	概要设计文档和详细设计文档中关于批处理的说明及处理流程图
	批处理结果	覆盖批处理内部逻辑处理分支的所有正常情况。 考虑处理数据的条数，例如包括零条、单条、多条、大数据等。 选择最小范围的批处理流程或最少节点的批处理程序。一方面是为了加快批处理运行时间和运行效率，另一方面是为了排除其他节点处理程序对已经处理账户数据的关联影响，确保测试检验结果的有效性和正确性	
	批处理的异常处理	尽可能全地覆盖系统异常情况，考虑业务数据的异常情况	
	断点续作检测	构造和准备测试数据和不同节点、时间及环节的故障或异常，模拟及恢复后，如何启动后续批处理，并且检验能否继续处理，是否有重复和遗漏以及异常等	

3.3.3　测试需求评审

测试需求评审是进行测试需求验证的过程，目的是保证测试需求已被正确定义。测试需求分析中形成的测试需求列表一般由相关业务人员、开发项目组进行评审，并得到相关人员的共识。这种共识是建立在相关人员的反复沟通基础上的。作为测试需求开发成果的测试需求列表，应具有正确性、无二义性、完整性、可验证性、一致性、可修改性、可跟踪性。

测试需求评审主要评审测试需求列表中的测试需求点是否包含了用户需求规格说明书中的全部功能，有无缺失、冗余、不准确的情况。另外，还需要对测试需求的优先级进行评审。一般采用正式的同行评审。

测试需求评审对测试需求获取、测试需求定义等进行全面审查，力求发现测试需求分析中的错误和缺陷，最终确认软件测试需求。当需求规格说明书有不足或需求规格说明书与概要设计/详细设计/系统界面等存在不一致时，测试需求评审显得更重要。

3.4　测试用例设计

测试用例设计样例

3.4.1　测试用例的作用

1．测试用例定义

测试用例也称测试案例（test case），是为某个特殊目标而编制的一组测试输入、执行条件及预期结果，以便测试某个程序路径或核实是否满足某个特定需求。它将软件测试的行为活动做了一个科学化的组织归纳，目的是将软件测试的行为转化成可管理的模式。同时测试用例是将测试具体量化的方法之一。它是因特定目的（如考察特定程序路径或验证是否符合特定的需求）产生的。

2．测试用例重要性

软件测试的重要性是毋庸置疑的。但如何以最少的人力及资源投入，在最短的时间内完成测试，尽可能多地发现软件系统的缺陷，保证软件的优良品质，是软件公司探索和追求的目标。

影响软件测试的因素很多，例如软件本身的复杂程度、开发人员（包括分析、设计、编程和测试的人员）的素质、测试方法和技术的运用等。如何保障软件测试质量的稳定性？有了测试用例，无论是谁来测试，参照测试用例实施，都能较好地保障测试执行的质量，可以把人为因素的影响降到最低。即便最初的测试用例考虑不周全，随着测试的进行和软件版本的更新，也将日趋完善。

因此测试用例的设计和编写是软件测试活动中最重要的活动之一。测试用例是测试工作的指导，是软件测试的必须遵守的准则，更是软件测试质量稳定的根本保障。

3．测试用例相关工作

在测试过程中，测试用例相关工作包括 4 个环节，如图 3-4 所示。

图 3-4　测试用例相关工作

（1）测试用例设计：根据测试需求分析得到的测试点，逐一设计测试用例，测试用例与测试点一般为多对一或一对一的关系。

（2）测试用例评审：即测试用例验证，通过对测试用例进行评审，形成测试用例基线，供测试执行使用。

（3）测试用例变更控制：对已基线化的测试用例进行变更控制。当业务需求或软件需求发生变更时，相应变更测试用例。

（4）测试用例跟踪：建立业务需求到测试需求，测试需求到测试用例之间的双向跟踪。

4．测试用例设计时机

之前认为测试用例设计时机需要等代码编写完成后才能进行，因为没有系统可供参考。通过软件测试 W 模型可知，每项开发活动都有对应的测试活动，即每项测试活动对应一个开发活动的校验。无论是哪个阶段，其测试设计的目标都是为了发现缺陷。例如，单元测试用例，可以发现软件详细设计的缺陷，系统测试用例可以发现软件需求规格的缺陷等。如果最后才进行测试用例设计，缺陷就只能在执行测试时才能被发现，此时修改成本较大。所以，测试用例设计的开始时机应该在可以获得所需信息后的任何时候开始，这样就可以尽早地发现缺陷，并以较少的费用排除这些缺陷。

3.4.2　测试用例格式

测试用例的基本要素包括用例编号、用例标题、用例优先级、预置条件、操作步骤、预期结果等。

（1）用例编号。测试用例编号是用例的唯一标识符，项目中需要按照一定的规则来定义。例如 PROJECT1-ST-001，命名规则是项目名称+测试阶段类型（系统测试阶段）+顺序号，测试用例编号中通常还包括模块名称、功能名称等。良好的测试用例编号定义便于查找测试用例，便于测试用例的跟踪。

（2）用例标题。测试用例标题是对测试用例的概要描述，需要清楚表达测试用例的用途，比如测试用户登录系统、输入错误密码时软件的响应情况。

（3）用例优先级。定义测试用例的优先级，可以笼统地分为高和低两个级别，也可以分为高、中、低等。一般来说，如果软件需求的优先级为"高"，那么针对该需求的测试用例优先级也为"高"；反之亦然。

（4）预置条件。提供测试执行中的各种输入条件，也称前提条件。测试用例的输入对软件需求或设计中的输入有很大的依赖性，如果软件需求或设计中没有很好的定义输入条件，那么测试用例设计中会遇到很大的障碍。

（5）操作步骤。提供测试执行过程的步骤。对于复杂的测试用例，测试用例的输入需要分为多个步骤完成，这部分内容在操作步骤中详细列出。

（6）预期结果。提供测试执行的预期结果，预期结果应该根据软件需求或设计中的输出得出。如果在实际测试过程中，得到的实际测试结果与预期结果不符，那么测试不通过；反之测试通过。

测试用例的书写格式是不固定的，在保证有效的情况下可以采用不同的格式，在编写测试用例时要根据实际被测系统的情况编写合适的用例。

ANSI/IEEE 829 标准给出的编写格式见表 3.8，"输入说明"即"预置条件"；"输出说明"即"预期结果"；"用例间的依赖关系"是指某个用例执行结果，将作为另一个或多个用例的输入等。

表 3.8　ANSI/IEEE 829 标准给出的测试用例格式

编号

编制人：		审定人：		时间：
软件名称：		编号/版本：		
测试用例：				
用例编号：				

参考信息（参考的文档及章节号或功能项）：
输入说明（列出选用的输入项）：
输出说明（逐条与输入项对应，列出预期输出）：
环境要求（测试要求的软件、硬件、网络要求）：
特殊规程要求：
操作步骤：
用例间的依赖关系：
用例产生的测试程序限制：

3.4.3　测试用例评审与变更控制

1.　测试用例评审

在测试用例评审时，一般从以下几个方面考虑：

（1）测试用例设计的整体思路是否清晰，是否清楚系统的结构和逻辑，从而使测试用例的结构和层次清晰，测试的优先级或先后次序是否合理。

（2）是否覆盖测试需求上的所有测试点，是否考虑到系统使用中的一些特别的场景，是否从用户层面来设计用户使用场景和使用流程的测试用例，考虑到一些边界和接口。

（3）测试用例设计的有效性，测试的重点是否突出，即是否抓住修改较大的地方、程序或系统的薄弱环节等。

（4）测试用例是否具有很好的可执行性。例如测试用例的前提条件是否存在，操作步骤是否简明清楚，期望结果是否清晰、正确，期望结果是否符合产品规格说明书或客户的需求。

（5）优先级安排是否合理。

（6）是否包含充分的反向测试用例。充分的定义，如果在这里使用二八法则，那么就是四倍于正面用例的数量，毕竟一个健壮软件的 80%代码都是在“保护”20%的功能实现。

（7）是否简洁、复用性强。例如，可将重复度高的步骤或过程抽取出来定义为一些可复用标准步骤。

（8）测试用例是否具有指导性，能灵活地指导测试人员通过测试用例发现更多缺陷，而不是限制他们的思维。

（9）是否已经删除了冗余的测试用例。

测试用例的评审状态一般包括已评审、未评审、评审未通过。其中："已评审"表示该测试用例已评审通过；"未评审"表示该测试用例未提交评审；"评审未通过"表示该测试用例已进行评审，但是评审不通过。

评审测试用例后，根据评审意见做出修改。在后续的测试中，如果有被发现的缺陷，没有测试用例，建议及时添加新的测试用例或修改相应的测试用例。与软件缺陷相关的测试用例是更有效的测试用例，其执行的优先级也高。

2.　测试用例变更控制

测试用例的变更应遵循规范的变更过程，使测试用例变更有序、可控、可管理。针对项目的变更管理过程，测试用例变更的控制过程如下：

（1）当测试需求发生变更时，测试组获取测试需求的变更项。

（2）测试组判断测试需求变更会影响到哪些测试用例。

（3）测试组变更测试用例，并形成新的测试用例版本（与变更后的相关开发文档版本、测试需求版本保持一致）。

（4）将形成的测试用例提交给相关的主管部门组织评审，评审通过后，将该测试用例版本基线化。

3.5 测试用例执行

3.5.1 测试准备

测试准备包括测试环境准备、测试数据准备、测试工具准备及测试人员的到位等。测试环境准备中需要明确该次测试所用环境，同时测试组记录每次测试的系统版本号。

测试数据的准备中需要明确哪些测试数据在测试执行前需要提前准备，哪些数据在测试过程中准备即可，从而把需要提前准备的数据提前准备好。该过程有时也称测试数据预埋。

测试准备的工具除了测试过程管理工具或缺陷管理工具外，针对不同类型的测试，可能使用到不同类型的工具，例如性能测试需要准备压力机及监控工具等。

3.5.2 检查执行进入标准

在测试执行开始前，需要根据对应测试阶段的测试执行准入标准，进行逐一核对与确认。通过准入标准后，开始执行测试工作。

每个阶段的测试，尤其是系统测试和用户验收测试，在测试执行前均需要进行冒烟测试。冒烟测试也称接收测试。冒烟测试的对象是每个重新编译的需要正式测试的软件版本。冒烟测试的目的是确认软件基本功能是否正常，是否可以进行后续的正式测试工作。

不同准入标准对冒烟测试选择用例的标准也有所不同。例如某中小项目系统测试中，冒烟测试要求主干流程和主要的分支流程通畅，则在准入检查中，测试工程师一般用半天时间针对相应要求进行检测。若冒烟测试通过，测试组接受该被测版本，展开正式的测试，依照测试计划的测试轮次及测试策略展开测试执行活动；若冒烟测试不通过，该被测版本将被退回开发组，由开发人员修复影响流程正常实现的缺陷后，再次进行冒烟测试。在特殊的项目情况下，不排除在不满足冒烟测试条件时，测试人员即展开正式测试，但这种情况下的实施具有一定的风险。

3.5.3 执行测试用例

测试人员依照测试计划中确定的测试轮次及测试策略展开测试执行活动，逐一执行选定的测试用例，根据测试用例的前提条件和操作步骤对系统进行操作，检测系统的实际结果与测试用例中的期望结果是否一致。

执行测试用例过程中，同时要记录测试结果。测试内容包括执行人、执行时间、用例执行状态，以及执行测试用例后所得的实际结果。

执行状态主要有以下 4 种：

（1）P（Pass，通过）：测试用例的实际结果与预期结果一致。

（2）F（Failed，不通过）：测试用例的实际结果与预期结果不一致，系统有相关缺陷。

（3）N/A（受阻）：某些用例的不通过导致其后续测试用例无法执行测试。

（4）Not complete（未完成）：用于标记操作步骤完成了一部分的测试用例。

当实际结果与预期结果不一致时，需要记录缺陷。缺陷的记录及管理方法详见第 7 章。

当存在影响测试进度或非常严重的问题时，要及时联系相关负责人，尽快修复缺陷，尽量将测试进度影响降到最低。

3.5.4 实施回归测试

回归测试是指修改了旧代码后，重新进行测试以确认修改没有引入新的错误或导致其他代码产生错误。

当开发人员修改了一部分或全部缺陷后，在提交新的测试版本的同时，要将新版本中已修改的缺陷进行说明，例如将缺陷状态标记为"已修改"状态。回归测试时，测试人员对这些"已修改"状态的缺陷逐一复测。回归测试的测试结果记录同上。

按照测试计划规定的测试轮次进行测试用例执行及回归测试，直到满足测试执行准出标准后，测试用例执行完毕。若某轮测试结束后，不满足测试的准出标准，测试工作将继续，直至满足准出标准为止。不排除特殊项目在不满足准出标准时，停止测试工作的情形，这种情况下一般会有项目管理方、业务方、开发方及测试方共同讨论确定。

【例 3-11】某银行新核心系统建设的 SIT 测试用例执行的准入条件。

【案例分析】银行核心业务具有规模大、业务逻辑复杂的特点，测试实施人员的数量较大，因此相应的准入条件较多。中小型项目的测试执行准入条件可能为如下准入条件的子集。

（1）《项目总体计划》《用户需求说明书》《软件需求规格说明书》《概要设计说明书》《详细设计说明书》已通过评审；《软件需求规格说明书》应包含送测功能点清单、关联系统影响范围分析，即给出本系统的关联系统（包含管理平台、第三方系统、相关上下游系统）影响范围。

（2）被测系统的所有子系统、单元模块都已通过单元测试及内部集成测试，单元测试用例及单元测试报告、内部集成测试用例已通过测试管理组组织的评审。

（3）SIT 测试用例已评审通过，冒烟测试用例准备就绪。

（4）被测系统网络、软/硬件环境已准备完毕（依据需求/设计中的软硬件配置清单），测试环境版本已按要求部署完成，关联系统及相关测试工具也相应准备完毕。

（5）测试用相关外围设备，如凭证打印机、密码键盘、读卡器等已准备完毕。

（6）冒烟测试缺陷率低于 5%，冒烟测试缺陷率=3 级以上（含 3 级）缺陷数/冒烟测试总用例×100%。

（7）在冒烟测试执行过程中，主要交易流程均正常。

（8）SIT 测试管理、实施、支持人员均已明确并到位。

（9）SIT 测试计划和 SIT 测试用例制定完毕且通过评审。

（10）涉及批量处理的系统，开发项目组须执行完整的批量处理测试，并覆盖主要会计日期（日结、月结、年结）和特殊时间结点（如月初、月末、结息日等）的批处理，且执行时间控制在可接受范围内不影响次日的测试执行工作。

【例 3-12】某银行新核心系统建设的 SIT 测试用例执行的准出条件。

【案例分析】SIT 准出后，开始 UAT 测试。可能包括如下准出条件：

（1）SIT 送测范围中所有的测试项已经完成测试。

（2）测试需求标识的测试范围都得到确切实施，测试需求覆盖率达 100%，需求描述的功能得以实现。

（3）所有未清晰或理解错误的需求都已确认清楚，且成功通过 SIT 测试验证。

（4）测试用例执行比例大于 95%，未执行用例有合理说明，并得到项目牵头部门及测试管理组的认可。

（5）测试用例通过率大于 90%（测试用例通过率=测试通过用例数/可执行用例总数×100%），未通过用例有合理说明，并得到项目牵头部门及测试管理组的认可。

（6）测试用例的执行结果及状态记录完整并登记在测试管理平台中。

（7）缺陷的四级分类中致命级缺陷和严重级别缺陷未修复数量为 0，关闭率为 100%，其他级别的未修复缺陷总数不超过测试执行总缺陷数的 5%。

（8）遗留缺陷均已经得到开发项目组反馈，已制定并明确项目牵头部门认可的解决方案和解决时间。

（9）SIT 测试报告已提交并通过测试管理组、开发项目组及 PMO 相关组的评审。

3.6　测试总结报告

测试总结报告样例

3.6.1　分析测试结果

测试总结报告可以是每轮或每个阶段测试完成后的测试报告，也可以是一个新建项目或某次版本更新测试完成后的测试报告等。

编写测试总结报告时，首先需要收集数据，包括本轮/每轮测试涉及哪些内容、测试用例的设计情况、测试执行策略、本轮/每轮测试用例的执行结果、本轮/每轮测试中发现了哪些缺陷、缺陷的修改情况、遗留测试用例情况、测试的用时、测试中遇到的问题及解决办法等。

分析测试结果主要从以下几个方面展开：

（1）被测需求的覆盖率：测试需求对业务需求的覆盖率，编写与执行的测试用例对测试需求的覆盖率，需要明确被测需求是否全面覆盖还是覆盖了哪部分。

（2）统计缺陷的分布：从多个维度分析缺陷分布情况，包括每轮次缺陷数据统计、缺陷级别按缺陷状态分布关系、缺陷状态按各测试版本的分布情况、测试类型与缺陷状态的分布图、缺陷趋势图等。

（3）分析缺陷的解决情况，遗留的问题有哪些，在测试过程中解决了哪些重要的问题，经常出问题的地方在哪里，Rejected（置为无效）的缺陷产生的原因有哪些，上线的风险点在哪里等。

3.6.2　编写测试总结

测试总结报告的目的是总结测试活动的过程与结果，并对被测软件成熟度进行评价。在整个测试过程中，测试人员需要不断收集和分析测试相关信息，对被测系统的状况进行综合分析，在测试执行完成后，将这些信息汇总整理为测试总结。

编写完成测试总结报告后，一般测试组首先进行内部评审，然后提交项目组各方评审。测试总结的评审方式包括正式评审和非正式评审。

IEEE 829—1998 软件测试总结报告模板如图 3-5 所示。

```
        IEEE 829 - 1998  软件测试文档编制标准
                测试总结报告模板
                    目录
 1.   测试总结报告标识符
 2.   总结
 3.   差异
 4.   综合评估
 5.   结果总结
            5.1  已解决的意外事件
            5.2  未解决的意外事件
 6.   评价
 7.   建议
 8.   活动总结
 9.   审批
```

图 3-5　IEEE 829—1998 软件测试总结报告模板

（1）报告标识符。每份报告可以用唯一 ID 来标识，使测试总结报告查找和使用更方便。

（2）总结。总结一般是概况介绍，包括本次测试的目的、范围、被测软件的环境与版本、测试用例编写与执行情况、测试工具使用情况、测试管理过程等，使读者对测试实施过程有一个较全面和概要的了解。

（3）差异。差异与测试计划呼应，描述与测试计划和当初设想的差异，一般包括测试范围的差异、测试进度的差异等，为后续测试计划的改进和风险预估提供更多的经验。测试进度的差异，可以通过对比任务的计划开始时间、计划结束时间、实际开始时间、实际结束时间来展现。若有差异，差异的原因需要写在报告里。

（4）综合评估。综合评估将对照在测试计划中规定的准则，对测试过程进行全面评估，包括测试过程的完整性、需求覆盖率、代码覆盖率、用例执行率、缺陷发现率、缺陷修复率、测试环境稳定性等。此外，指出覆盖不充分的特征或者特征的集合，也包括对任何新出现的风险进行讨论。

（5）结果总结。结果总结用于总结测试及测试管理结果，例如测试目标是否完成，测试是否通过，是否可以进入下一个阶段；测试执行是否充分（如对功能性、效率、安全性、可靠性、可维护性等的描述）；对测试风险的控制措施和成效，出现的意外事件，是否在风险预估列表中；未解决的意外事件建议的解决方案是什么等。此外，对于未修复的缺陷（遗留缺陷），说明后续计划的解决办法。

（6）评价。评价是对软件成熟度进行评价，基于产品风险，根据测试用例的通过情况，结合测试需求的实现情况，对业务需求的实现情况及测试项的局限性进行评价。根据对已修复和遗留缺陷的分析，对系统曾经存在和仍然存在的问题进行说明，揭露软件已有的缺陷和不足，以及遗留问题可能给软件实施和运行带来的影响。根据测试类型的不同，评价包括功能与非功能方面的评价。

（7）建议。建议包括可能存在的潜在缺陷和后续工作、对缺陷修改和产品设计的建议、对测试过程改进方面的建议等。

（8）活动总结。活动总结是从测试过程及各过程的活动进行总结，包括各阶段的资源消耗数据，人员配比的合理性、进度安排的合理性、实施策略的合理性等，这些总结为测试工作的组织与实施及不断优化带来帮助。此外，花在每项主要测试活动上的时间的总结对测试工作来说也十分重要，这里记录的数据为未来做工作量预估有一定的帮助。

（9）审批。测试报告一般需要进行评审或审批，若系统测试是由第三方完成的，系统测试报告的审批结果是第三方测试项目验收的重要输入，而用户验收测试报告的审批往往是系统上线的依据。一般在审批报告中，会列出享有审批权的所有人的名字、职务及审批结果。通过审批这份文档，审批人员表明自己对报告中所陈述的结果持肯定态度。如果有些审批人员对这份报告的看法存在细微的分歧，也会签署这份文档，并可在文档中注明自己与他人存在的分歧意见。

3.6.3 回顾与整理项目资产

每次项目测试完成后，测试工程师都应该根据工作日志等记录，回顾在测试工作中遇到的问题与风险，经过测试增长的经验与技术等。可以书面的形式记录下来，为未来的工作做积累。

项目资产是指一个学习型组织在项目操作过程中积累的有形或无形资产。除了经验教训外，在测试结束后，测试工程师需要将该次项目的测试过程资产进行整理后统一归档，并根据组织的度量管理，采集与保存相关的度量数据。

【例 3-13】系统测试阶段的活动检查项。

【案例分析】在工程实践中可以根据最佳实践将活动逐一罗列出来，形成检查单（checklist）。检查单有助于提醒测试管理人员或测试实施人员做更充分的考虑，也能够支持 WBS 分解。表 3.9 是系统测试阶段的检查单。

表 3.9　系统测试阶段的检查单

序号	测试阶段	检查项	检查结果
1	测试准备阶段	是否明确所接收的测试任务的任务内容	□是　　□否
2		是否明确所接收的测试任务的开始/完成时间要求	□是　　□否
3		是否明确测试任务将涉及的测试类型	□是　　□否
4		是否明确测试内容的优先级	□是　　□否
5		是否明确本次测试的准入/准出条件	□是　　□否
6		是否明确将参与的测试组成员	□是　　□否
7		是否对参与的测试组成员进行清晰的分工	□是　　□否

续表

序号	测试阶段	检查项	检查结果
8	测试准备阶段	是否讨论可能使用的测试工具	□是　□否
9		是否接收所测内容的需求规格说明及相关文档	□是　□否
10		是否明确测试接口人	□是　□否
11		是否明确测试组与其他部门的交流方式	□是　□否
12		是否召开项目组内启动会	□是　□否
13	需求分析阶段	是否以系统需求规格说明书为依据	□是　□否
14		测试需求分析内容是否覆盖业务需求	□是　□否
15		功能测试是否提取功能列表	□是　□否
16		性能测试是否进行性能场景调研	□是　□否
17		接口测试接口规范文档是否为最新	□是　□否
18		测试需求是否有唯一的 ID 标识	□是　□否
19		是否有测试需求的状态管理	□是　□否
20		是否进行测试需求评审	□是　□否
21	测试计划阶段	是否有测试计划	□是　□否
22		测试计划中是否有进度计划	□是　□否
23		测试计划中是否有对测试范围及内容的说明	□是　□否
24		测试计划中是否明确测试基线	□是　□否
25		测试计划中是否明确准入/准出条件	□是　□否
26		测试计划中是否有对测试方法的说明	□是　□否
27		测试计划中是否有对测试类型的说明	□是　□否
28		测试计划中是否有风险管理的说明	□是　□否
29		测试计划是否进行测试组内部评审	□是　□否
30		测试计划是否提交相关小组评审	□是　□否
31	用例设计阶段	测试用例是否覆盖所有测试需求	□是　□否
32		测试用例编写是否规范	□是　□否
33		测试用例书写格式是否统一	□是　□否
34		测试脚本书写是否规范	□是　□否
35		是否有正常操作下用例的设计	□是　□否
36		是否有非正常操作下用例的设计	□是　□否
37		测试用例中的测试概述是否描述正确？是否具有可行性？（不能有模糊词句）	□是　□否
38		测试用例中的测试步骤、次序是否清楚	□是　□否
39		测试用例中的预期结果描述是否准确？（不能有模糊词句）	□是　□否
40		测试用例是否进行评审	□是　□否
41		是否测试用例评审后的维护与修改	□是　□否

续表

序号	测试阶段	检查项	检查结果
42		测试用例已经全部被正确执行（如有放弃或未执行的用例，需小组内确认）	□是　□否
43		测试数据准备是否充分	□是　□否
44		冒烟测试用例抽取是否满足原则	□是　□否
45		是否及时记录测试执行结果	□是　□否
46	用例执行阶段	是否及时提交缺陷	□是　□否
47		是否有缺陷提交确认的环节	□是　□否
48		缺陷描述的格式是否规范	□是　□否
49		缺陷状态流程是否清晰	□是　□否
50		缺陷级别划分是否明确	□是　□否
51		是否有回归测试，跟踪缺陷的生命周期	□是　□否
52		是否汇报总结测试的过程	□是　□否
53		是否有实际进度与计划进度的分析	□是　□否
54		是否有测试需求分析情况统计与说明	□是　□否
55		是否有用例执行情况统计与说明	□是　□否
56		是否有缺陷分布情况统计与说明	□是　□否
57	总结报阶段	是否有遗留缺陷情况统计与说明	□是　□否
58		是否有测试结论	□是　□否
59		是否有测试后的建议	□是　□否
60		是否明确交付物	□是　□否
61		是否明确该次测试的局限性	□是　□否
62		测试报告是否进行测试组内部评审	□是　□否
63		测试报告是否提交相关人员评审	□是　□否
64		是否有测试周报	□是　□否
65		是否有会议记录	□是　□否
66	其他	是否有进度跟踪	□是　□否
67		是否问题管理	□是　□否
68		项目结束后测试组讨论、总结与提升	□是　□否

3.7　项目案例

3.7.1　测试计划——测试目的与功能范围

1. 测试目的

对于"香霖网上书城"，测试目的可包括：系统的业务流程及各功能是否正确实现；系统界面是否美观、布局是否合理；数据的传输是否完整、正确、安全；性能是否良好；应用程序是否具有良好的易用性和可操作性；是否方便安全和卸载；系统是否有一定的安全机制等。

2．系统功能范围

"香霖网上书城"的功能范围是系统的所有模块的测试，见表 3.10。

表 3.10　"香霖网上书城"的功能范围

系统功能	模块名称	描述	优先级
注册与登录	注册	注册管理员账号	1
	登录	登录管理员账号	1
图书管理	图书类型管理	对图书类型进行增、删、改、查	1
	图书管理	对图书信息进行增、删、改、查	1
用户及角色管理	用户管理	对后台用户信息进行增、删、改、查	1
	角色管理	对后台角色信息进行增、删、改、查	1
会员管理	会员等级管理	对前台会员等级信息进行增、删、改、查	2
购物管理	购物车管理	包括将图书加入购物车、从购物车中删除图书、清空购物车内所有图书、下单等功能	1
	订单管理	订单的查询、删除、统计等功能	1
公告管理	公告信息管理	公告信息的添加、修改、查询、删除等功能	2

3.7.2　测试计划——测试方法（策略）

结合 IEEE 829—1998 软件测试计划文档模板，对"香霖网上书城"进行测试计划的编写。其中"6.测试方法（策略）"的内容可以从如下方面展开。

1．软件测试的阶段划分

在"香霖网上书城"的代码部分完成后，开展相应的测试实施工作，测试阶段可分为图 3-6 所示的 5 个阶段。在用户验收测试完成并满足准出标准后，工程师将用户验收测试环境中的测试版本搭建在生产环境中，进行生产版本的检验。检验通过后，系统即可上线进入运行和维护阶段。

图 3-6　"香霖网上书城"测试阶段

2．软件测试类型划分

为了更好地保证"香霖网上书城"上线发布后的平稳运行，将实施如下测试：

（1）功能测试：测试软件各个功能模块处理是否正确，业务逻辑是否正确，数据流转、呈现、处理和存储是否正确。

（2）用户界面测试：测试用户界面是否美观，界面设计是否人性化、易操作，提示是否友好、完善，不同屏幕分辨率下各界面显示是否正确、美观，软件支持的不同语言版本下各界面显示的文字是否正确、美观等。

（3）兼容性测试：主要测试浏览器兼容性、操作系统兼容性、硬件兼容性。

（4）安装、卸载测试：正常情况下软件安装完成后可以正常运行，可以完全卸载；当用户无权限、硬件资源不满足等异常情况时，系统能够给出准确的提示信息。

（5）安全和访问控制测试：分应用程序级别和系统级别两个层次进行安全性检测。应用程序级别主要是用户登录、数据和功能权限控制的正确性；系统级别主要是服务器的访问控制和用户权限设置。

（6）故障转移和恢复测试：主要检验两种情况，一种是当主服务器不能服务时，备用服务器接管服务；另一种是主服务器恢复服务，备用服务器停止服务。

（7）性能测试：包括负载测试、压力测试、并发测试、可靠性测试、失效恢复测试等。

（8）发布测试：在系统发布前，测试软件产品附带的各种说明书、帮助文档等。

3. 软件测试工作流程

每种类型的测试均遵循图 3-7 所示的测试工作流程。

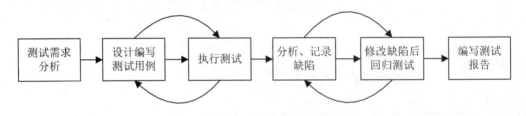

图 3-7　测试工作流程

本章小结

本章主要对软件测试实施过程进行了阐述，针对实施过程各个环节的作用、内容及方法进行了讲解。无论是功能测试还是非功能测试，无论是单元测试、集成测试、系统测试还是验收测试，测试均可以按这个过程实施。只是根据项目规模的不同、测试类型不同、测试阶段的差异，各个环节的具体目标、输入条件、活动内容、产出物名称等有相应的区别。本章描述的是软件测试的生产过程，与生产过程需要匹配的是管理过程。软件测试项目管理将在第 8 章中讲解。

课后习题

一、简答题

1. 软件测试计划模板一般包括哪些要素？
2. 制订软件测试计划有哪些作用？
3. 测试需求分析有什么作用？
4. 测试用例有什么作用？
5. 测试用例包括哪些要素？

6．为什么进行测试需求或测试用例的评审？

7．为什么有的项目会为测试用例设置优先级？

8．冒烟测试有什么作用？

9．回归测试有什么作用？

10．测试总结报告中评价包括哪些内容？

二、设计题

1．测试一次性纸杯，并梳理有哪些测试点。

2．测试 QQ 的聊天功能，并编写相关测试用例。

第 4 章　软件测试阶段

软件测试是软件开发过程中的一个重要环节，是在软件投入运行前，对软件需求分析、设计规格说明和编码实现的最终审定，贯穿于软件定义与开发的整个过程中。软件测试由一系列不同的测试阶段组成，即单元测试、集成测试、系统测试和验收测试。软件开发是一个自顶向下逐步细化的过程。软件测试则是自底向上逐步集成的过程。低一级的测试为上一级的测试准备条件。那么究竟什么是单元测试、集成测试、系统测试及验收测试？它们之间有什么关系？它们的概念、策略、用例设计、测试过程等是怎样的？通过本章的学习，我们主要解决这些问题。

- 单元测试及其策略、用例设计、过程
- 集成测试及其策略、用例设计、过程
- 系统测试及其策略、用例设计、过程
- 验收测试及其策略、用例设计、过程

4.1　软件测试阶段概述

软件测试按阶段划分为单元测试、集成测试、系统测试和验收测试 4 个阶段。软件开发的 V 模型如图 4-1 所示，该模型说明了应在何时进行何种测试。

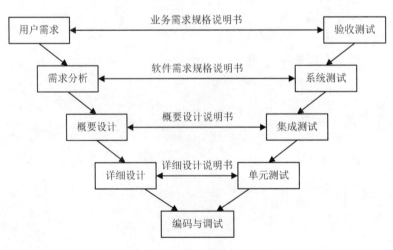

图 4-1　软件开发的 V 模型

（1）单元测试与软件开发过程中的详细设计阶段相对应，软件详细设计中关于模块内部的详细设计就是单元测试用例输入的基础，主要采用白盒测试方法，通常由开发人员自己完成。单元测试的输入依据《软件需求规格说明书》和《软件详细设计说明书》，输出包括单元测试用例、代码静态检查记录、问题的记录与跟踪（缺陷管理系统）及软件代码开发版本。

（2）集成测试与软件开发过程中的概要设计阶段相对应，软件概要设计中整个系统的体系结构是集成测试用例输入的基础，采用黑盒与白盒测试相结合的测试方法。

（3）系统测试和验收测试与软件开发过程中的需求分析阶段相对应，测试的依据是需求规格说明书，主要采用黑盒测试方法。

一旦软件项目开始，软件测试就随之开始。软件测试过程如图 4-2 所示。单元测试是测试执行的开始阶段，即首先对每个程序模块进行单元测试，以确保每个模块能正常工作。单元测试大多采用白盒测试方法，尽可能发现并消除模块内部在逻辑和功能上的故障及缺陷。然后，把已测试过的模块组装起来，形成一个完整的软件后进行集成测试，以检测和排除与软件设计相关的程序结构问题。集成测试大多采用黑盒测试方法来设计测试用例。为了检验开发的软件是否能与系统的其他部分（如硬件、数据库及操作人员）协调工作，还需要进行系统测试。最后进行验收测试，以解决开发的软件产品是否符合预期要求、用户是否接受等问题。

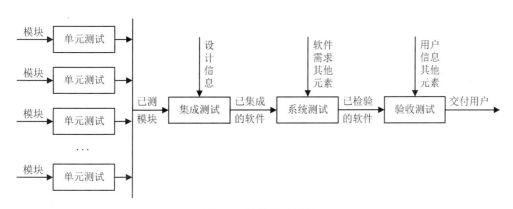

图 4-2　软件测试过程

4.2　单元测试

单元测试是与开发最接近的一种测试。开发人员编写单元测试用例并执行，验证单元模块是否得出预期的结果。单元测试是粒度最小的软件测试，小粒度能保证复杂系统中的每个"螺丝钉"的质量都合格。通过了单元测试的代码才可以继承到系统中，进行进一步测试。

单元测试与功能测试的主要区别是粒度不同。单元测试关注的是一个最小的代码片段，如一个类或接口；而功能测试关注的是一个完整的业务功能。

4.2.1　单元测试概述

单元测试

单元测试中的单元是软件系统或产品中可以被分离的、能被测试的最小单元。这些最小单元可以是一个类、一个子程序或一个函数，也可以是这些很小的单元构成的更大的单元，如一个模块或一个组件。对于结构化程序而言，程序单元是指程序中定义的一个函数或过程，或一组函数或过程；对于面向对象的程序而言，程序单元是指特定的一个具体的类或相关的多个类；在可视化编程环境下，可以是一个窗口，或其中的一个元素（如组合框），也可以是一个可重用的组件或页面上的一个功能按钮等。

单元测试（Unit Testing）就是对已实现的软件最小单元进行测试，以保证构成软件的各个单元的质量。单元测试应从各个层次来对单元内部算法、外部功能实现等进行检验，包括对程序代码的评审和通过运行单元程序来验证其功能特性等内容。单元测试的目标不仅是测试代码的功能性，还有确保代码在结构上安全、可靠。如果单元代码没有得到适当的、足够的测试，则其弱点容易受到攻击，并导致安全性风险（例如内存泄漏或指针引用）和性能问题。执行完全的单元测试可以减少应用级别所需的测试工作量，从根本上降低缺陷发生的可能性。通过单元测试，我们希望达到下列目标。

（1）单元实现了其特定的功能，如果需要，则返回正确的值。

（2）单元的运行能够覆盖预先设定的各种逻辑。

（3）在单元工作过程中，其内部数据能够保持完整性，包括全局变量的处理、内部数据的形式、内容及相互关系等不发生错误。

（4）可以接受正确数据，也能处理非法数据，在数据边界条件上，单元能够正确工作。

（5）该单元的算法合理，性能良好。

（6）该单元代码经过扫描，没有发现任何安全性问题。

单元是整个软件的构成基础，如果不进行单元测试，基础就不稳。单元的质量是整个软件质量的基础，所以充分的单元测试是必要的。单元测试是其他类型测试的基础。通过单元测试可以更早地发现缺陷，缩短开发周期，降低软件成本。多数缺陷在单元测试中很容易被发现，但如果不进行单元测试，这些缺陷留到后期将隐藏得很深难以发现，最终的结果是测试周期延长，开发成本急剧增加。

4.2.2 单元测试的策略

单元测试属于早期测试，最好与开发同步，也就是在编写代码之后，只要编译通过，就可以开始单元测试。单元测试一般由编程人员来完成，单元测试主要采用白盒测试方法，辅以黑盒测试方法。

1. 黑盒测试与白盒测试

黑盒测试也称功能测试，已在第 2 章做过介绍。在单元测试中，黑盒测试不考虑程序内部结构和内部特性，而是考察数据的输入、条件限制和数据输出，完成测试。黑盒测试根据用户的需求和已经定义好的产品规格，针对程序接口和用户界面进行测试，检查程序功能是否按照需求规格说明书的规定正常使用，程序是否能适当地接收输入数据而产生正确的输出信息，并且保持外部信息（如数据库或文件）的完整性。黑盒测试主要运用于单元的功能和性能方面的测试，以检查程序的真正行为，是否与产品规格说明、客户的需求一致。

白盒测试，也称结构测试、透明盒测试、逻辑驱动测试、基于代码的测试。在单元测试中，白盒测试方法基于模块内部逻辑结构，针对程序语句、路径、变量状态等进行测试，检验程序中的各个分支条件是否得到满足，每条执行路径是否按预定要求正确地工作。

白盒测试覆盖每行语句、所有条件和分支等，可以保证程序在逻辑、处理和计算上没有问题，但不能保证在产品功能特性上没有问题。白盒测试关注的是代码，容易忽视单元的实际结果是否能够真正满足用户的需求。因此单元测试需要借助黑盒测试来对单元实现的功能特性进行检查，黑盒测试通过不同的数据输入，获取输出结果，从而检验程序的实际行为是否与产品规格说明及客户需求一致。

2. 驱动模块和桩模块

在多数情况下，单个的单元是不能独立正常工作的，需要与其他单元一起才能正常工作。但是，在进行单元测试时必须隔离出单个的特定模块，那么在其他单元不存在时如何运行单个模块呢？此时，需要设法编写一个简单程序来模拟其他模块所具有的作用，这个简单程序不需要完全实现其他模块的各项具体功能，只需模拟模块间接口的作用，如调用待测模块、传递参数或返回相应的值给待测模块，这就要求基于待测单元的接口，开发出相应的驱动模块和桩模块。程序结构图如图 4-3 所示。

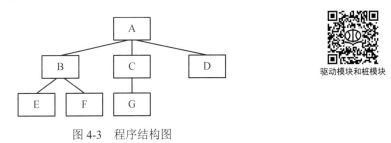

驱动模块和桩模块

图 4-3　程序结构图

驱动模块（Driver）：对底层（子层）模块进行单元/集成测试时所编写的调用待测模块的程序，用来模拟待测模块的上级模块。驱动模块在集成测试中接收测试数据，调用被测模块，并把相关的数据传送给待测模块，启动待测模块，并打印出相应的结果。在图 4-3 中，模块 E、模块 F、模块 G 和模块 D 需要创建驱动模块。

桩模块（Stub）：也称存根程序，对顶层（上层）模块进行测试时所编写的替代下层模块的程序，用来模拟待测模块工作过程中调用的模块。桩模块由待测模块调用，它们一般只进行很少的数据处理，例如打印入口和返回，以便于检验待测模块与其下级模块的接口。驱动模块和桩模块示意图如图 4-4 所示，其中模块 A 需要创建桩模块。

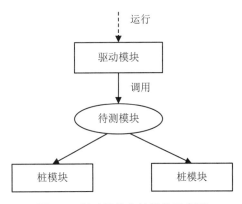

图 4-4　驱动模块和桩模块示意图

4.2.3 单元测试的过程

单元测试分为测试计划、测试设计、测试执行和测试结果分析 4 个阶段，下面分别介绍单元测试的每个阶段。

1. 测试计划

测试分析人员要根据软件测试的任务书（合同或者项目计划）和被测软件的设计文档对被测试软件单元进行分析，并确定以下内容。

（1）测试充分性要求：根据软件单元的重要性、软件单元测试目标和约束条件，确定测试应覆盖的范围及每个范围所要求的覆盖程度。

（2）测试终止要求：指定测试过程正常终止的条件，确定导致测试过程异常终止的可能情况。

（3）测试资源要求：包括软件、硬件、人员数量及人员技能等。

（4）测试软件特性：根据软件设计文档的描述确定软件单元的功能、性能、接口、状态、数据结构、设计约束等内容和要求，并进行标识、分类，从中确定需要进行测试的软件特性。

（5）测试技术和方法：如测试数据生成与验证技术、测试数据输入技术、测试结果获取技术等。

（6）测试结束条件：根据测试任务书的要求和被测软件的特点，确定测试结束的条件。

（7）测试进度：确定由资源和被测软件单元决定的单元测试活动的进度。

以上在测试计划阶段完成的工作最终以软件单元测试计划的文档形式记录。此外，需要对软件单元测试计划进行评审。审查测试的范围和内容、资源、进度、各方责任等是否明确，测试方法是否合理、有效、可行，测试文档是否符合规范，测试活动是否独立。只有通过软件单元测试计划的评审，才可以进入下一步工作；否则，需要重新进行测试计划。

2. 测试设计

软件单元测试的设计和实现工作由测试设计人员和测试程序员完成，一般根据软件单元测试计划完成以下工作。

（1）设计测试用例，将需要测试的软件特性分解，针对分解后的每种情况设计测试用例。

（2）获取测试数据，包括现有的测试数据和生成新的数据，并按要求验证所有的数据。

（3）确定测试顺序，可从资源约束、风险以及测试用例失效造成的影响或后果几个方面考虑。

（4）获取测试资源，对于支持测试的软件和硬件，有的可从现有的工具中选定，有的需要研制开发。

（5）编写测试程序，包括开发测试支持工具、单元测试的驱动模块和桩模块。

（6）建立和校准测试环境。

（7）编写软件单元测试说明文档。

以上在测试设计阶段完成的工作最终以软件单元测试说明的文档形式记录。此外，需要对软件单元测试说明进行评审。审查测试用例是否正确、可行、充分，测试环境是否正确、合理，测试文档是否符合规范。在软件单元测试说明通过评审后，方可进入下一步工作；否则，需要重新进行单元测试设计和实现。

3．测试执行

测试执行的工作由测试员和测试分析员完成。软件测试员的主要工作是按照软件单元测试计划和软件单元测试说明的内容和要求执行测试。在执行过程中，测试员应认真观察并如实记录测试过程、测试结果和发现的错误，认真填写测试记录。测试分析员的工作主要有以下两个。

（1）根据每个测试用例的期望测试结果、实际测试结果和评价准则判定该测试用例是否通过，并将结果记录在软件测试记录中。如果测试用例不通过，测试分析员应认真分析情况，并根据以下情况采取相应措施。

1）软件单元测试说明和测试数据的错误。措施：改正错误，将改正错误信息详细记录，然后重新运行该测试。

2）执行测试步骤时的错误。措施：重新运行未正确执行的测试步骤。

3）测试环境中的错误。措施：修正测试环境，将环境修正情况详细记录，重新运行该测试；如果不能修正环境记录理由，再核对终止情况。

4）软件单元的实现错误。措施：填写软件问题报告单，可提出软件修改建议，然后继续进行测试；或把错误与异常终止情况进行比较，核对终止情况。软件更改完毕后，视情况进行回归测试。

5）软件单元的设计错误。措施：填写软件问题报告单，可提出软件修改建议，然后继续进行测试；或把错误与异常终止情况进行比较，核对终止情况。软件更改完毕后，视情况进行回归测试，其中需要相应地修改测试设计和数据。

（2）所有的测试用例执行完毕后，测试分析员要根据测试的充分性要求和失效记录，确定测试工作是否充分，是否需要增加新的测试。当测试过程正常终止时，如果发现测试工作存在不足，应对软件单元进行补充测试，直到测试达到预期要求，并将附加的内容记录在软件单元测试报告中；如果不需要补充测试，则将正常终止情况记录在软件单元测试报告中。当测试过程异常终止时，应记录终止的条件、未完成的测试和未被修正的错误。

4．测试结果分析

测试分析员应根据被测试软件设计文档、软件单元测试计划、软件单元测试说明、测试记录和软件问题报告单等，对测试工作进行总结，一般包括下面几项工作。

（1）总结软件单元测试计划和软件单元测试说明的变化情况及原因，并记录在软件单元测试报告中。

（2）对于测试异常终止的情况，确定未能被测试活动充分覆盖的范围，并将理由记录在测试报告中。

（3）确定未能解决的测试事件以及不能解决的理由，并将理由记录在测试报告中。

（4）总结测试所反映的软件单元与软件设计文档，评价软件单元的设计与实现，提出软件改进建议，并记录在测试报告中。

（5）编写软件单元测试报告，应包括测试结果分析、对软件单元的评估和建议。

（6）根据测试记录和软件问题报告单编写测试问题报告。

应该对测试执行活动、软件单元测试报告、测试记录和测试问题报告进行评审。审查测试执行活动的有效性，测试结果的正确性、合理性，是否达到测试的目的，测试文档是否符合规范。

4.3 集成测试

我们经常会遇到这种情况，每个模块的单元测试已经通过，把这些模块集成在一起却不能正常工作，这往往是由于模块之间的接口出现了问题，如模块之间的参数传递不匹配、全局变量被误用及误差不断积累达到不可接受的程度等。因此，软件的正式版本发布前，还要进行集成测试，确保软件能最终顺利地安装到用户的环境中。通过集成测试，软件的质量会有进一步的保障。

4.3.1 集成测试概述

1999 年 9 月，火星气象人造卫星在经过 41 周 4.16 亿英里（1 英里≈1.609 公里）的成功飞行后，在就要进入火星轨道时失败了。美国投资 5 万美元调查事故原因，发现太空科学家使用的是英制（磅）加速度数据，而喷气推进实验室采用公制（牛顿）加速度数据。因此，在每个模块完成单元测试之后，需要着重考虑一个问题：通过什么方式将模块组合起来进行集成测试？这将影响模块测试用例的设计、所用测试工具的类型、测试的次序以及设计测试用例的费用和纠错的费用等。

集成（Integration）是指把多个单元组合起来形成更大的单元。集成测试（Integration Testing）有时也称组装测试、联合测试、子系统测试、部件测试，是在假定各个软件单元已经通过单元测试的前提下，检查各个软件单元接口之间的协同工作（参数、全局数据结构、文件、数据库）是否正确。在做集成测试之前，单元测试已经完成，并且集成测试使用的对象应当是成功通过了单元测试的单元，如果不经过单元测试，那么集成测试的效果将受到影响，并且会增加测试的成本，甚至导致整个集成测试工作无法进行。

最简单的集成测试形式就是把两个单元集成或组合到一起，然后对它们之间的接口进行测试。当然，实际的集成测试过程并不是这么简单，通常要根据具体情况采取不同的集成策略将多个模块组装成子系统或系统，从而测试各个模块能否以正确、稳定、一致的方式接口和交互，即验证其是否符合软件开发过程中的概要设计说明书的要求。一般情况下，集成测试设计采用的都是黑盒测试用例设计的方法。但随着软件复杂度的增大，尤其是在大型的应用软件中，常把白盒测试与黑盒测试结合起来进行测试用例设计的方法，因此有越来越多的学者把集成测试归结为灰盒测试。

集成测试主要关注下列问题：

（1）模块间的数据传递是否正确。

（2）模块间是否存在资源竞争问题。

（3）模块组合后的功能是否满足要求。

（4）新增模块是否影响其他模块的功能。

模块分析是集成测试的第一步，也是最重要的工作之一。模块划分直接影响了集成测试的工作量、进度和质量。软件工程有一条事实上的原则——2/8 原则，即测试中发现的 80%的错误可能源于 20%的模块，例如，IBM OS/370 操作系统中，用户发现的 47%的错误可能源于 4%的模块。因此，一般可以将模块划分为 3 个等级，即高危模块、一般模块和低危模块。高危模块应该优先测试。模块的划分常遵循下列几个原则：

（1）本次测试希望测试哪个模块。

（2）把与该模块关系最紧密的模块聚集在一起。

（3）考虑划分后的外围模块，并分析外围模块和被集成模块之间的信息流是否容易模拟和控制。

集成测试应当针对概要设计尽早开始筹划，为做好集成测试，应坚持以下原则：

（1）所有公共接口必须被测试到。

（2）关键模块必须进行充分测试。

（3）集成测试应当按一定层次进行。

（4）集成测试策略选择应当综合考虑质量、成本和进度三者的关系。

（5）集成测试应当尽早开始，并以文档为基础。

（6）在模块和接口的划分上，测试人员应该与开发人员进行充分沟通。

（7）当测试计划中的结束标准满足时，集成测试才能结束。

（8）当接口发生修改时，涉及的相关接口都必须进行回归测试。

（9）集成测试应根据集成测试计划和方案进行，不能随意测试。

（10）项目管理者应保证测试用例经过审核。

（11）测试执行结果应当如实记录。

一个软件产品的开发过程包含一个分层的设计和逐步细化的过程。软件模块结构图如图4-5 所示，单元测试对应结构图中的叶子节点，即单元节点；而系统测试对应于整个产品，其他各个层次的测试都属于集成测试的范畴。开发人员经过分层次的设计，由小到大逐步细化，最终完成整个软件的开发；而测试人员是从单元测试开始，对所有通过单元测试的模块进行测试，最后将系统所有组成元素组合到一起进行系统测试。

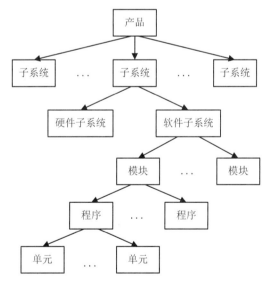

图 4-5　软件模块结构图

如何划分集成测试的测试层次呢？传统软件按集成粒度不同，可以分为 4 个层次：模块内集成测试、模块间集成测试、子系统内集成测试和子系统间集成测试；面向对象的应用系统按集成粒度不同，可分为两个层次：类内集成测试和类间集成测试。

集成测试是介于单元测试与系统测试之前的过渡阶段，我们分别从以下表 4.1 所示的几个角度来区别集成测试和系统测试。

表 4.1　集成测试与系统测试的区别

项目	集成测试	系统测试
测试对象	单元	系统
测试时间	开发过程	开发完成
测试方法	灰盒测试	黑盒测试
测试内容	接口	需求
测试目的	接口错误	需求不一致
测试角度	开发者	用户

4.3.2　集成测试用例的设计

一般来说，集成测试的用例设计有以下方法。

1. 为系统运行设计用例

集成测试关注的主要内容就是各个模块的接口是否可用，因为接口的正确与否关系到后续集成测试能否顺利进行。因此，首要的集成测试工作就是设计一些能够验证最基本功能的测试用例来保证系统的运行，可以根据测试目标来设计相应的测试用例，目的是达到合适的功能覆盖率和接口覆盖率。

使用的主要技术如下：

（1）等价类划分。

（2）边界值分析。

（3）基于决策表的测试。

（4）正交实验法。

（5）状态图法。

2. 为正向测试设计用例

假设在严格的软件质量控制下，软件各个模块的接口设计和模块功能设计完全正确且满足要求，那么作为正向集成测试的一个重点就是验证这些集成后的模块是否按照设计实现了预期的功能。基于该测试目标，可以直接从概要设计说明书中导出相关用例。

使用的主要技术如下：

（1）输入域测试。

（2）输出域测试。

（3）等价类划分。

（4）状态转换测试。

（5）规范导出法。

3. 为逆向测试设计用例

集成测试中的逆向测试主要如下：

（1）分析被测接口是否实现了需求规格没有描述的功能。

（2）检查规格说明中可能出现的接口遗漏，或者判断接口定义是否有错误，以及可能出现的接口异常错误，包括接口数据本身的错误及接口数据顺序错误等。

在接口数据量庞大的情况下，要对所有的异常情况及其组合进行测试几乎是不可能的。因此，可以基于一定的约束条件（如根据风险等级、排除不可能的组合情况）进行测试。

对面向对象应用程序和 GUI 程序进行测试时，还需要考虑可能出现的状态异常，包括：是否遗漏或出现了不正确的状态转换；是否遗漏了有用的消息；是否会出现不可预测的行为；是否有非法的状态转换（如从一个页面可以非法进入某些只有登录以后或经过身份验证才可以访问的页面）等。

使用的主要技术如下：

（1）错误猜测法。

（2）基于风险的测试。

（3）基于故障的测试。

（4）边界值分析。

（5）特殊值测试。

（6）状态转换测试，应设计能引发软件需求不允许的转换的测试用例。

4. 为满足特殊需求设计用例

在早期的软件测试过程中，安全性测试、性能测试、可靠性测试等主要在系统测试阶段才开始进行，但是在如今的软件测试过程中，已经不断对这些满足特殊要求的测试过程加以细化。在大部分软件产品的开发过程中，模块设计文档就已经明确地指出了接口要达到的安全性指标和性能指标等，此时应该在对模块进行单元测试和集成测试阶段就开始满足特定需求的测试，为整个系统是否能够满足这些特殊需求把关。使用的主要测试分析技术为规范导出法。

5. 为高覆盖设计用例

单元测试关注的往往是路径覆盖、条件覆盖等，而在集成测试阶段，关注的主要是功能覆盖和接口覆盖。通过对集成后的模块进行分析，来判断哪些功能以及哪些接口没有覆盖到，从而设计测试用例。例如：测试消息时，即应该覆盖正常消息，也应该覆盖异常消息。

使用的主要技术有功能覆盖分析和接口覆盖分析。

6. 测试用例补充

在软件开发的过程中，难免会因为需求变更等原因发生功能增加、特性修改等情况，因此我们不可能在测试工作的一开始就 100%完成所有的集成测试用例的设计，这就需要在集成测试阶段能够及时跟踪项目变化，按照需求增加和补充集成测试用例，保证进行充分的集成测试。

7. 注意

在集成测试的过程中，要注意考虑软件开发成本、进度和质量这 3 个方面的平衡，不能顾此失彼。在有限的时间内进行穷尽的测试是不可能的，所以要重点突出。首先要保证对所有重点的接口及重要的功能进行充分的测试，这样在今后的测试工作中就可以少走弯路。用例设计要充分考虑到可回归性以及是否便于自动化测试的执行，因为借助测试工具来运行测试用例，并对测试结果进行分析，在一定程度上可以提高效率，节省有限的时间资源和人力资源。

4.3.3 集成测试的策略

集成测试的主要目标是发现与接口有关的问题。例如，数据通过接口时可能丢失；一个模块对另一个模块可能由于疏忽而造成有害影响；把子功能组合起来可能不产生预期的主功能；个别看来是可以接受的误差可能积累到不能接受的程度；全程数据结构可能有问题，等等。类似这样的接口问题在软件系统中是非常多的。

由模块组装成程序时有两种方法：一种是先分别测试每个模块，再把所有模块按设计要求放在一起结合成所需的程序，这种方法称为非渐增式集成；另一种是把下一个要测试的模块与已经测试好的模块结合起来进行测试，测试完以后再把下一个应该测试的模块结合起来进行测试。这种每次增加一个模块的方法称为渐增式集成，同时完成单元测试和集成测试。

对两个以上模块进行集成时，需要考虑它们与周围模块的联系。为了模拟这些联系，需要设置若干辅助模块（驱动模块和桩模块）。

1. 非渐增式集成

非渐增式集成首先对每个子模块进行测试（即单元测试），然后将所有模块全部集成起来一次性进行集成测试。

【例 4-1】对图 4-3 所示的程序，采用非渐增式集成方法进行集成测试。

【案例分析】测试过程如下：

（1）对模块 A 进行测试。模块 A 调用了 B、C 和 D 三个模块，但没有被其他模块可供调用，因此只需要给它配置三个桩模块 S_B、S_C 和 S_D。桩模块开发调试结束后，即可对模块 A 进行测试。

（2）对模块 B 进行测试。模块 B 调用了 E 和 F 两个模块，同时被模块 A 调用，因此需要给它配置两个桩模块 S_E、S_F 和一个驱动模块 D_A。桩模块和驱动模块开发调试结束后，即可对模块 B 进行测试。

（3）对模块 C 进行测试。模块 C 调用了模块 G，同时被模块 A 调用，因此需要给它配置一个桩模块 S_G 和一个驱动模块 D_A。桩模块和驱动模块开发调试结束后，即可对模块 C 进行测试。

（4）对模块 D、E、F 和 G 进行测试。这四个模块都没有调用其他模块，但它们分别被模块 A、B 和 C 调用，因此需要分别给它们配置三个驱动模块 D_A、D_B 和 D_C。驱动模块开发调试结束后，即可分别对模块 D、E、F 和 G 进行测试。

（5）把所有通过单元测试的模块组装到一起进行集成测试，测试过程如图 4-6 所示。

这种方法把所有模块放在一起，并把庞大的程序作为一个整体来测试，测试者面对的情况十分复杂。测试时会遇到很多错误，定位和改正错误更是困难，因为在庞大的程序中想要诊断定位一个错误是非常困难的。而且一旦改正一个错误之后，会立即遇到新的错误，这个过程将继续下去，好像永远没有尽头。因此这种方法只适用于规模较小的应用系统，在大中型系统中一般不推荐使用这种方法。

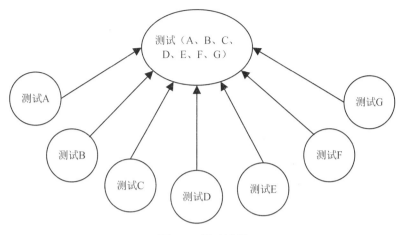

图 4-6　测试过程

2. 渐增式集成

渐增式集成与"一步到位"的非渐增式集成相反,它把程序划分成小段来构造和测试,在这个过程中比较容易定位和改正错误,可以对接口进行更彻底的测试,可以使用系统化的测试方法。因此,目前在进行集成测试时普遍采用渐增式集成方法。当使用渐增式集成把模块结合到程序中时,有自顶向下和自底向上两种集成策略,下面分别介绍。

(1)自顶向下集成(top-down integration)。自顶向下集成从主控制模块开始,沿着软件的控制层次向下移动,从而逐渐把各个模块结合起来。组装时可以使用深度优先策略或广度优先策略。该方法是人们广泛采用的测试和组装软件的一个途径。

自顶向下集成的步骤如下:

第一步:对主控模块进行测试,测试时用桩模块代替所有直接附属于主控模块的模块。

第二步:根据选定的结合策略(深度优先或广度优先),每次用一个实际模块代替一个桩模块(新结合进来的模块往往又需要新的桩模块)。

第三步:在加入每个新模块的同时进行测试。

第四步:为了保证加入模块没有引进新的错误,可能需要进行回归测试(即全部或部分地重复以前做过的测试)。

扩展阅读:非渐增式
集成和渐增式集成

从第二步开始不断地重复进行上述过程,直至完成。

【例 4-2】对图 4-3 所示的程序,采用自顶向下集成方法,按照深度优先方式进行集成测试。

【案例分析】如图 4-7 所示,测试过程如下:

1)按照深度优先方式,首先对主控模块 A 进行测试,用桩模块 S_B、S_C 和 S_D 代替模块 B、C 和 D,如图 4-7(a)所示。

2)用实际模块 B 代替桩模块 S_B,用桩模块 S_E 和 S_F 代替模块 B 所调用的模块 E 和 F,然后对模块 B 进行测试,如图 4-7(b)所示。

3)用实际模块 E 代替桩模块 S_E,然后对模块 E 进行测试,如图 4-7(c)所示。

4)用实际模块 F 代替桩模块 S_F,然后对模块 F 进行测试,如图 4-7(d)所示。

5)用实际模块 C 代替桩模块 S_C,用桩模块 S_G 代替模块 C 所调用的模块 G,然后对模块 C 进行测试,如图 4-7(e)所示。

6）用实际模块 G 代替桩模块 S_G，然后对模块 G 进行测试，如图 4-7（f）所示。

7）用实际模块 D 代替桩模块 S_D，然后对模块 D 进行测试，如图 4-7（g）所示。

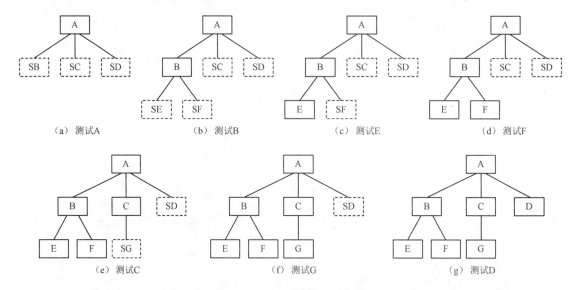

图 4-7　对图 4-3 的程序进行自顶向下集成的过程

自顶向下集成一般需要桩模块，不需要驱动模块。因为模块层次越高，影响面越广，重要性也就越高。自顶向下集成可以及早发现主控模块的问题并解决；如果选择深度优先的结合方法，可以在早期实现并验证一个完整的功能，增强开发人员和用户双方的信心。自顶向下集成需要大量的桩模块，桩模块代替了低层次的实际模块，没有重要的数据自下往上流；而且使用频繁的基础函数一般处在底层，这些基础函数的错误会较晚发现。

（2）自底向上集成（bottom-up integration）。自底向上集成从底层模块（即在软件结构最底层的模块）开始向上推进，不断进行集成测试。因为是从底部向上结合模块，总能得到所需的下层模块处理功能，所以不需要桩模块。

自底向上集成的步骤如下：

第一步：把低层模块组合成实现某个特定的软件子功能族（Cluster）。

第二步：开发一个驱动模块，调用上述低层模块，并协调测试数据的输入和输出。

第三步：对由驱动模块和子功能族构成的集合进行测试。

第四步：去掉驱动模块，沿软件结构从下向上移动，加入上层模块形成更大的子功能族。

从第二步开始不断地重复进行上述过程，直至完成。

【例 4-3】对图 4-3 所示的程序，采用自底向上集成方法，按照深度优先方式进行集成测试。

【案例分析】如图 4-8 所示，测试过程如下：

1）按照深度优先方式，首先对最下层的模块 E 和 F 进行测试，此时需要开发和配置调用它们的驱动模块 D_B，先利用 D_B 测试模块 E，然后测试模块 F，如图 4-8（a）所示。

2）测试模块 B、E 和 F 的集成体，此时需开发和配置驱动模块 D_A，然后对其进行测试，如图 4-8（b）所示。

3）测试模块 G，此时需开发和配置驱动模块 D_C，然后对其进行测试，如图 4-8（c）所示。

4）测试模块 C 和 G 的集成体，此时需开发和配置驱动模块 D_A，然后对其进行测试，如图 4-8（d）所示。

5）测试模块 D，此时需开发和配置驱动模块 D_A，然后对其进行测试，如图 4-8（e）所示。

6）把模块 A 同其他模块集成，对整个系统进行测试，如图 4-8（f）所示。

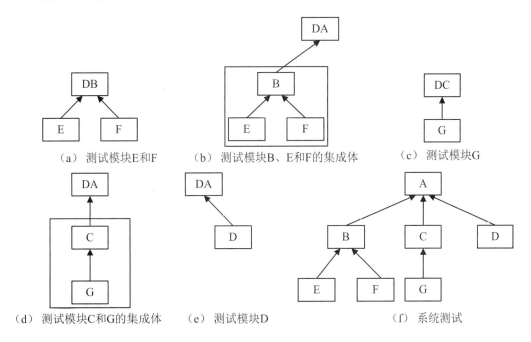

（a）测试模块E和F　　　（b）测试模块B、E和F的集成体　　　（c）测试模块G

（d）测试模块C和G的集成体　　　（e）测试模块D　　　（f）系统测试

图 4-8　对图 4-3 的程序进行自底向上集成的过程

自底向上集成一般不需要创建桩模块，而驱动模块比较容易建立。这种方法能够用最少的时间完成对基础函数的测试，其他模块可以更早地调用这些基础函数，有利于提高开发效率，缩短开发周期。但是，影响面越广的上层模块，测试时间越靠后，后期一旦发现问题，缺陷修改就比较困难，影响面广，存在很大的风险。

3. 三明治集成（sandwich integration）

三明治集成是一种混合增量式测试策略，综合了自顶向下和自底向上两种集成测试方法的优点。因此，在实际测试工作中，一般采用三明治集成方法，提高测试效率。在这种方法中，桩模块和驱动模块的开发工作都比较少，不过代价是在一定程度上增加了定位缺陷的难度。

以图 4-3 所示的程序为例，三明治集成的步骤如下：

第一步：确定以哪层为界来进行集成（确定以模块 B 为界）。

第二步：对 B 模块及其所在层下面的各层使用自底向上的集成策略。

第三步：对 B 模块所在层上面的层次使用自顶向下的集成策略。

第四步：对 B 模块所在层各模块同相应的下层集成。

第五步：对系统进行整体测试。

技巧：尽量减少设计驱动模块和桩模块的数量。在图 4-3 中，使用模块 B 所在层各模块同相应的下层先集成的策略，而不是使用模块 B 所在层各模块与相应的上层先集成的策略，就是考虑到这样做可以减少桩模块的设计。以模块 B 为例，如果先与其下层集成，只需设计一个驱动模块（模块 A 调用模块 B）；而先与上层集成再同下层集成需要设计两个桩模块（分别模拟模块 E 和模块 F）。

【例 4-4】对图 4-3 所示的程序，以模块 B 所在层为界，采用三明治集成方法进行集成测试。

【案例分析】如图 4-9 所示，测试过程如下：

1）对模块 E、F、G 分别进行单元测试。

2）对模块 A 进行测试。

3）把模块 E、F 与模块 B 集成并进行测试。

4）把模块 C 和 G 集成并进行测试。

5）对所有模块进行集成测试。

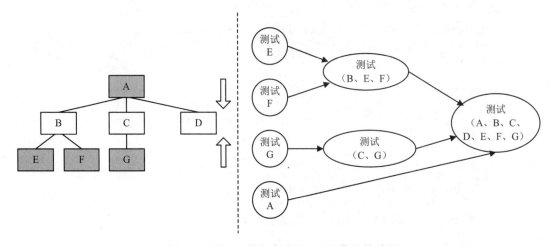

图 4-9   对图 4-3 的程序进行三明治集成的过程

4.3.4   集成测试的过程

根据集成测试不同阶段的任务，可以把集成测试划分为 5 个阶段：计划阶段、设计阶段、实施阶段、执行阶段、评估阶段。下面分别介绍这 5 个阶段。

1. 计划阶段

集成测试计划的制订对集成测试的顺利实施起着至关重要的作用。一般来说，在软件测试生命周期中的哪个阶段制订集成测试计划呢？通常在概要评审通过后大约一周的时间，参考需求规格说明书、概要设计文档及产品开发设计时间表来制订。计划阶段需要完成以下工作：

（1）确定被测试对象和测试范围。

（2）评估集成测试被测试对象的数量及难度，即工作量。

（3）确定角色分工和划分工作任务。

（4）标识出测试各个阶段的时间、任务和约束条件。

（5）考虑一定的风险分析及应急计划。

（6）考虑和准备集成测试需要的测试工具、测试仪器及环境等资源。

（7）考虑外部技术支持的力度和深度，以及相关培训安排；定义测试完成标准。

通过上述工作，可以得到一份周密翔实的集成测试计划。但是，在集成测试计划定稿之前还需要修改和调整，直到通过评审为止。

有些项目不一定有单独的集成测试计划，而是在项目计划中包含集成测试的安排。还有些项目不设置单独的集成测试阶段，把集成测试与单元测试合并在一起，例如采用分层式单元测试，这些项目不会有单独的集成测试计划。对于一些大规模的项目，集成测试的规模和工作量很大，一般会设置单独的集成测试阶段，并编写单独的集成测试计划，以使集成测试工作得到更细致的管理和控制。

2. 设计阶段

集成测试的设计依据需求规格说明书、概要设计、集成测试计划文档，一般在详细设计开始时、概要设计通过评审后进行。设计阶段需要完成以下工作：

（1）被测对象结构分析。

（2）集成测试模块分析。

（3）集成测试接口分析。

（4）集成测试策略分析。

（5）集成测试工具分析。

（6）集成测试环境分析。

（7）集成测试工作量估计和安排。

通过上述工作，可以得到一份具体的集成测试方案，提交相关人员进行评审。

3. 实施阶段

集成测试的实施需要参考需求规格说明书、概要设计、集成测试计划、集成测试设计等相关文档，前提条件是详细设计阶段的评审已经通过。实施阶段需要完成以下工作：

（1）集成测试用例设计。

（2）集成测试规程设计。

（3）集成测试代码设计。

（4）集成测试脚本开发。

（5）集成测试工具开发或选择。

通过上述工作，可以得到集成测试用例、集成测试代码、集成测试工具，然后把测试用例和测试规程等产品提交相关人员进行评审。

4. 执行阶段

集成测试需要按照相应的测试规程，借助集成测试工具，把需求规格说明书、概要设计、集成测试的计划/设计/用例/规程/代码/脚本作为测试执行的依据来执行集成测试用例，前提条件是单元测试已经通过评审。测试执行结束后，测试人员要记录每个测试用例执行的结果，填写集成测试报告，然后提交相关人员进行评审。

5. 评估阶段

集成测试执行结束后，要召集相关人员（测试设计人员、编码人员、系统设计人员等）对测试结果进行评估，确定集成测试是否通过。

4.4 系统测试

开发的软件只是实际投入使用系统的一个组成部分，功能上正确是软件最基本的要求，因此系统测试还需要检测软件与系统其他部分能否协调工作。系统测试实际上是针对系统中各个组成部分进行的综合性检验，类似于人们的日常测试实践。

4.4.1 系统测试概述

系统测试（System Testing）是一种有效的针对整个软件系统的测试，它将已经通过确认测试的软件作为整个系统的一个元素，与硬件、外设、操作系统、数据和人员结合在一起，在实际运行的环境下对系统进行一系列测试。系统测试依据软件需求规格说明，全面验证软件是否满足需求规定以及能否安全、可靠运行。

系统测试

系统测试的特点如下：

（1）系统测试的环境是软件真实运行环境的最逼真的模拟。

（2）在系统测试中，真实设备逐渐取代了模拟器或仿真器，有关真实性的一类错误（包括外围设备接口、输出/输入、多处理器设备之间的接口不相容、整个系统时序匹配等），在这种运行环境下能得到比较全面的暴露。

（3）系统测试的对象是整个软件系统，目标是对软件的各个质量属性进行有针对性的测试。

4.4.2 系统测试用例的设计

一般来说，系统测试的用例设计有以下方法。

（1）测试用例是测试过程的核心产品，用例的质量直接影响测试的质量。设计测试用例首先要确定测试的类别，通常功能测试可以分为正常功能测试、边界测试和异常测试等。

（2）正常功能测试的目的是检验软件是否满足需求中所有的功能需求，针对需求中的每个功能都需要设计专门的测试用例来进行测试。

（3）根据测试的经验，软件在处理输入变量的边界值时最容易出现问题，相应地在测试时也要充分考虑变量的边界值，这就是边界测试的目的。

（4）异常测试主要考虑软件在非正常使用情况下能否正常运行或具有相应的异常处理能力。

（5）一个完整的测试用例应该包括测试输入以及预期输出，测试输入要根据测试说明的内容准备到具体的变量，而预期输出则应该严格按照需求来定。

4.4.3 系统测试的策略

系统测试是各类测试中最全面深入的一种，系统测试阶段要完成软件的各个方面的测试内容。

1. 功能测试

功能测试是对软件需求规格说明中的功能需求逐项进行的测试，以验证其功能是否满足要求。

具体测试要求如下：

（1）用正常值的等价类输入数据值测试。

（2）用非正常值的等价类输入数据值测试。

（3）进行每个功能的合法边界值和非法边界值输入的测试。

（4）用一系列真实的数据类型和数据值，测试超负荷、饱和及其他"最坏情况"的结果。

2．性能测试

性能是一种表明软件系统或构件对于及时性要求的符合程度的指标，是软件产品的一种特性，可以用时间来度量。性能的及时性通常用系统对请求作出响应所需的时间来衡量。

性能测试（Performance Testing）主要检验软件是否达到需求规格说明书中规定的各类性能指标，并满足一些性能相关的约束和限制条件。性能测试的目的是通过测试，确认软件是否满足产品的性能需求，同时发现系统中存在的性能瓶颈，并对系统进行优化。性能测试包括以下几个方面：

（1）评估系统的能力。测试中得到的负荷和响应时间等数据可被用于验证所计划的模型的能力，并帮助作出决策。

（2）识别系统中的弱点。受控的负荷可以被提升到一个极端的水平并突破它，从而修复系统的瓶颈或薄弱的地方。

（3）系统调优。重复运行测试，验证调整系统的活动得到了预期的结果，从而改进性能，检测软件中的问题。

基准测试是性能测试中常用的一种策略，主要有以下 4 个基准：

（1）响应时间。响应时间是指完成用户请求的时间，即从向系统发出请求开始，到客户端接收到最后一个字节数据为止所消耗的时间。在进行性能测试时，合理的响应时间取决于实际的用户需求，而不是根据测试人员的设想来定。

（2）并发用户数。并发用户数是指同一时间段内访问系统的用户数量。与其相关的概念还包括系统用户数、同时在线用户人数及同时操作用户数。

（3）吞吐量。吞吐量是指单位时间内系统处理的客户请求数量，可以用每秒请求数、每秒处理页面数或每分钟完成的事务数来衡量。吞吐量可以直接体现软件系统的性能。

（4）性能计数器。性能计数器是指描述服务器或操作系统性能的一些数据指标。计数器在性能测试中发挥着监控和分析的关键作用，尤其是在分析系统的可扩展性、进行性能瓶颈定位时，对计数器的取值的分析比较关键。如图 4-10 所示，Windows 操作系统的任务管理器就是一个性能计数器，它提供了测试机 CPU、内存、磁盘和网络的使用信息。

具体测试要求如下：

（1）测试在获得定量结果时程序计算的精确性（处理精度）。

（2）测试其时间特性和实际完成功能的时间（响应时间：从应用系统发出请求开始，到客户端接收到最后一个字节数据为止所消耗的时间）。

（3）测试为完成功能所处理的数据量。

（4）测试程序运行所占用的空间。

（5）测试其负荷潜力。

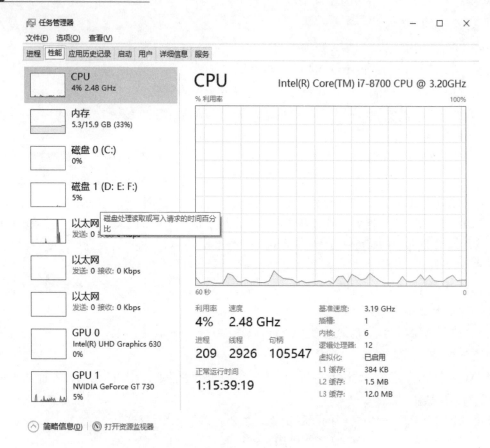

图 4-10　Windows 操作系统的性能计数器

（6）测试配置各部分的协调性。

（7）测试软件性能和硬件性能的集成。

（8）测试系统对并发事务和并发用户访问的处理能力。

3. 压力测试

压力测试（Stress Testing）是指模拟巨大的工作负荷，以查看系统在峰值使用情况下是否可以正常运行。压力测试通过逐步增加系统负载来测试系统性能的变化，并最终确定在什么负载条件下系统性能处于失效状态，以此来获得系统性能提供的最大服务级别。压力测试具有以下特点：

（1）压力测试是检查系统处于压力情况下的能力表现。通过不断增大系统压力，检测系统在不同压力情况下所能够到达的工作能力和水平。

（2）压力测试一般通过模拟方法进行。压力测试是一种极端情况下的测试，所以为了捕获极端状态下的系统表现，往往采用模拟方法进行。通常在系统对内存和 CPU 利用率上进行模拟，以获得测量结果。

（3）压力测试一般用于测试系统的稳定性。如果一个系统能够在压力环境下稳定运行一段时间，那么该系统在普遍的运行环境下就应该可以达到令人满意的稳定程度。在压力测试中，通常会考察系统在压力下是否会出现错误等方面的问题。

压力测试可以采用的有效策略如下：

（1）重复测试。重复测试就是一遍又一遍地执行某个操作或功能，如重复调用一个 Web 服务。

（2）并发测试。并发测试是同时执行多个操作的行为，即在同一时间执行多个测试线程，如在同一个服务器上同时调用多个 Web 服务。

（3）量级增加。压力测试可以重复执行一个操作，但是操作自身也要尽量给产品增加负担。如一个 Web 服务允许客户机输入一条消息，测试人员可以通过模拟输入超长消息来使操作进行高强度的执行，即增大这个操作的量级。

（4）随机变化。对上述测试手段进行随机组合，以便获得最佳的测试效果。

具体测试要求如下：

（1）输入待处理事务来检查是否有足够的磁盘空间。

（2）输入待处理事务来检查是否有足够的内存空间。

（3）创造极端的网络负载。

（4）制造系统溢出条件。

4.　安全性测试

安全性测试是检查系统对非法侵入的防范能力，检验软件中已经存在的安全性措施、安全保密性措施是否有效。安全性测试的目的是发现软件系统中是否存在安全漏洞，安全测试应尽可能在符合实际使用的条件下进行。

安全性测试可以采用的策略如下：

（1）功能验证。采用软件测试中的黑盒测试方法，对涉及安全的软件功能，如用户管理模块、权限管理模块、加密系统、认证系统等进行测试，主要是验证上述功能是否有效。

（2）漏洞扫描。漏洞扫描通常借助特定的漏洞扫描器完成。漏洞扫描器是一种能自动检测远程或本地主机安全性弱点的程序，通过使用漏洞扫描器，系统管理员能够发现所维护信息系统存在的安全漏洞，从而在信息系统网络安全防护过程中做到有的放矢，及时修补漏洞。漏洞扫描是可以用于日常安全防护，同时可以作为对软件产品或信息系统进行测试的手段，可以在安全漏洞造成严重危害前发现漏洞并加以防范。

（3）模拟攻击试验。模拟攻击试验是一组特殊的黑盒测试案例，通常以模拟攻击来验证软件或信息系统的安全防护能力。在数据处理与数据通信环境中常见的攻击方法有冒充、消息篡改、服务拒绝、内部/外部攻击、陷阱门及木马等。

（4）侦听技术。侦听技术是指在数据通信或数据交互过程中对数据进行截取分析的过程。黑客可以利用网络数据包捕获技术（Capture，主要用于验证网络加密）实现数据的盗用，而测试人员同样可以利用该技术实现安全测试。

具体测试要求如下：

（1）对于安全性关键的软件部件，必须单独测试安全性需求。

（2）在测试中全面检验防止危险状态措施的有效性和每个危险状态下的反映。

（3）对设计中用于提高安全性的结构、算法、容错、冗余及中断处理等方案，必须进行针对性测试。

（4）对软件处于标准配置下的处理和保护能力进行测试。

（5）应对异常条件下系统/软件的处理和保护能力进行测试（以表明不会因为可能的单个或多个输入错误导致不安全的状态）。

（6）对输入故障模式进行测试。

（7）必须包含边界、界外及边界结合部分的测试。

（8）对"0"、穿越"0"以及从两个方向趋近于"0"的输入值进行测试。

（9）必须包括在配置最坏情况下对最小输入和最大输入数据率的测试。

（10）对安全关键的操作错误的测试。

（11）对具有防止非法进入软件并保护软件的数据完整性能力进行测试。

（12）对双工切换、多机替换的正确性和连续性进行测试。

（13）对重要数据的抗非法访问能力进行测试。

5. 可靠性测试

软件测试是发现软件错误、提高软件可靠性的重要手段。可靠性测试是在真实的或仿真的环境中，为了做出软件可靠性估计而对软件进行的功能测试（其输入覆盖和环境覆盖一般大于普通功能测试的），可靠性测试必须按照运行剖面和使用的概率分布随机地选择测试用例。在规定的时间、规定的运行剖面上运行规定的软件，测试其是否能够正常执行。

具体测试要求如下：

（1）环境应与典型使用环境的统计特性一致，必要时使用测试平台。

（2）定义软件失效等级，建立软件运行剖面/操作剖面。

（3）测试记录更详细、准确，应记录失效现象和时间。

（4）必须保证输入覆盖，应覆盖重要的输入变量值（所有被测输入值域的概率之和必须大于软件可靠性要求）、各种使用功能、相关输入变量可能的组合以及不合法输入域等。

（5）对于可能导致软件运行方式改变的一些边界条件和环境条件，必须进行针对性测试。

6. 恢复性测试

恢复性测试是指对有恢复或重置功能的软件的每类导致恢复或重置的情况逐一进行测试，以验证其恢复或重置功能。恢复性测试是要证实在克服硬件故障后，系统能否正常继续进行工作，且不对系统造成任何损害。恢复性测试主要检查系统的容错能力，当系统出错时，其能否在指定时间间隔内修正错误并重新启动系统。恢复性测试首先采用各种办法强迫系统失败，然后验证系统是否能尽快恢复。

在设计恢复性测试用例时，需要考虑以下问题：

（1）测试是否存在潜在的灾难，以及它们可能造成的损失？消防训练式的布置灾难场景是一种有效的方法。

（2）保护和恢复工作是否为灾难提供了足够的准备？评审人员应该评审测试工作及测试步骤，以便检查对灾难的准备情况。评审人员包括主要事件专家和系统用户。

（3）当真正需要时，恢复过程是否能够正常工作？模拟的灾难需要和实际的系统一起被创建以验证恢复过程。用户、供应商应当共同完成测试工作。

恢复性测试的策略如下：

（1）恢复性测试通常采用基于故障注入的测试方法，即通过软件或硬件的方式模拟软件系统规定的故障模式，检查软件对硬件故障的自恢复能力。

（2）恢复性测试中往往采用"软件系统运行中断电，再上电"这种方式来模拟硬件故障，这种方式被一致认为是模拟故障集合的最有效的手段之一。

（3）恢复性测试中要重点考察软件运行中间状态的记录、历史状态的累计与清理等机制。

具体测试要求如下：

（1）探测错误功能的测试。

（2）能否切换或自动启动备用硬件的测试。

（3）在故障发生时能否保护正在运行的作业和系统状态的测试。

（4）在系统恢复后，能否从最后记录下来的无错误状态开始继续执行作业的测试。

7.　兼容性测试

兼容性测试是指检查软件之间是否能够正确地交互和共享信息。兼容性测试需要解决软件设计需求与运行平台的兼容性、软件的行业标准或规范，以及如何达到这些标准和规范、被测软件与其他平台/软件交互和共享信息。

具体测试要求如下：

（1）向前兼容和向后兼容。向前兼容是指可以使用软件的未来版本；向后兼容是指可以使用软件的以前版本。

（2）不同版本之间的兼容。测试平台与应用软件多个版本之间是否能够正常工作。

（3）数据共享兼容。

8.　安装测试

软件运行的第一件事就是安装（除嵌入式软件），所以安装测试是软件测试首先需要解决的问题。安装测试不仅要考虑在不同操作系统上运行，还要考虑与现有软件系统的配合使用问题。安装测试是对安装过程是否符合安装规程进行的测试，以发现安装过程中的错误。

具体测试要求如下：

（1）在所有的运行环境上进行验证，如操作系统、数据库、硬件环境、网络环境等。

（2）至少要在一台笔记本上进行安装测试，台式机与笔记本硬件的差别会导致其安装时出现问题。

（3）安装后应执行卸载操作，检测系统是否可以正确完成。

（4）检测安装该程序是否会对其他应用程序造成影响。

9.　接口测试

接口测试是指对软件需求规格说明书中的接口需求逐项进行的测试。

具体测试要求如下：

（1）测试所有外部接口，检查接口信息的格式及内容。

（2）必须对每个外部输入/输出接口做正常/异常情况的测试。

（3）测试硬件提供的接口是否便于使用。

（4）测试系统特性（如数据特性、错误特性、速度特性）对软件功能、性能特性的影响。

（5）对系统内部接口的功能、性能进行测试。

接口测试中经常发现如下问题：

（1）软件实现与接口协议不匹配，往往是软件接口设计文档不完善。

（2）软件/硬件接口的设计不合理，例如采用无限循环的方式采集外部接口数据。

（3）软件输入的接口不做有效性判断。

（4）软件接口设计的健壮性不够，考虑情况不全面。

（5）接口设计缺乏测试性，导致测试不够充分。

10. 人机交互界面测试

人机交互界面测试对所有人机交互界面提供的操作和显示界面进行测试，以检验是否满足用户的要求。

具体测试要求如下：

（1）测试操作和显示界面及界面风格与软件需求规格说明中的要求的一致性和符合性。

（2）以非常规操作、误操作、快速操作来检验人机界面的健壮性。

（3）测试对错误命令或非法数据输入的检测能力与提示情况。

（4）测试对错误操作流程的检测与提示。

（5）对照用户手册或操作手册逐条进行操作和观察。

人机交互界面测试的策略如下：

（1）不要遗漏"非界面式"的人机交互部分，例如启动按钮、操作杆、复位键等。

（2）在人机交互界面测试中尤其要注意"干净测试"与"脏测试"的结合，即不能仅验证界面的设计是否符合规格说明，还应该加强对异常操作、误操作和非法操作等情况的测试，因为在实际使用过程中，用户可能会出现任何方式的使用。

（3）人机交互界面测试的用例设计一定要充分考虑用户的需求，包括用户的类型及使用习惯等，必要时，这些用例的编写或评审应该邀请用户参与。

（4）测试中不可小觑风格、美观和易用性问题，虽然这些要求未必都在规格说明中予以规定，但是影响用户对软件进行评价的最关键的因素之一。

11. 强度测试

强度测试是强制软件运行在不正常的情况下（超出极限），检验软件可以运行到何种程度的测试。

具体测试要求如下：

（1）提供最大处理的信息量。

（2）提供数据能力的饱和实验指标。

（3）提供最大存储范围（如常驻内存、缓冲、表格区、临时信息区）。

（4）在能力降级时进行测试。

（5）进行其他健壮性测试（测试在人为错误下的反应，如寄存器数据跳变、错误的接口状态）。

（6）通过启动软件过载安全装置（如临界点警报、过载溢出功能、停止输入、取消低速设备等）生成必要条件，进行计算过载的饱和测试。

（7）需进行持续规定时间且连续不中断的测试。

强度测试的策略如下：

（1）找到影响软件系统的负载因素，如输入/输出的数据流、外部中断的数量与频率等。

（2）确定各个负载因素的影响范围，即负载影响的是哪个系统性能指标，如外部中断这个负载因素直接影响到软件的实时响应特性。

（3）设计用例测试出负载对系统的极端影响，即设计一组负载值，由小到大变化，直到能够观察到系统的非正常状态出现。

（4）降低负载强度，考察系统的恢复情况，即沿着设计的负载值，由大到小变化，观察系统是否可以恢复正常的运行状态。

12. 容量测试

容量测试（Volume Testing）是指采用特定的手段，测试系统能够承载处理任务的极限值所从事的测试工作。这里的特定手段是指测试人员根据实际运行中可能出现极限，制造相对应的任务组合来激发系统出现极限的情况。容量测试的目的是使系统承受超额的数据容量来考察它是否能够正确处理。通过测试，预先分析出反映软件系统应用特征的某项指标的极限值（如最大并发用户数、数据库记录数等），确定系统在其极限值状态下是否还能保持主要功能正常运行。容量测试还将确定测试对象在给定时间内能够持续处理的最大负载或工作量。

具体测试要求如下：确定被测系统数据量的极限，即容量极限，这些数据可以是数据库所能容纳的最大值，也可以是一次处理所能允许的最大数据量等，如响应时间、并发处理数量等。

13. 余量测试

余量测试是指对软件是否达到需求规格说明中要求的余量的测试。若无明确要求，一般至少留有 20%的余量。

具体测试要求如下：

（1）全部存储量的余量。

（2）输入、输出及通道的余量。

（3）功能处理的余量

余量设计本身是软件安全性和可靠性设计的准则之一，目的是保证程序在执行过程中遇到资源意外的情况时，仍然能够维持正常运行状态。余量测试的策略如下：

（1）执行时间的余量，主要考察软件在正常负载下运行，是否保持在规定执行时间的 80%范围内完成。

（2）存储空间的余量，主要从静态和动态两个方面考察。静态余量是指源代码编译链接后的可执行代码在存储器中所占用的部分是否留有余量。动态余量是指在软件运行过程中对所有相关存储器的使用不得大于规定的量。

14. 边界测试

边界测试是指对软件处在边界或端点情况下运行状态的测试。

具体测试要求如下：

（1）软件的输入域/输出域的边界或端点的测试。

（2）状态转换的边界或端点的测试。

（3）功能界限的边界或端点的测试。

（4）性能界限的边界或端点的测试。

（5）容量界限的边界或端点的测试。

15. 敏感性测试

敏感性测试是指为发现在有效输入类中可能引起某种不稳定性或不正常处理的某些数据的组合而进行的测试。

具体测试要求如下：

（1）发现有效输入类中可能引起某种不稳定性的数据组合的测试。

（2）发现有效输入类中可能引起某种不正常处理的数据组合的测试。

16. 互操作性测试

互操作性测试是为了验证不同软件之间的互操作能力而进行的测试。

具体测试要求如下：

（1）必须同时运行两个或多个软件。

（2）软件之间发生互操作。

17. 数据处理测试

数据处理测试是指对完成专门数据处理功能所进行的测试。

具体测试要求如下：

（1）数据采集功能的测试。

（2）数据融合功能的测试。

（3）数据转换功能的测试。

（4）剔除坏数据功能的测试。

（5）数据解释功能的测试。

4.4.4 系统测试的过程

系统测试分为测试策划、测试设计、测试执行和测试结果分析 4 个阶段，下面分别介绍系统测试的每个阶段。

1. 测试策划

测试分析人员根据软件测试的任务书（合同、项目计划）和被测软件的设计文档对被测试软件系统进行分析，并确定下面内容：

（1）确定测试充分性要求。根据软件系统的重要性、软件系统测试目标和约束条件，确定测试应覆盖的范围及每个范围所要求的覆盖程度。

（2）确定测试终止的要求。指定测试过程正常终止的条件，确定导致测试过程异常终止的可能情况。

（3）确定用于测试的资源要求（软件、硬件、人员数量、人员技能等）。

（4）确定需要测试的软件特性。根据软件设计文档的描述确定软件系统的功能、性能、接口、状态、数据结构、设计约束等内容和要求，并进行标识和分类，从中确定需要进行测试的软件特性。

（5）确定测试需要的技术和方法（测试数据生成与验证技术、测试数据输入技术、测试结果获取技术等）。

（6）根据测试任务书的要求和被测软件的特点，确定测试结束的条件。

（7）确定由资源和被测软件系统决定的系统测试活动的进度。

以上工作最终以软件系统测试计划的文档形式记录。系统测试的策划阶段需要完成两个文档：系统计划和系统测试需求。另外，需要对软件系统测试策划进行评审，评审通过后才能进入下一步工作，否则需要重新进行系统测试的策划。

2. 测试设计

测试设计和实现由测试设计人员和测试程序员完成，一般根据软件系统测试计划完成以下工作：

（1）设计测试用例。

（2）获取测试数据（现有测试数据和新生成数据等）。

（3）确定测试顺序。

（4）获取测试资源（软件和硬件）。

（5）编写测试程序（系统测试的驱动模块、桩模块和开发测试支持工具等）。

（6）建立和校准测试环境。

（7）编写软件系统测试说明文档。

软件系统测试说明需进行评审，评审通过后可进入下一步工作，否则需要重新进行测试设计和实现。

3. 测试执行

测试人员按照软件系统测试计划和软件系统测试说明的内容及要求执行测试。执行过程中，测试人员要认真观察并如实记录测试过程、测试结果和发现的错误，认真填写测试记录。

测试分析员根据每个测试用例的期望测试结果、实际测试结果和评价准则判定该测试用例是否通过，并将结果记录在软件测试记录中。如果测试用例不通过，则测试分析员应认真分析并采取相应的措施（如执行测试步骤时的错误，采取的措施是重新运行未正确执行的测试步骤）。此外，测试分析员还要根据测试的充分性要求和失效记录，确定测试工作是否充分、是否需要增加新的测试。

4. 测试结果分析

测试分析员应根据被测试软件设计文档、软件系统测试计划、软件系统测试说明、测试记录和软件问题报告单等，对测试工作进行总结，具体工作如下：

（1）总结软件系统测试计划和软件系统测试说明的变化情况及原因，并记录在软件系统测试报告中。

（2）对测试异常终止的情况，确定未能被测试活动充分覆盖的范围，并将理由记录在测试报告中。

（3）确定未能解决的测试事件及不能解决的理由，并将理由记录在测试报告中。

（4）总结测试所反映的软件系统与软件设计文档对照，评价软件系统的设计与实现，提出软件改进建议，并记录在测试报告中。

（5）编写软件系统测试报告，报告应包括测试结果分析、对软件系统的评估和建议。

（6）根据测试记录和软件问题报告单编写测试问题报告。

（7）应对测试执行活动、软件系统测试报告、测试记录和测试问题报告进行评审。审查测试执行活动的有效性、测试结果的正确性和合理性是否达到了测试目的，测试文档是否符合规范。

4.5　验收测试

在开发完成软件产品后，要进行软件的验收和交付。验收是开发任务交办方授权其代表进行的一项活动，通过该活动，任务交办方按合同或任务书验证软件是否达到了要求，并接受按合同或任务书规定的部分或全部软件产品的所有权或使用权。交付是指开发任务承制方将已经验收通过的软件产品交给交办方的过程。每个软件产品在完成了所有的开发活动后，都要进行验收交付。

验收测试在系统测试通过后开始，在某种意义上是由用户/客户进行的系统测试，但又不是系统测试的重复。验收测试不同于系统测试的主要之处是，它是以用户或用户代表为主，以测试人员为辅的测试，一般在用户方的真实使用环境中进行，使用真实的数据。

4.5.1 验收测试概述

用户验收测试

验收测试是部署软件之前的最后一项测试，目的是确保软件准备就绪，并且可以让最终用户使用。验收测试一般分为内部验收测试和用户验收测试。内部验收测试是软件研制方按照用户需求进行的一种验证性测试，而用户验收测试是由软件用户进行的验证软件是否满足用户要求的合格性测试。软件验收测试的依据一般是软件用户需求或者软件合同等。

验收测试的目的向用户表明系统能够按照用户需求正常运行。经过集成测试后，已经把所有的模块组装成一个完整的软件系统，接口错误也已经基本排除，接着要进一步验证系统在功能与性能方面的有效性，这就是验收测试。

软件验收测试应完成的主要测试工作包括：

（1）配置复审。

（2）合法性检查。

（3）软件文档检查。

（4）软件代码测试。

（5）软件功能和性能测试。

（6）测试结果交付内容。

4.5.2 验收测试用例的设计

验收测试用例的设计可以从以下几个方面考虑：

（1）验收测试的目的是验证软件功能的正确性和软件需求的一致性，所以验收测试应该由用户确认验证的标准。

（2）验收测试用例所覆盖的范围应该只是软件功能的子集，而不是软件的所有功能。

（3）验收测试用例应该是粗颗粒度的、结构简单的、条理清晰的测试，而不是过多地描述软件内部实现细节。验收测试预期结果的描述要从用户可以直观感知的方面体现，而不是针对内部数据结构，因此验收测试多采用黑盒测试方法。

（4）验收测试用例的组织应该面向客户，从客户使用和业务场景的角度出发，而不是从开发者实现的角度出发。使用客户习惯的业务语言来描述业务逻辑，根据业务场景来组织测试用例和流程，便于客户的理解和认同。

（5）设计验收测试用例应该充分把握客户的关注点。在保证系统完整性的基础上，把客户关心的功能点和性能点作为测试的重点，其他功能可以忽略。

（6）验收测试用例可以适当地展示软件的某些独有特征，引导和激发客户的兴趣，达到超出客户预期效果的目的。

4.5.3 验收测试的策略

1. 验收测试的类型

验收测试是部署软件之前的最后一项测试。验收测试的目的是确保软件准备就绪，并且可以让最终用户使用。验收测试有 3 种常用策略：正式验收测试、非正式验收测试和 Beta 测试。策略的选择通常建立在合同需求、公司标准以及应用领域的基础上。

（1）正式验收测试。正式验收测试是一项管理严格的过程，通常是系统测试的延续。计划和设计这些测试的周密及详细程度不低于系统测试的。选择的测试用例应该是系统测试中执行用例的子集。在很多项目中，正式验收测试是通过自动化测试工具执行的。

（2）非正式验收测试。非正式验收测试不像正式验收测试那样严格，仅对需要重点解决的功能和业务进行测试，测试内容由各测试人员决定，在多数情况下，非正式验收测试是由内部测试人员组织执行的测试。

（3）Beta 测试。Beta 测试是由软件的各个用户在一个或多个用户实际使用环境下进行的测试，通常开发人员不在测试现场，而是模拟用户进行的测试。Beta 测试可以分别用于正式验收测试和非正式验收测试中。在 Beta 测试中，采用的数据、方法和环境完全由各测试人员决定，并决定要测试的功能、特性和任务。

2．验收测试的进入条件

系统测试通过是验收测试的一个开始条件。是否可以为了加快进度，将验收测试与系统测试合并或重叠呢？合并会带来以下两个问题：

（1）由于用户看到的软件产品尚未通过系统测试，用户会发现这个产品的众多问题，从而可能认为这个产品的质量比较差，开发方一般不愿意给用户留下这种印象。

（2）验收测试、系统测试可能重复发现相同的缺陷，而重复的或略有不同的缺陷报告将导致资源和时间的浪费。

因此，大多数软件企业把验收测试与系统测试区分开来。如果满足下列条件，合并验收测试与系统测试就是有意义的。

（1）用户代表实质性地参与系统测试，发挥主要的作用。

（2）系统测试的环境足够真实，与用户的使用环境一致。

（3）验收测试用例集是系统测试用例集的一个子集。

在这种情况下，再专门安排验收测试只是一种形式，没有什么实际意义。

3．网络软件的验收测试

一些软件产品项目或 Web 应用面向成千上万甚至更多的用户，它们的需求可能有很大的差别，在这种情况下如何安排验收测试呢？最好能将这些用户分类，每类用户具有相似的需求特征，针对每类用户选择合适的用户代表，让这些用户代表成为测试员。有些企业使用来自某些特定场所或公司的用户担当测试员，也有些企业发布产品的 Beta 测试版，甚至放到网上任由访问者下载，请各类用户试用或体验新产品，同时收集用户的反馈信息。

4．软件验收测试的充分性

验收测试需要多长时间取决于许多因素，包括需要完成的工作的范围和可利用的资源。可能几天，也可能要几周。由于大量的工作由用户方承担，验收的周期受到用户的工作效率的影响，因此开发方很可能难以控制时间。用户接受使用培训和熟悉交付的产品，建立验收测试环境，准备真实的测试数据，试运行产品，执行验收测试用例，这些任务都要耗费时间。

如果发现的严重问题比较多，则消耗的时间会比较长，大量的时间消耗在修复发现的缺陷上。有些公司迫于时间压力，将包含许多缺陷的产品交付用户验收，得到的结果常常是用户满意度下降，以及漫长而又辛苦的修复工作。

5. 验收测试用例的设计

（1）验收测试用例的组织应当面向客户，从客户使用和业务场景的角度出发，而不是从开发者实现的角度出发。

（2）设计验收测试用例应当充分把握客户的关注点。在保证系统完整性的基础上，把客户关心的主要功能点和性能点作为测试的重点，其他功能点可以忽略，避免画蛇添足。

（3）验收测试用例可以适当地展示软件的某些独有特性，引导和激发客户的兴趣，达到超出客户预期效果的目的。

6. 验收测试的执行

尽可能让用户而不是测试员成为验收测试的主体，这是因为验收测试工作一般由用户方或客户方完成，大部分的验收测试工作必须依靠用户来完成，如熟悉产品、准备真实数据等。验收测试中，测试员一般处于辅助位置，可以帮助用户建立测试环境，在系统使用方面给予用户必要的培训和指导，但不可包办一切事务。

用户是验收测试的主要实施者，最好以用户为主制订验收测试计划，设计和确定验收测试用例，这将有助于保证用户的高度参与，使验收测试得以有效完成。

4.5.4　软件验收的过程

软件验收必须按规定过程模型（图4-11）进行，履行正式手续。

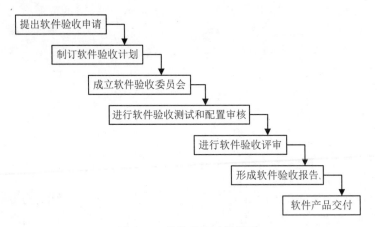

图 4-11　软件验收过程模型

1. 提出软件验收申请

承制方必须向交办方提交正式的软件验收申请报告，简要说明申请验收软件的情况，说明应交付的文档以及这些文档是否通过开发过程中相应阶段的评审和审查。

软件验收申请报告应由承制方的技术负责人签字。交办方必须了解被验收软件的功能、性能和文档等方面的内容，检查其是否与任务书或合同规定的要求一致，并对承制方提出的验收申请报告进行审查，提出处理意见。

2. 制订软件验收计划

验收计划由任务交办方和承制方共同制订，或由交办方委托承制方制订。验收计划应包括验收活动程序、验收测试要求、技术条件、工作人员组成及日程安排。验收计划由交办方提交验收委员会审定后执行。

验收测试是确定一个系统是否符合验收准则，使任务交办方能确定是否接收此系统的正式测试。在安排开展软件验收测试工作时，可以考虑以已经进行的软件测试工作为基础，如安排进行了独立第三方测试的软件项目，则可以独立第三方测试为验收测试的基础。

制订验收计划时，应确定需进行的验收测试工作。如果决定重新成立验收测试组进行验收测试工作，则应认真按照对验收测试的要求开展工作。如果决定以已经进行的软件测试为基础开展验收测试工作，则验收测试组应按照验收测试要求检查、整理和补充进行测试工作。

3．成立软件验收委员会

（1）组织机构及人员组成。交办方负责成立专门的软件验收委员会，委员会设主任一个、委员若干（总人数一般为 5 人以上单数）。验收委员会由交办方代表、邀请的专家和承制方代表组成。

在软件验收委员会之下成立软件验收测试组，配置审核组，开展验收测试和配置审核工作。

（2）验收委员会的任务及权限。

1）验收委员会主持整个软件验收工作，包括下列任务。

● 判定所验收的软件是否符合任务书的要求。

● 审定验收环境。软件验收环境通常必须与软件最终用户的实际运行环境一致。验收环境按任务书规定，或由交办方和承制方双方协商确定，验收委员会审定。

● 审定验收测试计划。验收委员会对软件验收测试组制订的软件验收测试计划进行审定，以保证测试计划能够满足验收要求。

● 组织验收测试，组织配置审核，进行软件验收评审，并形成软件验收报告。

● 监督验收后的软件交付。

2）验收委员会的权限如下。

● 有权要求承制方和交办方对软件开发过程中的有关问题进行说明。

● 验收过程中，协调交办方与承制方之间可能发生的纠纷。

● 决定软件是否通过验收。

（3）验收地点和条件。软件验收地点按任务书规定。若在承制方进行，承制方应提供验收计划中要求的设备、资源和各种条件。若在交办方或交办方指定的最终用户处进行，则交办方必须提供相应的设备、资源和各种条件，并预先通知承制方提供其应提供的设备和支持条件。

（4）验收记录。验收工作的全过程必须详细记录，记录验收过程中验收委员会提出的所有问题与建议、承制方的解答和验收委员会对被验收软件的评价。

4．进行软件验收测试和配置审核

软件验收测试和配置审核是软件验收评审前应完成的两项重点工作。软件验收测试和配置审核工作在验收委员会的主持下，由验收测试组、配置审核组具体完成。

（1）验收测试的内容。

● 功能测试。根据任务书规定的功能要求，逐项进行测试或检查已有的测试结果，以确认该软件的功能与规定的功能要求的一致性。

● 性能测试。根据任务书规定的性能要求，如精度、时间、余量和适应性要求等，逐项进行测试或检查已有的测试结果，以确认该软件的性能完全符合规定的性能要求。

- 强度测试。对所验收的软件进行强度测试和降级能力的强度测试。

（2）验收测试的过程。客户通常都要求进行正式的验收测试，有些客户还可能请监理方代表他们对项目过程进行监管和控制。下面是一个典型的验收测试流程。

1）开发方的项目经理代表项目组提出项目验收申请。

2）客户方和监理方检查是否具备项目测试验收的前提条件；检查系统测试是否符合要求；检查试运行准备工作是否就绪；检查所要求的项目文档是否齐备。

3）以客户方、监理方为主，三方共同编写验收测试计划。

4）三方评审和批准验收测试计划。

5）客户代表和监理方、开发方共同确定验收测试用例集。

6）项目经理领导项目组，按照验收测试计划完成准备工作，包括：为用户提供系统使用上的培训和指导；准备系统的安装计划；准备验收文档。

7）建立验收测试环境，安装系统，准备验收测试数据。

8）客户方、监理方进行系统试运行，运行验收测试用例集，记录运行结果。

9）如果发现缺陷或问题，则在确认后项目组立即着手解决。

10）客户方、监理方完成回归测试，确认缺陷已经修复、问题已经解决。

11）项目组在修复缺陷后，更新相关的项目文档。

12）客户方、监理方审查验收测试执行情况，起草验收测试报告。

13）客户方、监理方签署验收测试报告。

在验收测试通过后，有些项目还会举行一个正式的项目验收会，请若干相关的专家参加会议。在验收会上，项目经理代表开发方向客户方、监理方报告项目实施结果，监理方报告监理执行结果，客户方报告试运行结果（包括验收测试结果），会议对这些结果进行审议，最后会议通过项目验收报告。

（3）配置审核。配置审核组应根据配置管理受控库中的内容，对被验收软件进行功能配置审核和物理配置审核。

1）功能配置审核：对被验收软件的文档和程序进行功能配置审核，验证软件的功能和接口与任务书（软件需求规格说明）要求的一致性。

2）物理配置审核：对被验收软件的文档和程序进行物理配置审核，检查程序和文档的一致性、文档和文档的一致性、交付产品与任务书要求的一致性以及符合有关标准或规范的情况，检查是否做好了交付准备。

（4）完成准则。下面列出的验收测试完成准则作为参考。

1）规定的所有验收测试案例已经运行。

2）达到预定的覆盖率目标，一般要求产品特性或业务需求覆盖率为100%。

3）发现的所有软件缺陷已经解决和关闭。

4）对软件缺陷的所有修改都已进行了回归测试。

5）修改软件缺陷后，所有相关的软件文档的版本均已更新。

6）获得用户/客户签署的验收测试报告。

5. 进行软件验收评审

在完成软件验收测试和配置审核的基础上，验收委员会对被验收软件进行验收评审。

（1）软件验收准则。

1）按软件任务书规定的条款逐项验收。

2）通过验收测试。

3）文档齐全，符合任务书的要求及有关标准或规范的规定。

4）文文一致，文实相符。

（2）验收综合评价。

在评审的基础上对软件进行以下综合评价。

1）软件设计与需求的一致性。

2）程序代码与设计的一致性。

3）文档描述与程序的一致性。

4）文档的完整性、准确性和标准化程度。

（3）评审结论。

由验收委员会进行表决，给出验收结论。验收结论有以下两种。

1）通过：表示同意验收的委员超过半数。

2）不通过：表示同意验收的委员不超过半数。

6. 形成软件验收报告

在软件验收评审后，必须填写软件验收报告。软件验收报告中详尽记录验收的各项内容、评价与验收结论，验收委员会全体成员应在验收报告上签字。根据验收委员会表决情况，由验收委员会主任在软件验收报告上签署意见。

当出现验收不通过的情况时，应根据验收评审的意见，由任务承制方限期修正有关问题，重新进行验收。验收委员会的人员原则上不应变化。

7. 软件产品交付

承制方在必要时应按验收委员会的意见，对软件产品做进一步的补充完善工作。在这些后续工作完成并得到验收委员会或其指定人员认可后，进行软件产品交付。

在验收委员会的审定与监督下，逐项核实软件产品移交项目清单中的产品项并移交给交办方。移交结束后，交办方和承制方在软件产品移交项目清单上作为接受单位、移交单位分别签章，表明软件产品交付工作完成。

在验收测试后，要完成项目交付，开发方交付的项目一般如下：

（1）可运行程序、安装/卸载程序。

（2）数据文件/数据库文件。

（3）用户指南、联机帮助文档。

（4）系统安装/卸载手册。

（5）运行支持方案，包括用户培训材料、系统管理手册、技术支持方案等。

（6）项目前景文档、需求规格说明书。

（7）项目计划。

（8）软件设计说明书。

（9）源程序代码。

（10）测试文档，包括测试计划、测试案例、缺陷报告、测试报告等。

（11）项目验收报告。

（12）其他项目管理文档。

4.6 项目案例

下面以"香霖网上书城"的单元测试—集成测试、系统测试、验收测试的流程为例进行介绍。

4.6.1 单元测试—集成测试流程图

单元测试由开发人员实施，集成测试由测试组实施，相关的流程图如图 4-12 所示。

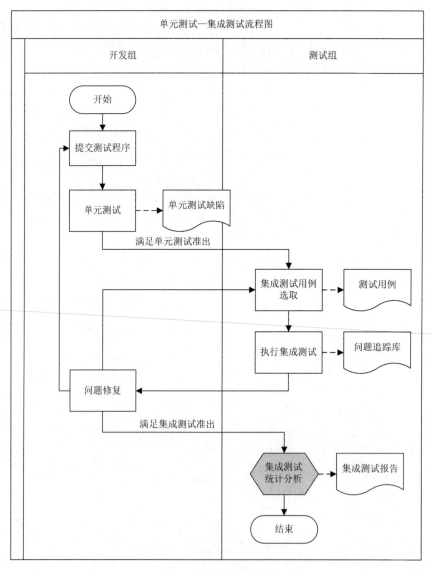

图 4-12 单元测试—集成测试流程图

4.6.2　系统测试流程图

系统测试由测试组负责实施，在系统测试的关键节点，项目负责人参与。关键节点包括优先级高的测试用例的评审、系统测试报告的评审与系统测试准出的评审。系统测试流程图如图 4-13 所示。

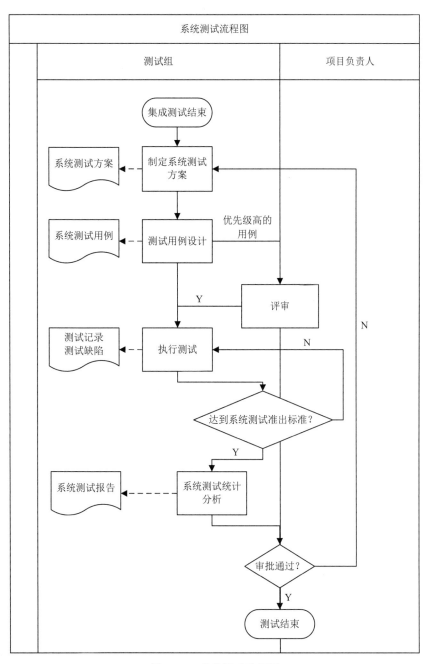

图 4-13　系统测试流程图

4.6.3 用户验收测试流程图

用户验收测试由需求提出方（项目提出方）进行相应的验收，产出物包括验收测试方案和验收报告。验收测试流程图如图 4-14 所示。

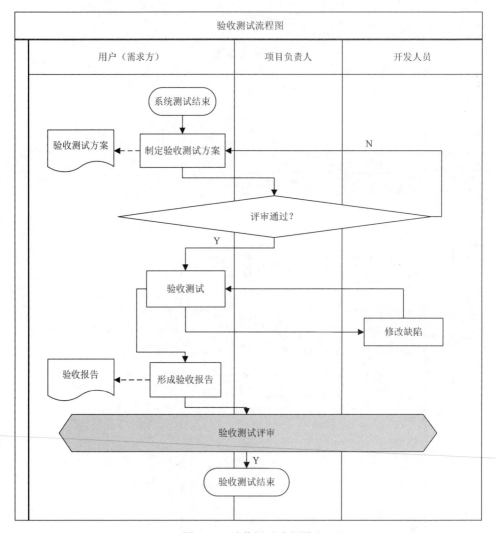

图 4-14　验收测试流程图

本章小结

单元测试看似对编程进度不利，实际上在项目整体进度上起着很大的帮助，可以更高质量、更快地完成任务。将通过单元测试的软件单元合并在一起构成一个可执行的整体，集成测试确认该整体能够正确地满足规定的要求。集成后的各软件单元之间能够正确地相互作用和传递数据。系统测试可验证系统是否符合非功能特性的质量需求，包括性能、安全性、兼容性、可靠性等，而且这些特性之间有一定的关系，所以在系统测试之前，要规划好系统测试执行的先后次序以及测试结果的共享。验收测试在系统测试通过后开始，以用户或用户代表为主、以测试人员为辅的测试使用真实环境、真实数据进行。各测试阶段的比较见表 4.2。

表 4.2　各测试阶段的比较

测试名称	测试对象	测试依据	人员	测试方法	时间比例
单元测试	最小模块，如函数、类等	《详细设计说明书》	白盒测试工程师或开发人员	主要采用白盒测试	1
集成测试	模块间的接口，如参数传递	《概要设计说明书》	白盒测试工程师或开发人员	黑盒测试和白盒测试相结合	2
系统测试	整个系统，包括软硬件	《需求规格说明书》	黑盒测试工程师	黑盒测试	4
验收测试	整个系统，包括软硬件	《需求规格说明书》、验收标准	主要为用户，还可能有测试工程师等	黑盒测试	2

课后习题

一、简答题

1．为什么要进行单元测试？单元测试的任务和目标分别是什么？
2．黑盒测试与白盒测试有什么不同？谈谈其应用范围。
3．谈谈分支覆盖与条件覆盖之间的关系。
4．集成测试的重点是什么？
5．简述集成测试与系统测试的区别。
6．简述集成测试应遵循的原则。
7．在集成测试过程中，为什么要设计桩模块和驱动模块？
8．简述各种集成测试策略的优缺点。
9．可以从哪些角度进行集成测试用例的设计？
10．什么是压力测试？在实际设计中，压力测试的侧重点是什么？
11．什么是容量测试？容量测试一般由哪几步构成？
12．简要说明安装测试要考虑的内容。
13．举例说明验收测试的流程。
14．验收测试需要提交哪些文档？

二、设计题

1．编写一段判断三角形类型并输出其周长的代码，主要实现如下功能：
（1）判断出最多三种三角形的类型，并计算其周长。
（2）类型分别为普通三角形、非法三角形、等腰三角形、等边三角形。
（3）对于非法三角形，无须计算其周长，保持周长为零即可。
（4）将三角形的类型及周长打印出来。

本程序的测试分单元测试和集成测试两个部分按顺序进行。

2. 对图 4-15 所示的程序分别进行自顶向下的集成测试、自底向上的集成测试和三明治集成测试，设计并给出测试过程。

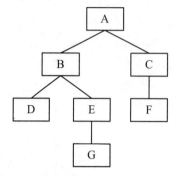

图 4-15　程序结构图

3. 设计 IPv6 防火墙安全性测试。

第 5 章　Web 应用测试

本章导读

基于 B/S 架构的应用系统是目前主要的软件存在形式。如何将前面学习的软件测试用例设计方法应用于实际的 Web 应用功能测试中，如何模拟在多人使用系统时体验系统的表现、掌握相关的性能指标，无疑是软件测试人员必须掌握的内容。通过本章的学习，我们主要解决以上问题。

本章要点

- 等价类用例设计方法在 Web 应用测试中的应用
- 边界值用例设计方法在 Web 应用测试中的应用
- JMeter 性能测试工具简介
- JMeter 性能测试工具的使用方法
- JMeter 在 Web 应用性能测试中的应用

Web 应用测试举例

5.1　Web 应用测试概述

随着信息产业以及各行各业的蓬勃发展，越来越多的企业更加注重数据的积累、工作效率的提升、协作与沟通，所以越来越多的基于 Web 应用系统被广泛开发与应用。基于 Web 技术快速发展和企业用户对应用系统功能健全性、界面美观性、系统响应及时性、系统安全性等方面的要求，Web 应用系统的全面测试也成为在发布之前必须做的重要工作。

在本章，编者将通过两个实例向大家介绍如何对 Web 应用进行功能测试和性能测试。

5.2　用例设计与测试执行

下面以一个基于 B/S 架构的进销存管理系统为例。大家可以先通过访问 https://bossku.cn/account/login（即老板库管）网址注册一个用户。关于用户注册的相关操作步骤这里不再赘述，大家可自行完成。

进销存管理软件简单来说就是对销售商品的采购、销售以及库存进行管理的软件。进销存管理软件的主界面信息如图 5-1 所示。

在前面章节，我们已经学习了软件测试流程、测试用例设计方法等相关知识，学以致用，理论一定要与实践结合起来才会变得更有意义。

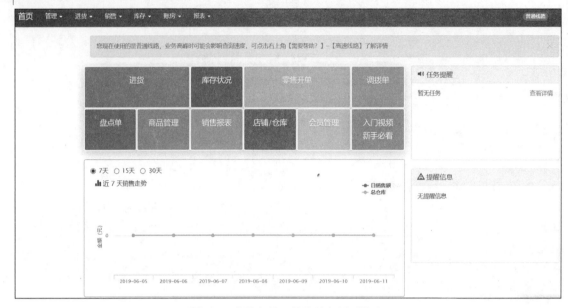

图 5-1　进销存管理软件的主界面信息

5.2.1　等价类用例设计与执行

【例 5-1】应用等价类用例设计方法并结合"添加商品"功能进行该用例设计方法的实操演练。

【案例分析】等价类划分是一种典型的黑盒测试方法。使用该方法时，完全不考虑程序的内部结构，只依据程序的规格说明来设计测试用例。不可能用所有可以输入的数据测试程序，而只能从全部可供输入的数据中选择一个进行测试。如何选择适当的子集，使其尽可能多地发现错误，解决的方法之一就是等价类划分。

首先，把数目极多的输入数据（包括有效的数据和无效的数据）划分为若干等价类，而所谓等价类是指某个输入域的子集合。在该子集合中，各输入数据对于揭露程序中的错误都是等效的。再合理地假定：测试某等价类的代表值就等价于对该类其他值的测试。因此，可以把全部输入数据合理地划分为若干等价类，在每个等价类中取一个数据作为测试的输入条件，即可用少量代表性测试数据取得较好的测试结果。

等价类的划分有以下两种情况。

（1）有效等价类：是指合理地输入数据集合。

（2）无效等价类：是指无效地输入数据集合。

划分等价类的原则如下：

（1）按区间划分。

（2）按数值划分。

（3）按数值集合划分。

（4）按限制条件或规则划分。

（5）为每个等价类规定一个唯一的编号。

（6）设计一个新的测试用例，使其尽可能多地覆盖尚未覆盖的有效等价类。重复这个步骤，直到所有的有效等价类都被覆盖为止。

（7）设计一个新的测试用例，使其仅覆盖一个无效等价类，重复这个步骤，直到所有的无效等价类都被覆盖为止。

这里以"添加商品"为例，测试"建议零售价"文本框，如图 5-2 所示。我们可以应用等价类的用例设计方法，设计出表 5.1 所示的用例。

图 5-2　添加商品功能界面信息

表 5.1　应用等价类划分方法的测试用例列表

用例编号	等价类分类	建议零售价	预期结果	实际结果
1	有效等价类	8	可输入 8	可输入 8
2	有效等价类	2.5	可输入 2.5	可输入 2.5
3	无效等价类	10+20=	限制输入非数值符号	提示"请输入一组数字。"
4	无效等价类	Apple	限制输入非数值符号	提示"请输入一组数字。"
5	……	……	……	……

接下来，让我们一起执行第 1 个测试用例，考察建议零售价数据输入的合法性。按照添加商品要求的格式，填写"商品名称"为"青苹果"，"采购价"填写 1，"批发价"填写为 3，"建议零售价"填写为 8，"规格 1"选择"通用"，而后单击"提交"按钮。我们可以看到其被成功添加，用例编号为 2 的用例也能成功被执行，不再赘述。此外，我们能够在商品查询功能列表中看到这些信息，如图 5-3 所示。

商品名称	货号	品牌	分类	规格1	规格2	建议零售价	排序	状态	单品价	操作
青苹果	4			通用		8.0	100	启用	设置	库存 完善 编辑 查看 删除
富士苹果	2	红富士		粉江		2.5	100	启用	设置	库存 完善 编辑 查看 删除

图 5-3　商品查询功能界面信息

用例编号为 3 的用例和用例编号为 4 的用例执行结果如图 5-4 和图 5-5 所示。

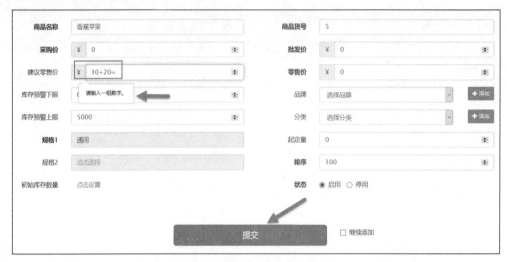

图 5-4　在"建议零售价"文本框中输入"10+20="非法数据相关提示信息

图 5-5　在"建议零售价"文本框中输入"Apple"非法数据相关提示信息

5.2.2　边界值用例设计与执行

细心的同学可能会发现一个问题，就是刚才等价类的划分并不是很完善，我们只针对正常输入整型、浮点数、非数值（表达式和英文字符）进行用例的设计，如果输入的是特别长的数字怎么办呢？测试用例的设计应该尽可能用少量的数据覆盖尽可能多的情况。

【例 5-2】应用边界值用例设计方法并结合"添加商品"功能进行该用例设计方法的实操演练，进一步完善测试用例，扩大用例的覆盖范围，使得软件质量更加健壮。

【案例分析】人们由长期的测试工作经验得知，大量的错误是发生在输入范围或输出范围的边界上，而不是在输入范围的内部。因此针对各种边界情况设计测试用例，可以查出更多的错误。使用边界值分析方法设计测试用例，首先应确定边界情况。

边界值用例设计时，选择测试用例的原则如下：

（1）如果软件的某个输入域规定了范围，则我们应取刚达到这个范围的边界值以及刚刚超过这个范围的边界值作为测试输入数据，还有取值范围内的值。

（2）如果输入域规定了取值的数量，则用最大个数、最小个数、比最大个数多 1 个、比最小个数少 1 个的数作为测试数据。当然也可以是数值，取数值时，则为最大值、最小值、比最大值大 1、比最小值小 1 和在这个取值范围内的任意值。如小学生的语文成绩取值范围是 0～100，那么可以取 0、100、–1、101 和对应区间范围内的任意值（这里取 60）。

（3）如果需求规格说明中某个输入域是一个有序集合，那么在做用例设计时应选取这个集合的第一个元素和最后一个元素作为测试用例。

（4）分析规格说明，找出其他可能的边界条件。

这里仍以"添加商品"功能为例，测试"建议零售价"文本框，我们可以应用边界值的用例设计方法对测试用例进行补充、完善，见表 5.2。

表 5.2　应用边界值方法补充后的测试用例列表

用例编号	等价类分类	建议零售价	预期结果	实际结果
1	有效等价类	8	可输入 8	可输入 8
2	有效等价类	2.5	可输入 2.5	可输入 2.5
3	无效等价类	10+20=	限制输入非数值符号	提示"请输入一组数字。"
4	无效等价类	Apple	限制输入非数值符号	提示"请输入一组数字。"
5	边界值	999…(60 个 9)	限制输入长度，防止超过浮点数上限	未限制，报异常信息
6	边界值	-1	限制输入负数，防止输入负数	未限制，可以输入负数
7	……	……	……	……

执行用例编号为 5 的测试用例，发现在"建议零售价"文本框中可以输入 60 个"9"，如图 5-6 所示，单击"提交"按钮，弹出一个服务器内部错误提示页面，如图 5-7 所示。

图 5-6　在"建议零售价"文本框中输入 60 个"9"数据相关信息

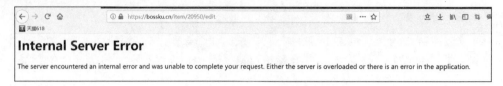

图 5-7　服务器内部错误提示页面

显然，由于没有对"建议零售价"文本框输入数据的长度进行限制，因此可以输入过长的数字，而输入的数字超过浮点数的上限后将出现数值溢出，就会产生服务器内部错误，这是一个缺陷。

执行用例编号为 6 的测试用例，发现在"建议零售价"文本框中可以输入"–1"，如图 5-8 所示，单击"提交"按钮，可以正常保存，如图 5-9 所示。

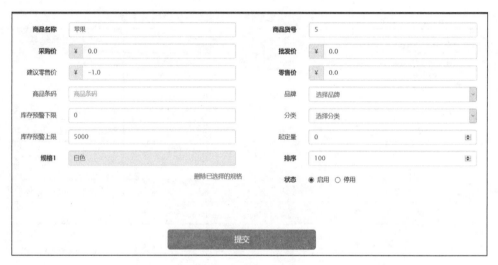

图 5-8　在"建议零售价"文本框中输入"–1"数据相关信息

名称	货号	品牌	分类	规格1	规格2	建议零售价	排序	状态	单品价	操作
苹果	5			白色		-1.0	100	启用	设置	⊞库存 📋高水 ✎编辑 🗑删除

图 5-9　建议零售价为负数的商品添加成功的相关信息

建议零售价为负数的情况在现实生活中应该是不会出现的，不能卖给他人东西，反而要付给购买者钱。所以，负数应该是非法的输入，应限制该类数值的输入，这是一个缺陷。

5.2.3　功能测试的其他内容

除此之外，还需要注意系统的操作方法是否符合用户的操作习惯，界面是否美观、大方、得体，同系统的各项功能是否能在不同的浏览器中正常应用，其展现效果是否一致，系统的页面展现内容和数据库中实际数据是否一致等。软件测试的内容也不仅是针对某个输入域的测试，业务流程、数据流转以及各关联业务功能数据的一致性、完整性等都是我们需要考虑的内容。

前面编者详细介绍了如何利用等价类、边界值进行用例设计与测试执行的过程，相信大家对功能测试有了一定的认识。但功能测试内容远非这些，在实际工作中还需要应用其他用例设计方法，比如因果图、错误推测、场景法、正交试验等。在实际测试中，往往综合使用各种方法才能有效地提高测试效率和测试覆盖率，这就需要大家掌握这些方法的原理、认真研读需求规格说明书，了解客户的需求，积累更多的测试经验，以便有效地提高测试水平。

5.3　Web 应用的性能测试

软件项目在构建初期被切分成多个子项目，各子项目的成果都经过测试且具备可集成和可运行使用的特征。研发团队的转型对测试人员的要求也变得越来越高，我们可能没有更多的集中时间进行测试，面对需求的变更、快速的版本任务和不断被压缩的测试时间，需要我们通过不断提升测试技能、提升自身综合素质和提升先进的测试思想来适应团队转型的过程，以快速、全面地提升项目或者产品的质量。通常情况下，一个基于 Web 的应用系统少则几百人使用多则数万人使用，系统能支撑多少用户访问，这些用户在访问系统时响应时间是不是很快、系统是不是很稳定等都是性能测试的内容。可以毫不夸张地说，性能测试是软件测试的重中之重。那么如何进行性能测试呢？性能测试工具就成为我们必须要掌握的内容了。目前用于性能测试的工具有很多，如 LoadRunner、JMeter 等。

5.3.1　典型的性能测试场景

下面是一些需要进行性能测试的场景。

（1）用户提出性能测试需求，例如，首页响应时间在 3s 内，主要的业务操作时间少于 10s，支持 300 个用户在线操作等相关语言描述。

（2）某个产品要发布了，需要对全市的用户做集中培训。通常在进行培训时，教师讲解完成一个业务以后，被培训用户会按照教师讲解的实例同步操作前面讲过的业务操作。这样存在用户并发的问题，我们在培训之前需要考虑被培训用户的数量在场景中设计酌情设置并发用户数量。

（3）同一系统可以采用两种构架——Java 和.Net。相同系统用不同的语言、框架，其实现效果也会有所不同。为了系统能够有更好的性能，在系统实现前期，可以考虑设计一个小的 Demo，设计相同的场景，实际考察不同语言、不同框架之间的性能差异，而后选择性能好的语言、框架开发软件产品。

（4）编码完成，总觉得某个地方存在性能问题，但是又说不清楚到底是什么地方存在性能瓶颈。一款优秀的软件系统是需要开发、测试以及数据管理员、系统管理员等角色协同工作才能完成的。开发人员遇到性能问题以后会提出需求，性能测试人员需要设计相应的场景，分析系统瓶颈，定位出问题以后，将分析后的测试结果及意见反馈给开发等相关人员，而后开发等相关人员做相应调整，再次进行同环境、同场景的测试，直到使系统能够达到预期的目标为止。

（5）一个门户网站能够支持多用户并发操作（注册、写博客、看照片、灌水等）。一个门户网站应该是经得起考验的。门户网站栏目众多，我们在进行性能测试时，应该考虑实际用户应用的场景，将注册用户、写博客、看照片、看新闻等用户操作设计成相应的场景。根据预期的用户量设计相应用户的并发量，同时一个好的网站随着用户的逐渐增加以及推广的深入，访问量可能会呈数量级的增长。考虑门户网站的这些特点，在进行性能测试时也需要考虑可靠性测试、失败测试及安全性测试等。

常用性能测试
工具介绍

5.3.2 性能测试的概念及其分类

系统的性能是一个很大的概念，覆盖面非常广泛，对一个软件系统而言，包括执行效率、资源占用、系统稳定性、安全性、兼容性、可靠性、可扩展性等。性能测试是为描述测试对象与性能相关的特征并对其进行评价，而实施和执行的一类测试。它主要通过自动化的测试工具模拟多种正常、峰值以及异常负载条件来对系统的各项性能指标进行测试。通常我们把性能测试、负载测试、压力测试统称为性能测试。

负载测试：通过逐步增大系统负载，测试系统性能的变化，并最终确定在满足系统的性能指标情况下，系统所能够承受的最大负载量的测试。简而言之，负载测试是通过逐步加压的方式来确定系统的处理能力，确定系统能够承受的各项阈值。例如，逐步加压，从而得到"响应时间不超过 10s""服务器平均 CPU 利用率低于 85%"等指标的阈值。

压力测试：通过逐步增大系统负载，测试系统性能的变化，并最终确定在什么负载条件下系统性能处于失效状态，并获得系统能提供的最大服务级别的测试。压力测试是逐步增大负载，使系统的某些资源达到饱和甚至失效。

配置测试：主要是通过对被测试软件的软硬件配置的测试，找到系统各项资源的最优分配原则。

并发测试：测试多个用户同时访问同一个应用、同一个模块或者数据记录时是否存在死锁或者其他性能问题，几乎所有的性能测试都会涉及一些并发测试。

容量测试：测试系统能够处理的最大会话能力。确定系统可处理同时在线的最大用户数，通常与数据库有关。

可靠性测试：通过给系统加载一定的业务压力（如 CPU 资源在 70%～90% 的使用率）的情况下，运行一段时间，检查系统是否稳定。因为运行时间较长，所以通常可以测试出系统是否有内存泄露等问题。

失败测试：对于有冗余备份和负载均衡的系统，通过失败测试来检验系统局部发生故障时用户是否能够继续使用系统、用户受到多大的影响，如几台机器做均衡负载，一台或几台机器垮掉后系统能够承受的压力。

5.3.3 JMeter 相关介绍

目前主流的两款性能测试工具是 LoadRunner 和 JMeter。LoadRunner 是商用工业级性能测试利器，多用于金融、保险等行业；而 JMeter 是开源、免费的性能测试工具，由于其功能强大且开源，同时提供了很多插件可以拿来就用，方便项目或产品的持续集成，因此被很多互联网企业使用。那么如何使用 JMeter 做性能测试呢？

5.3.4 JMeter 的安装环境下载

JMeter 是一款 100% 纯 Java 的应用程序，它需要 Java 运行环境。大家可以到其官网下载最新版本的 JMeter，JMeter 下载页面信息如图 5-10 所示。

目前，JMeter 的最新版本为 5.1.1 版本，这里我们下载 apache-jmeter-5.1.1.zip 文件。从图 5-10 中可以看到，JMeter 运行需要 Java 8 以上的版本。

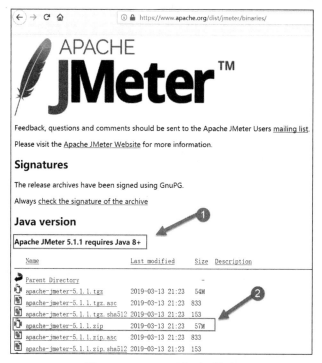

图 5-10　JMeter 下载页面信息

Java 可以到 Oracle 官网下载，由于编者使用的是 Windows 10 64 位操作系统，因此我们下载其 11.0.3 版本（可以依据于自己的情况下载对应版本），文件名称为 jdk-11.0.3_windows-x64_bin.exe。JDK 下载页面信息如图 5-11 所示。

Java SE Development Kit 11.0.3		
You must accept the Oracle Technology Network License Agreement for Oracle Java SE to download this software. Thank you for accepting the Oracle Technology Network License Agreement for Oracle Java SE; you may now download this software.		
Product / File Description	**File Size**	**Download**
Linux	147.31 MB	⬇jdk-11.0.3_linux-x64_bin.deb
Linux	154.04 MB	⬇jdk-11.0.3_linux-x64_bin.rpm
Linux	171.37 MB	⬇jdk-11.0.3_linux-x64_bin.tar.gz
macOS	166.2 MB	⬇jdk-11.0.3_osx-x64_bin.dmg
macOS	166.52 MB	⬇jdk-11.0.3_osx-x64_bin.tar.gz
Solaris SPARC	186.85 MB	⬇jdk-11.0.3_solaris-sparcv9_bin.tar.gz
Windows	150.98 MB	⬇jdk-11.0.3_windows-x64_bin.exe
Windows	171 MB	⬇jdk-11.0.3_windows-x64_bin.zip

图 5-11　JDK 下载页面信息

5.3.5　安装 JDK

双击已成功下载的 jdk-11.0.3_windows-x64_bin.exe 文件，将弹出图 5-12 所示的对话框。

单击"下一步"按钮，选择要安装到哪个目录，这里我们选择默认的路径，单击"下一步"按钮，如图 5-13 所示。

接下来，安装程序将向硬盘复制文件，这里不再赘述。安装完成后，出现图 5-14 所示的界面，单击"关闭"按钮，完成 JDK 的安装。

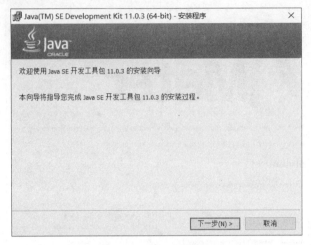

图 5-12　JDK 安装界面

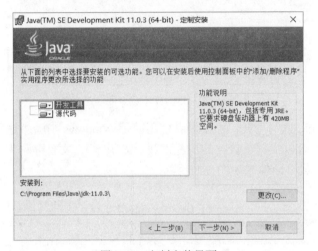

图 5-13　定制安装界面

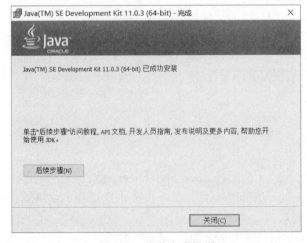

图 5-14　安装完成界面

然后，需要将 Java 可执行文件的路径添加到 Windows 系统的 Path 环境变量中，如图 5-15
所示。

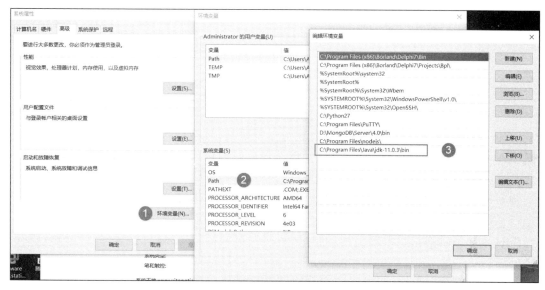

图 5-15   编辑 Path 环境变量界面

最后，打开命令行控制台，输入 java -version，如果显示图 5-16 所示的界面，则说明已经
成功安装了 JDK 11.0.3 版本。

图 5-16   JDK 版本信息

5.3.6   安装 JMeter

双击已成功下载的 apache-jmeter-5.1.1.zip 文件，将弹出图 5-17 所示的对话框。

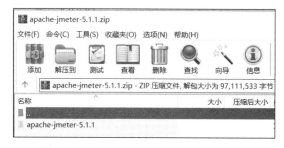

图 5-17   apache-jmeter-5.1.1.zip 文件内容

编者将 apache-jmeter-5.1.1 文件夹解压到 C 盘根目录，如图 5-18 所示。

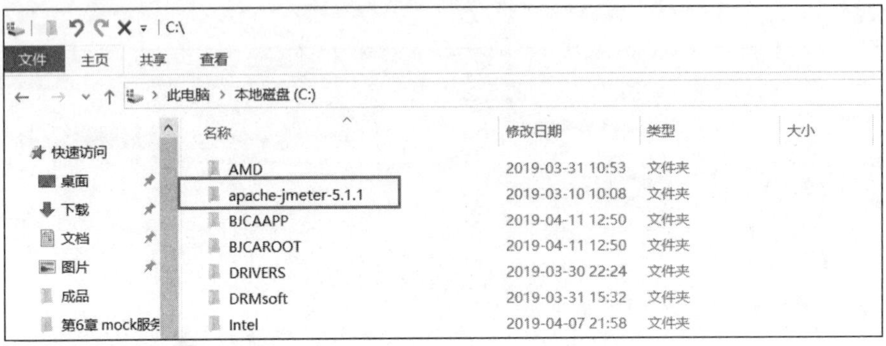

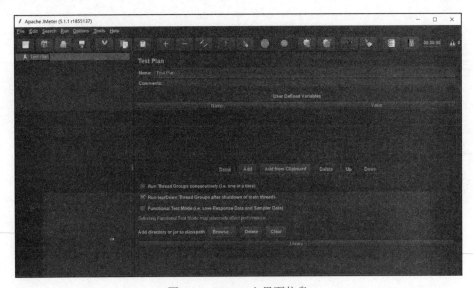

图 5-18　apache-jmeter-5.1.1 文件夹信息

接下来，需要进入 C:\apache-jmeter-5.1.1\bin 目录下，找到"jmeter.bat"文件，双击该文件运行 JMeter。

JMeter 运行后将显示图 5-19 所示的主界面。

图 5-19　JMeter 主界面信息

5.3.7　JMeter 的录制需求介绍

很多同学可能已经习惯使用"录制"方式，让工具自动帮我们捕获客户端和服务器端交互的过程。这里编者就以在 https://www.sogo.com/ 中搜索"软件测试"关键词的操作过程向大家详细介绍应用 JMeter 录制脚本步骤和进行性能测试的完整过程。

5.3.8　创建线程组

JMeter 的任务必须由线程处理，任务都必须在线程组下创建。所以，必须先在测试计划（Test Plan）下创建一个线程组（Thread Group）。线程组的创建方法：右击 Test Plan，在弹出的快捷菜单中依次选择 Add→Threads(Users)→Thread Group 选项，如图 5-20 所示。

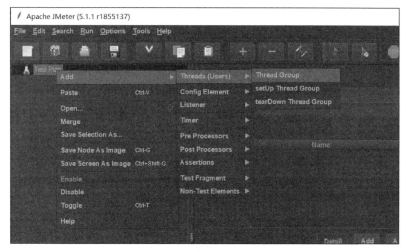

图 5-20　JMeter 创建线程组

创建完线程组后，将出现图 5-21 所示的界面，图中相关项的含义见表 5.3。

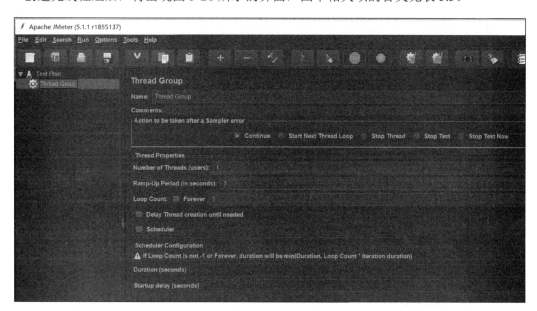

图 5-21　线程组相关项信息

表 5.3　线程组相关项说明表

相关项	简要说明
Name	线程组名称，最好起一个有意义的名字
Comment	注释信息，如果需要可以填写
Action to be taken after a Sampler error	当 Sampler 元件模拟用户请求出错后该如何处理。 Continue：请求出错后，继续运行。 Start Next Thread Loop：如果出错，启动下一个线程，即

相关项	简要说明
Action to be taken after a Sampler error	本线程的后续操作将不被执行。 Stop Thread：停止出错线程。 Stop Test：停止测试，即执行完本次迭代后，停止所有线程。 Stop Test Now：立刻停止，即立即终止所有线程的执行
Number of Threads（users）	运行线程数，每个线程相当于一个虚拟用户。每个虚拟用户模拟一个真实用户行为
Ramp-Up Period（in seconds）	线程启动开始运行的时间间隔以秒为单位。如果设置线程数为 20，此处设置为 10，则就会每秒加载 2（20/10）个虚拟用户；如果此处设置为 0，则表示 20 个线程（虚拟用户）同时运行
LoopCount　　　Forever	LoopCount 即循环次数，若选中 Forever 复选项则一直执行，除非被终止执行
Delay Thread creation until needed	在有需要的情况下可以设置线程创建延时，若被选中，则指线程在指定的 Rame-Up Period 的时间间隔启动并运行
Scheduler	调度，可以指何时开始运行测试
Duration（seconds）	设置持续运行时间
Startup delay（seconds）	设置等待多少秒以后开始运行

这里结合我们的需求，只是做一个简单的录制，所以只是针对线程组的名称做一个修改，将线程组名称更改为"搜索关键词"，其他项不做变更。

5.3.9 添加测试脚本录制器

右击 Test Plan，在弹出的快捷菜单中依次选择 Add→Non-Test Elements→HTTP(S) Test Script Recorder 选项，如图 5-22 所示。

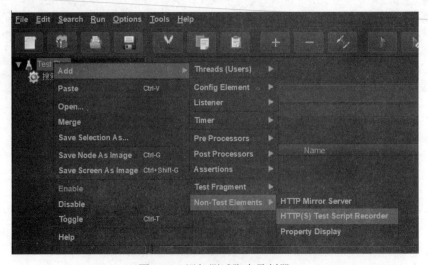

图 5-22　添加测试脚本录制器

创建完测试脚本录制器后，将出现图 5-23 所示的界面，图中的相关项含义见表 5.4。

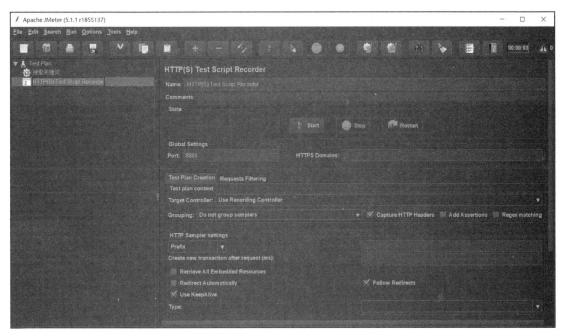

图 5-23　测试脚本录制器相关项信息

表 5.4　测试脚本录制器主要的相关项说明表

相关项	简要说明
Name	测试脚本录制器名称
Comments	注释信息
Start Stop Restart	启动录制器　停止录制器　重启录制器
Port	端口，默认为 8888，如果与已有端口号冲突可以变更
HTTPS Domains	HTTPS 域
Target Controller	目标控制器，这里我们选择刚才新建的线程组（搜索关键字），后续产生的脚本将都存放在该线程组下
Grouping	分组，脚本录制后将产生很多节点信息，为了方便我们查看这些节点，可以为它们分组，这样便于理解，默认不进行分组。 Capture HTTP Headers：录制请求头。 Add Assertions：添加断言，可以理解为性能测试中的检查点。 Regex matching：正则表达式匹配内容

JMeter 测试脚本录制器是通过代理方式把浏览器的操作录制为脚本，所以还需要在浏览器中设置相应的端口号，它们才能够正常通信并产生脚本信息。

这里我们应用的是 360 浏览器，在其"选项"的"高级设置"页单击"代理服务器设置…"按钮，如图 5-24 所示。

图 5-24　高级设置相关项信息

在弹出的代理服务器列表中输入 localhost:8888，即本机与 8888 端口。请大家务必记住端口号一定与 JMeter 的端口号一致，如图 5-25 所示。

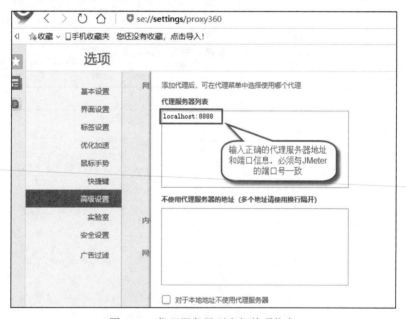

图 5-25　代理服务器列表相关项信息

5.3.10　配置证书

随着信息技术的蓬勃发展，大家的安全意识与日俱增，基于 HTTP 协议的网站已经越来越少，而基于 HTTPS 协议的网站越来越多。那么 HTTP 与 HTTPS 协议有什么差异呢？HTTPS（Hyper Text Transfer Protocol over Secure Socket Layer/Hypertext Transfer Protocol Secure，超文

本传输安全协议）是以安全为目标的 HTTP 通道，它是 HTTP 的安全版。HTTPS 的安全基础是 SSL，因此加密的详细内容就需要 SSL。SSL 依靠证书来验证服务器的身份，并为浏览器与服务器之间的通信加密。

HTTPS 与 HTTP 协议主要有以下几点区别：

（1）HTTPS 协议需要到 CA 申请证书，这个证书能够证明服务器的用途，只有用于对应的服务器时，客户端才信任此服务器。

（2）HTTP 是超文本传输协议，它是明文传输的协议；而 HTTPS 是具有安全性的 SSL 加密传输协议。

（3）HTTP 和 HTTPS 使用的端口也不同，HTTP 使用的是 80 端口，而 HTTPS 使用的是 443 端口。

（4）HTTP 是无状态的协议，HTTPS 是由 SSL+HTTP 协议构建的可进行身份认证和加密传输的协议。

从 HTTPS 与 HTTP 协议的区别，我们不难发现 HTTPS 协议安全性更高。那么如何对基于 HTTPS 协议的应用进行脚本录制呢？需要配置一个 JMeter 自带的临时证书，使得客户端和服务器端都信任它，从而才能正确录制到脚本；否则，录制过程中可能会产生很多问题，这里不再赘述。

下面编者向大家详细介绍如何配置证书。在 360 浏览器选项中，单击"安全设置"选项，单击"管理 HTTPS/SSL 证书..."，在弹出的"证书"对话框中单击"导入"按钮，如图 5-26 所示。

图 5-26　"证书"对话框

在弹出的"证书导入向导"对话框中单击"下一步"按钮，如图 5-27 所示。

图 5-27 "证书导入向导"对话框

接下来，选择证书文件，这里我们选择 JMeter 提供的临时证书（ApacheJMeterTemporaryRootCA），该证书存放在 JMeter 安装路径的 bin 目录下，它的有效期是 7 天。如图 5-28 所示，选中该文件，单击"打开"按钮。

图 5-28 选择要导入的证书文件

选择完证书后，单击"下一步"按钮，如图 5-29 所示。

图 5-29　指定导入的证书文件

在弹出的图 5-30 所示的对话框中选择证书的存储位置，这里我们选择"受信任的根证书颁发机构"，然后单击"下一步"按钮。

图 5-30　指定导入证书的存储位置

在弹出的图 5-31 所示的对话框中，单击"完成"按钮。

图 5-31 "正在完成证书导入向导"对话框

在弹出的图 5-32 所示的对话框中，单击"是"按钮，安装证书。

安装完证书后，将弹出图 5-33 所示的对话框，单击"确定"按钮。

图 5-32 "安全警告"对话框

图 5-33 导入成功

此时在证书中发现，"受信任的根证书颁发机构"页多了一个 JMeter 相关证书，截止日期为"2019-06-17"，今天是"2019-06-10"，也就是 7 天的有效期，如图 5-34 所示。

图 5-34　"证书"对话框

5.3.11　运行脚本录制器

安装完证书后，我们就可以尝试应用脚本录制器录制脚本了。首先启动脚本录制器，选中 "HTTP(S) Test Script Recorder" 元件，单击 Start 按钮，如图 5-35 所示。

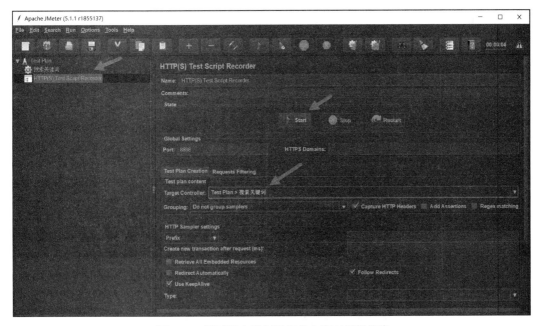

图 5-35　测试脚本录制器相关内容对话框信息

启动脚本录制器后，将弹出图 5-36 所示的对话框，它是对根证书的一个说明，这里我们不需要关注太多。

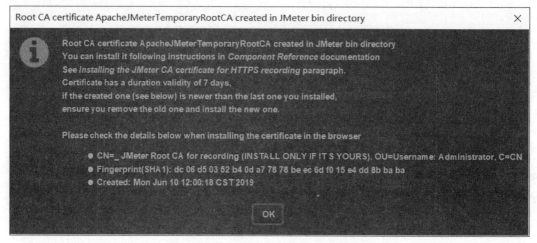

图 5-36　关于证书的相关内容对话框

可以单击 OK 按钮或者不予处理，该对话框也会在不久后自动关闭，然后在计算机屏幕的左上方会出现一个对话框，如图 5-37 所示。

图 5-37　事务控制对话框

图 5-37 是一个关于事务前缀定义等相关内容的对话框，不是我们考察的内容，所以不予关注和处理。

打开 360 浏览器，在地址栏中输入 https://www.sogo.com，然后在百度页面输入搜索关键词"软件测试"，并单击"搜索"按钮，如图 5-38 所示。

图 5-38　搜索"软件测试"关键词信息

接下来，单击图 5-37 中的 Stop 按钮，停止录制，并返回到 JMeter 工具的主界面，如图 5-39 所示。

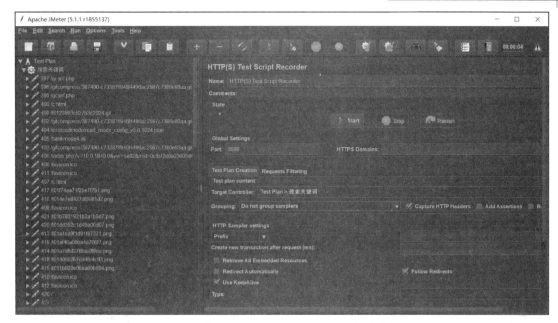

图 5-39　搜索"软件测试"关键词产生的脚本信息

从图 5-39 可以看到，在"搜索关键词"线程组下出现了很多录制下来的脚本信息，可以粗略地看到有 GIF、ICO、PNG 等图片文件。而且不仅有搜狗相关内容，还有 360 浏览器的安全扫描等信息，这些信息显然不是我们想要录制到 JMeter 脚本中的内容。下面有两种方式来处理这种情况：一种是将不需要的脚本内容给剪切掉；另一种是在脚本录制前设置过滤条件，在录制时自动忽略不录制的内容，当然这种方式不一定能剔除想要过滤掉的所有内容，但起码能减轻删除这些无用请求的很大一部分工作量。

我们不妨来对比一下，当前录制产生的脚本数量为 52 条，如图 5-40 所示。

图 5-40　录制搜索"软件测试"关键词产生的脚本信息

接下来，我们单击选中 HTTP(S) Test Script Recorder 元件，切换到 Requests Filtering 页，在 URL Patterns to Exclude 中添加一条，对以 js、css、json、jpg、ico、png、gif、ini、php、dat 为后缀的文件内容不予录制。这里我们应用一个正则表达式，其内容为 ".*\.(js|css|PNG|jpg|ico|png|gif|php|dat|svg).*"，如图 5-41 所示。

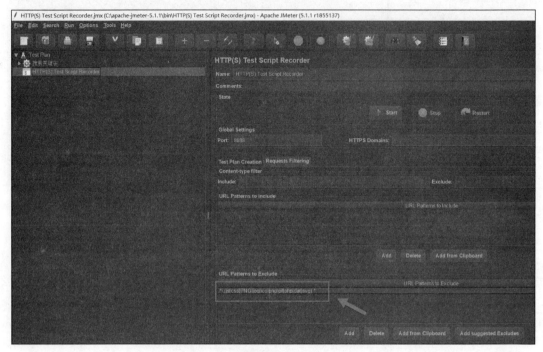

图 5-41　设置过滤内容的相关内容

然后删除产生的所有脚本内容，再次录制一份一模一样操作的业务，来查看生成的脚本数量是否会发生变化。

我们发现再次录制产生的脚本数量为 12 条，如图 5-42 所示。

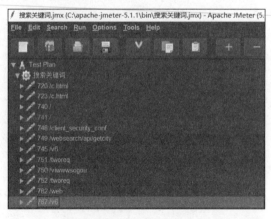

图 5-42　设置过滤内容后重新录制产生的脚本信息

与 52 条脚本信息相比，简单的一个设置就减少了 70%以上的工作量，是不是很值得呢？当然，还可以继续设置过滤条件来减少无用脚本的录制。而有一些脚本是无法避免录制的，如图 5-43 所示。这是在访问搜狗首页时，工具自动捕获地域信息后发送请求产生的结果。

图 5-43　获得地域信息的脚本信息

最后，可以继续对剩余的请求进行优化，剔除与本次性能测试无关的请求项，保留的脚本信息，如图 5-44 所示。

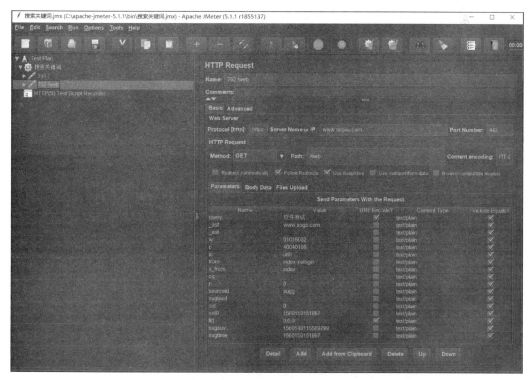

图 5-44　最终保留搜索"软件测试"关键词产生的脚本信息

现在又出现了一个新的问题，如何再次执行脚本并验证是否按照之前的预测删掉其他无关脚本后，脚本执行正确呢？

5.3.12　添加监听器

我们剪切掉无用的脚本后，右击"搜索关键词"线程组，选择 Add→Listener→View Results Tree 选项，如图 5-45 所示。

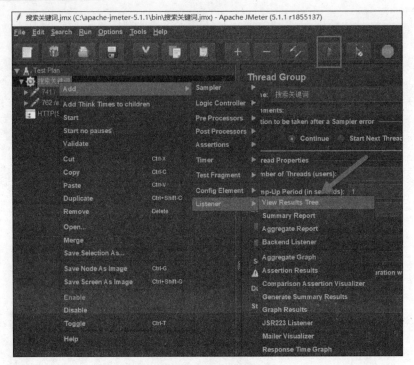

图 5-45　添加查看结果树元件

接下来，单击图 5-45 中的"运行"（即绿色的三角）按钮，开始回放脚本。运行完成后，单击 View Results Tree 元件，就能看到图 5-46 所示的界面。

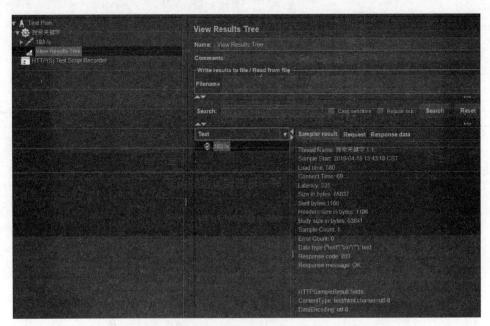

图 5-46　查看结果树相关信息

默认情况下，结果信息的展示是以 Text 方式展现的，为了查看更加直观，可以切换成 HTML 方式，然后单击 Response data 页，就可以看到页面的展现效果了，如图 5-47 所示。

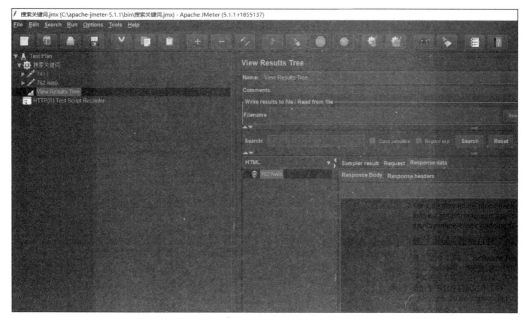

图 5-47　以 HTML 方式展现响应数据的相关结果信息

我们可以看到这个显示结果和真实的在搜狗手动执行，产生的结果是完全一致的。

5.3.13　添加检查点

查看响应数据后与实际搜索结果进行对比十分麻烦。在自动化测试或者性能测试工具中都有一个检查点的概念，在单元测试中也对应有一个方法——断言，我们能不能在 JMeter 中加入一个类似的元件，从而方便我们直观地知道哪些结果是对的，哪些是错的呢？答案是必须有！可以添加一个断言元件来实现这个目的。右击"搜索关键字"线程组，选择 Add→Assertions→Response Assertion 选项，如图 5-48 所示。

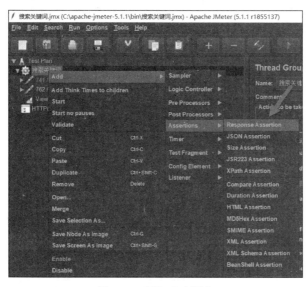

图 5-48　添加响应断言

如图 5-49 所示，添加响应断言后，可以添加一个文本响应断言，即如果响应数据中包含某个文本，我们就认为它成功地执行了；否则就是错误的。这里我们在模式匹配规则中选择包含（Contains），在模式文本中输入 Software Testing，如图 5-50 所示。

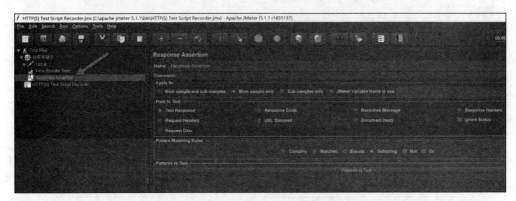

图 5-49　添加响应断言后的界面展现信息

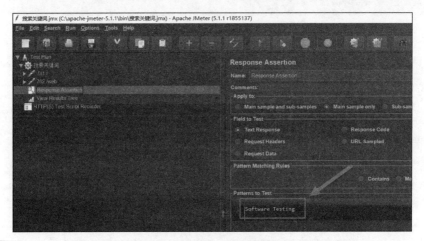

图 5-50　响应断言设置相关信息

当然，在设置包含文本时，必须确认一定有这个文本，并且这个文本尽量唯一，以防止结果错误，但包含该文本的情况发生。如图 5-51 所示，Software Testing 存在且在该结果信息中唯一。

图 5-51　搜索"软件测试"关键词后的响应数据相关信息

接下来，需要调整响应断言元件的位置，拖动该元件，将其放置到搜索关键词请求后，如图 5-52 所示。

图 5-52　调整响应断言后的脚本相关信息

如图 5-53 所示，当设置的断言与实际响应结果一致时，以绿色对号图标显示；当不一致时，以红色的叉号图标显示，并显示失败的原因。结合本例，编者故意在 Software Testing 中添加了"成功"两个字，因为响应数据中不包含这个文本，因此报错。

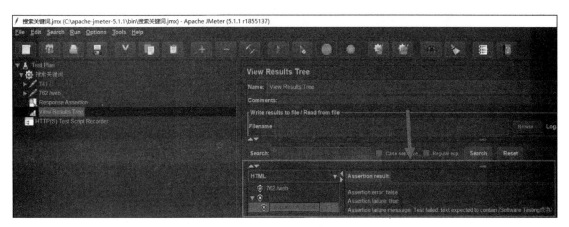

图 5-53　断言的成功及失败相关信息

这样就很直观地知道哪些接口正确执行，哪些执行失败了。对于失败的脚本，需要检查失败的原因。

5.3.14　线程组设置

前面我们已经调试好了脚本，但做性能测试通常是多个用户执行，比如：现在想看一下在 5s 加载 50 个用户，每个用户都进行 10 次迭代访问搜狗首页并查询"软件测试"关键词，搜狗网站是否能够 100%响应成功，同时要求平均响应时间小于 550ms。

结合这个需求，可以切换到"搜索关键词"线程组，然后设置线程数为 50，线程启动开始运行的时间间隔为 5s，循环次数为 10，如图 5-54 所示。

图 5-54 线程组设置相关信息

5.3.15 结果信息分析

如果还希望了解一些性能（如响应时间、吞吐量等）相关内容或者更加直观地看到接口执行结果信息，可以添加图 5-55 所示的 Summary Report、Aggregate Graph 和 View Results in Table 监控元件。当然 JMeter 工具提供了很多元件和功能，大家还可以根据自己的需要添加更多的元件，这里不再赘述。

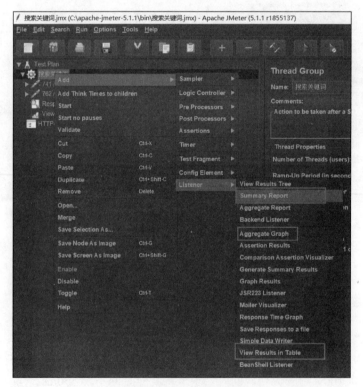

图 5-55 添加 3 个监控元件

当再次回放 JMeter 脚本后，将产生概要报表（Summary Report）信息，如图 5-56 所示，相关项说明表见表 5.5。

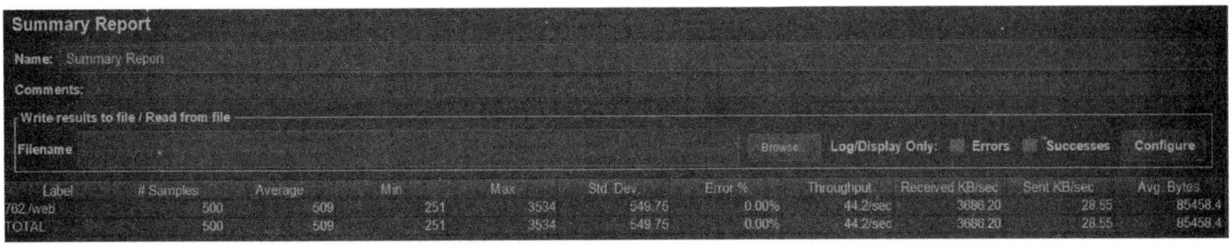

图 5-56　概要报表相关输出信息

表 5.5　概要报表相关项说明表

相关项	简要说明
Label	取样器别名
#Samples	取样器运行次数
Average	请求的平均响应时间
Min	最小响应时间
Max	最大响应时间
Std.Dev.	响应时间的标准偏差
Error %	业务（事务）错误百分比
Throughput	吞吐量
Received KB/sec	每秒流量，其单位为 KB
Avg.Bytes	平均流量，单位为字节（Byte）

当再次回放 JMeter 脚本后，将出现表格形式结果（View Results in Table）信息，如图 5-57 所示，其相关项说明表见表 5.6。

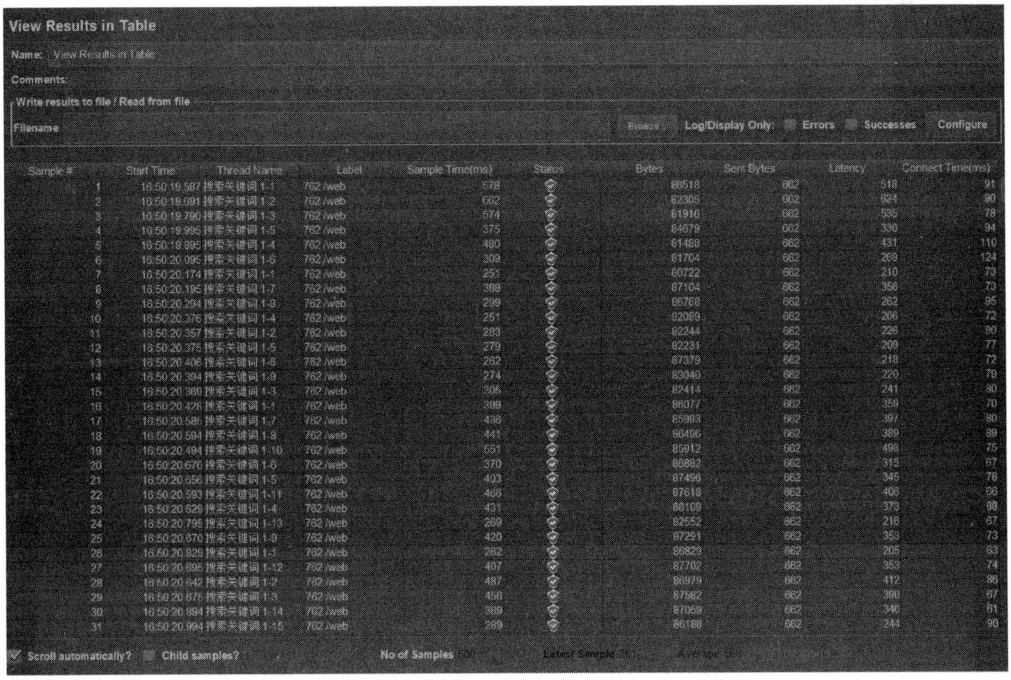

图 5-57　表格形式结果信息

表 5.6　表格形式结果相关项说明表

相关项	简要说明
Sample #	取样器运行编号
Start Time	当前取样器运行的开始时间
Thread Name	线程名称
Label	取样器别名
Sample Time(ms)	服务器的响应时间，单位为毫秒
Status	状态（成功为绿色图标，失败为红色图标）
Bytes	响应数据
Sent Bytes	发送数据
Latency	等待服务器响应耗费的时间
Connect Time(ms)	与服务器建立连接耗费的时间

　　JMeter 还提供了一些图表的展示，聚合图可以让我们更加直观、清晰地看到响应时间相关信息，如图 5-58 所示。

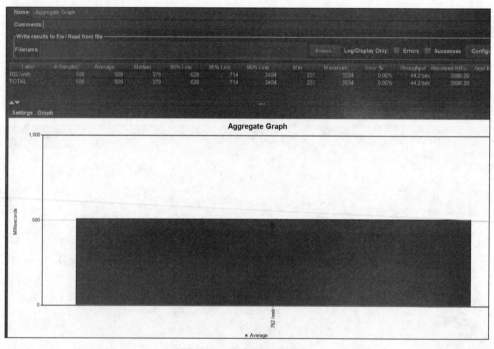

图 5-58　聚合图相关信息

　　从上述 3 个性能测试输出的报告，我们能非常清楚地看到共发出了 500 次搜索关键词的请求，并且所有请求和响应结果都正确，即业务成功率为100%，平均请求的响应时间为509ms，满足前面设定的平均响应时间小于550ms 的要求。但从图 5-58 中我们也可以看到，至少有 10%以上的用户在搜索关键词时响应时间超过628ms，有 1%左右的用户甚至要 3.404s 才

扩展阅读：JMeter
应用领域介绍

能得到响应结果，最长的需要 3.534s 才给出响应结果信息。

5.4　项目案例

　　一个好的 Web 界面会使操作者拥有简单、舒适等良好的用户体验。每个 Web 系统的页面的组成部分基本相同，一般都包含 html 文件、JavaScript 文件、层叠样式表、图片等。Web 界面测试的目标之一是系统的各控件及其属性符合标准。图 5-59 所示为"香霖网上书城"的图书添加界面，主要由文本框和下拉列表框构成。

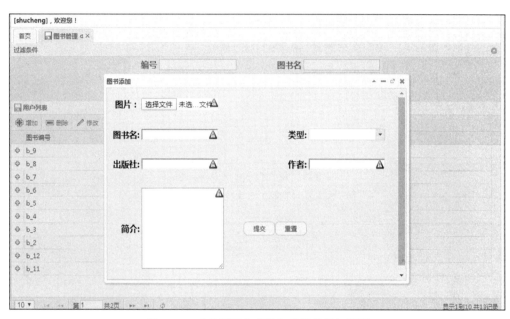

图 5-59　"香霖网上书城"的图书添加界面

1．文本输入控件的测试

文本输入控件的测试方法见表 5.7。

表 5.7　文本输入控件的测试方法

序号	测试角度	测试内容
1	默认值	默认值是否正确
2	必填标识	必填项是否有必填标识（如图书名、出版社等输入项）
3	输入值	能否输入正常的文字
4	对齐方式	输入字符的对齐方式是否符合项目共通约定或用户习惯（例如文字左对齐，数字右对齐）
5	超长字符	输入超长字符，检验程序是否能够正常处理（特别注意输入的字符数与字节数的区别）
6	空格处理	输入空白、空格后能否正确处理
7	文字类型	若只允许输入某类文字（例如字母或数字）等，输入其他未允许字符进行检查

序号	测试角度	测试内容
8	非正常录入	利用复制、粘贴等操作强制输入程序不允许输入的数据，程序是否能够正常处理
9	特殊字符	输入特殊字符是否能够正确处理（所有的特殊符号、如果是 Web 页面，一些特殊的 Html 标签等）
10	数字格式	必须输入数字时，输入数字后是否需要转换为千分符分隔形式（如 999,999,999）
11	负数检查	必须输入数字时，是否能够输入负数
12	最大值	必须输入数字时，输入的数值超过最大值时提示是否正确
13	整数范围	必须输入数字时，输入的数值超过整数范围时提示是否正确
14	数值精度	必须输入数字时，输入的数值精度是否符合业务需求
15	数值运算范围	必须输入数字时，如果需要几个数值运算后的结果，是否单个数值不超出范围，但运算后的结果超出定义的范围
16	电话号码文字	必须输入电话号码时，是否能够输入数字、"-"以外的文字
17	电子邮件	必须输入电子邮件时，是否检查了电子邮件格式
18	不可编辑	不可编辑时是否进行了灰色显示处理，是否不能放置焦点
19	唯一性	编号、名称等业务要求不可重复的项目是否做了唯一性检查（输入或保存时）

2. 下拉列表框控件的测试

下拉列表框控件的测试方法见表 5.8。

扩展阅读：Web
应用测试

表 5.8　下拉列表框控件的测试方法

序号	默认值	默认值是否正确
1	必填标识	必填项是否有必填标识
2	列表内容	列表内容是否正确
3	排序	列表中各项目排序是否合适
4	滚动条	列表过长时是否提供了滚动条
5	对齐方式	列表中文本的对齐方式是否符合项目约定或用户习惯（一般为左对齐）
6	长度	下拉列表框的长度是否合适，即是否会出现显示不全的现象
7	长度可变	选择框的长度是否可变（根据项目需要，如果可变，需要特别注意选项为空或特别长时页面整体布局不被影响）
8	键盘操作	下拉列表选项获得焦点后，是否可以进行键盘操作（主要包括向上/向下箭头、Home、End 等）
9	联动	下拉菜单联动时（如 A 联动 B），是否选中菜单 A 以后，菜单 B 随着变化，特别注意页面刷新时联动状态是否能够正确保持

本章小结

本章主要从 Web 应用功能测试和 Web 应用性能测试两个核心的软件测试分类入手，理论联系实践，介绍了如何应用等价类、边界值用例设计方法进行功能测试，以及对开源性能测试工具 Jmeter 进行介绍，并以搜狗搜索关键词的案例为主线，详细介绍了 JMeter 工具在性能测试中的应用。

课后习题

一、简答题

1．划分等价类的原则包括哪些内容？
2．边界值用例设计时，选择测试用例的原则是什么？
3．简述应用 JMeter 进行性能测试的过程。

二、设计题

访问老板库管（即 https://bossku.cn），添加一个名为"富士苹果"的商品，操作步骤如图 5-60 所示，具体添加商品的信息如图 5-61 所示。

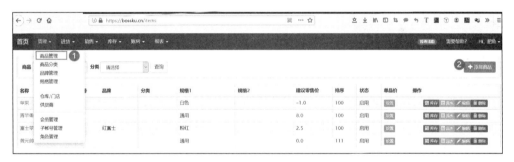

图 5-60　添加商品的操作步骤

图 5-61　添加商品的信息

然后新建一张空白进货单，对"富士苹果"商品进货，具体操作步骤如图 5-62 所示，接着针对图 5-62 所示的界面标号为"5"的页面中各文本框（即数量、单价、折扣和折后价），运用已掌握的用例设计方法进行用例设计与执行，以列表方式写出测试用例，同时将发现的缺陷记录下来。

图 5-62　进货单相关操作信息

第6章　移动 App 测试

我们处于一个移动互联的时代，多数人拥有移动设备，包括智能手机、平板电脑等。不难发现，人们使用移动设备的时间比使用电脑的时间长，移动设备成为网民的主要上网设备，因此移动应用变得非常重要且流行。那么移动应用测试与传统软件测试的区别是什么？移动应用这么多，我们如何做移动应用测试？本章主要解决这些问题。

本章要点

- 移动 App 功能测试：移动 App 服务端接口测试、移动 App UI 自动化测试
- 移动 App 性能测试：Web 前端性能测试、App 端性能测试、后台服务性能测试
- 移动 App 专项测试：流量测试、用户界面测试、耗电量测试、稳定性测试、兼容性测试和安全性测试
- 移动 App 用户体验测试：按用户分类进行测试、A/B 对比测试、众测
- 移动 App 自动化测试框架：Android 自动化测试框架、iOS 自动化测试框架

6.1　移动 App 测试概述

移动通信和互联网成为当今世界发展最快、市场潜力最大、前景最诱人的两大业务，移动互联网将移动通信和互联网结合起来。随之而来的移动互联网应用也缤纷多彩，娱乐、商务、信息服务等各种各样的应用开始渗入人们的生活，深刻地改变了人们的生活方式。Talking Data 的统计数据显示，2019 年 5 月我国活跃移动终端数已超过 7.5 亿，移动 App 测试越来越重要。

随着移动企业应用的普及，各行各业的移动应用测试需求与日俱增，包括移动办公、银行、证券业的移动支付以及旅游业应用等，这些需求可以来自运营商/移动应用开发商、移动终端厂商、互联网运营商、应用开发企业等。移动应用的测试类型涉及功能性测试、性能测试、安全性测试、稳定性测试、兼容性测试等及非技术性测试；众多移动应用及其推向市场的快速响应需求，以及移动终端使用的便利性，对测试的质量和响应速度提出了更高的要求。

移动 App 测试是指对移动应用进行测试，包括手动测试和自动化测试等。开发的每项新功能都需要进行测试。移动 App 测试中功能测试是一个重要方面，测试人员应进行手动测试和自动化测试等。刚开始测试时，测试人员必须把移动 App 当作"黑盒"一样进行手动测试，观察提供的功能是否正确且如设计的一样正常运作。除了经典软件测试，测试人员还必须执行更多功能的移动设备专项测试。移动设备的种类这么多，测试时要覆盖所有是不可能的，所以

功能测试时要更加关注 App 的核心功能。

除了移动 App 的手动测试，测试自动化对移动 App 也很重要。每个代码变化或新功能都可能影响现存功能及其状态。通常手动测试时间不够，所以测试人员不得不找一个工具进行自动化测试。现在市面上有很多移动自动化测试工具，有商业的也有开源的，面向不同平台，如 Android、iPhone、Windows Phone 7、BlackBerry 等。

App 自动化测试是指针对 Android 或 iOS 系统的软件应用程序做的自动化测试。App 自动化测试的特点如下：

（1）执行自动化测试只能发现少部分 Bug。

（2）执行自动化冒烟测试或回归测试用来验证系统处于正常工作状态，而不是找出更多 Bug。

（3）执行自动化测试可以让测试人员有更多的时间来关注复杂场景，做更多深层次的测试。

（4）自动化执行过程中也会发现一部分 Bug，发现后要及时记录。

移动 App 测试有哪些特点呢？因为移动应用主要是面向个人消费者的，竞争非常激烈，这就要求能够快速发布、不断更新版本，从软件工程角度来看，就是迭代速度快，要求测试也能快速反馈产品质量。除此之外，还包括如下特点：

（1）设备型号、品牌碎片化严重。不同型号体现了操作系统版本、屏幕尺寸、分辨率等的不同，这给移动 App 的兼容性测试、易用性测试带来极大的挑战。

（2）手机电池容量有限，需要进行耗电量的测试；移动应用的移动网络连接不够稳定，很多场合还要考虑流量费用，这些都可以看作手机的专项测试。

（3）手机测试还要特别注意用户体验、安全性、个人隐私等问题。

对于移动 App 测试，除了针对代码的单元测试、系统功能测试之外，还要考虑下列非功能测试：

（1）兼容性测试：包括硬件差异、操作系统版本等。

（2）耗电量测试：可以通过仪器来检测，也可以通过判断计算效率是否是最优的来进行评估。使用 App 时检查一下电量，如可以测试设备每 10min 检查一下电池使用情况，观察电量的变化来确定该 App 是否很耗电。还可以在低电量时把 App 安装到设备上并运行 App，观察会发生什么。

（3）网络流量测试：在使用 App 时，观察网络流量的使用情况、数据传输是否压缩、是否只传输必要的信息等。

（4）弱网测试：观察在低速无线连接、不同网络间的切换情况下，软件容错性、稳定性如何；在无网络的情况下，App 是否支持离线操作。

（5）性能测试：在移动设备端，主要通过内存、进程占有 CPU 资源等分析来完成任务。例如，将新版本与当前版本做比较，观察性能的变化。

（6）稳定性测试：移动 App 长时间运行是否会出现闪退问题或崩溃问题。

（7）实用性测试：如走进一家咖啡馆或餐厅，询问里面的用户移动 App 的使用情况，收集反馈意见，看用户是否能很好地使用该版本的新功能，以便得出用户的真实感受，后续及时调整 App。

（8）安全性测试：移动设备/智能终端的安全性是一个需要考虑的重大问题，特别是在越来越多的业务功能和流程采用移动方式的情况下。移动应用提供对信息的访问能力，并让用户能够像连接至物理网络一样完成敏感的事务处理。

（9）本地化测试：是指对各种不同语言的移动应用产品的测试，如英文版、中文版等，包括程序是否能够正常运行、界面是否符合当地用户操作习俗、快捷键是否正常起作用等，特别测试在 A 语言环境下运行 B 语言版本的 App，看显示是否正常。

（10）测试 App 的安装和卸载过程：特别需要注意的是测试从老版本升级为新版本的过程，是否存在数据被清除了或者本地数据发生了改变的情况，否则会引起一些严重的迁移问题。

6.2 移动 App 功能测试

随着智能机的发展，移动 App 测试越来越重要，其中功能测试仍然是基础和重点。移动 App 和 Web 的功能测试方法没有特别之处，前面章节讲解的用例设计方法依然适用，这里不再赘述。如果仅依靠纯手工的测试执行，很快测试就会面临瓶颈，通常情况下，每个功能都不是第一次提交测试后就能测试通过的，所以需要 Bug 修复、验证以及回归的过程。另外，有很多的测试工作手工做起来非常烦琐。随着敏捷及 DevOps 被越来越多的企业应用，产品快速迭代、快速反馈已经被越来越多的团队接受，这些都依赖于测试自动化的开展。针对移动互联网的产品，本章主要介绍两个方面的自动化，一个是基于服务端接口的自动化，另一个是基于客户端的自动化。

6.2.1 移动 App 服务端接口测试

自动化测试金字塔最早由 Mike Cohn 在 2009 年的著作 *Succeeding with Agile: Software Development using Scrum* 中提出。在这本书中，自动化测试金字塔被定义为一种三层的金字塔形结构，如图 6-1 所示。自下往上分别是单元测试、服务/接口测试和用户界面测试。这种下宽上窄的三角形结构代表各层自动化的投入分配应该是底层的单元测试最多，服务/接口测试居中，用户界面层最少。单元测试是自动化测试策略稳固的根基，能够

图 6-1 自动化测试金字塔

提供最快的反馈，在开发过程中可以对逻辑单元进行验证。最上层是用户界面测试，通常用户界面是脆弱的，测试和修改的经济成本及时间成本较高。中间的服务/接口层是为了过渡用户界面和程序单元而设计的，通过对服务进行测试，而不是对用户界面进行测试，可以极大地缩短时间和成本。接口测试是针对业务接口进行的测试，主要测试内部接口功能实现是否完整，表现为内部逻辑是否正常、异常处理是否正确。接口测试的主要价值在于接口定义相对稳定，不像用户界面会经常发生变化，所以接口测试比较容易编写，用例的维护成本也相对较低。接口测试的性价比相对较高。

扩展阅读：自动化测试金字塔

绝大多数移动 App 应用都依赖大量的后台接口提供的服务来完成，业务逻辑的处理主要放在服务器上完成，在设备前端更多的是界面效果的渲染。移动 App 应用可以先针对应用接口进行测试。

1．接口测试的概念

接口测试主要用于检测外部系统与系统之间以及内部各子系统之间的
交互点。测试的重点是检查数据的交换、传递和控制管理过程，以及系统
间的相互逻辑依赖关系等。

接口测试

随着业务系统越来越复杂，手工测试成本越来越高，且测试效率不高。接口测试相对容
易实现自动化持续集成，且接口相对图形界面来讲也比较稳定，执行效率高，可以减少人工回
归测试的人力成本与时间，缩短测试周期，支持服务端快速发版的需求。现在很多系统前后端
架构是分离的，从安全层面来说，只依赖前端对数据的校验已经完全不能满足系统的合法性、
安全性等要求，需要后台（服务器端）同样进行校验和控制。在这种情况下就需要从接口、协
议层面进行验证，因此需要进行接口测试作为必要的测试补充。

2．接口的概念

接口一般有两种：程序内部的接口和系统对外的接口。程序内部的接口是方法与方法之
间、模块与模块之间的交互，是程序内部提供的接口。例如：在 BBS 系统中发帖前需要先登
录，那么发帖和登录这两个模块就有交互，就会提供一个接口，供内部系统调用。系统对外的
接口是从其他网站或服务器上获取资源或信息时，对方不共享数据或者处理的业务逻辑，而是
提供给我们一个写好的方法来获取数据，引用接口就能使用该方法。

接口其实是前端页面或 App 等调用与后端做交互用的，那么功能都测好了，为什么还要
测接口呢？我们先来看一个例子，测试用户注册功能，规定用户名为 6～18 个字符，包含字母
（区分大小写）、数字、下划线。首先，功能测试时肯定会对用户名规则进行测试，比如输入
20 个字符、输入特殊字符等，但这些可能只是在前端做了校验，后端没做校验。如果有人通
过抓包绕过前端校验直接发送到后端，那么就可以随便输入用户名和密码。如果通过 SQL 注
入等手段来恶意进行登录，不仅可以成功登录，有时甚至可以获取管理员权限，那么系统就会
出现严重的问题，如泄露核心数据、越权操作等。因此接口测试是必要的，主要体现在以下几
个方面：

（1）接口测试可以发现很多页面操作发现不了的 Bug。

（2）接口测试可以检查系统的一些异常处理能力。

（3）接口测试可以检查系统的一些安全性、稳定性等。

接口协议分为 HTTP、WebService、Dubbo、Thrift、Socket 等类型。较常见的是基于 HTTP
和 WebService 协议的接口，应用最多的是 HTTP 协议的 POST 和 GET 请求方法。

HTTP 请求包括 Headers、Url、Params、Body 值等，例如：

> 参数 1 = 值 2 & 参数 2 = 值 2
> https://passport.cnblogs.com/user/signin?ReturnUrl=http%3A%2F%2Fwww.cnblogs.com%2F
> 返回的数据基本都是 Json 格式，例如：
> {"msg" : "系统繁忙，请稍后再试", "state" : "3720001"}

3．接口测试的内容

（1）状态检查：请求是否正确，比如默认请求成功是 200 或 success，如果请求错误，则
返回 404 等错误。

（2）检查返回数据的正确性与格式：JSON 是一种常见的格式，也可以是 Xml 格式。

（3）边界和异常扩展检查：参数字段默认值；参数字段是否必填、是否为空检查；参数字段携带错误值；接口字段多少的检查（如 5 个字段变成 8 个字段等）；字段类型的检查（如 Int 型变成 String 型时如何判断）；限制条件（如淘宝店铺名重复、店铺名长度超过 20、短信验证码次数超过 5 次等）。

（4）流程接口测试：如购物流程，依次调用登录，将商品加入购物车，支付接口。同样要依照这些接口的逻辑流程进行接口测试，通常前一个接口会动态产生一个特定的数据关联下一个接口。比如登录接口后会有特定的 token，供接下来的购物等接口调用，然后提交订单接口会产生一个特定的 orderid，供下一个支付接口调用。

常见的接口测试工具有 JMeter、Postman 和 Fiddler，Mac 上使用 Charles。

（5）平台/版本的验证。

（6）开关验证。开关验证包含不同功能开关、各种降级开关和灰度策略配置开关等。

4．接口测试的方法

日常业务测试中提供给客户端的接口主要是基于 HTTP 协议的接口，所以测试接口时主要是通过工具或代码模拟 HTTP 请求的发送和接收。如何进行接口测试主要从以下几个方面进行考虑。

（1）服务端接口用例整体设计。分析测试需求，获取开发接口设计文档；结合需求和接口文档整理接口测试用例，包括详细的入参、出参以及明确的请求和响应报文格式和校验点；与开发人员进行接口测试用例评审；结合需求和接口数据，准备接口测试用例所需的数据；编写接口测试用例的自动化脚本。

（2）接口自动化适用场景。

1）测试前置、开发自测：一个新的自动化接口测试用例开发完成后，开始执行接口测试用例（如果服务器后端未开发完成，则可以应用 MOCK 技术模拟服务器响应数据），基本可以实时拿到测试结果，方便开发人员快速作出判断。

2）回归测试：整个需求手工测试通过后，把自动化的接口测试用例做分类整理，挑选出需要纳入到回归测试中的用例，在持续集成环境重新准备测试数据，并把用例纳入持续集成的 job 中，这些用于回归的接口测试案例需要配置到持续集成平台自动运行。

（3）接口测试持续集成。在回归阶段加强接口异常场景的覆盖度，并逐步向系统测试、冒烟测试阶段延伸，最终达到全流程自动化。

（4）进行接口测试质量评估。包含业务功能覆盖是否完整、业务规则覆盖是否完整、参数验证是否满足要求（边界值、业务规则）、接口异常场景覆盖是否完整、接口覆盖率是否达到要求、代码覆盖率是否达到要求、性能指标是否满足要求（如在大量并发请求、批量操作等情况下的响应时间指标等）、安全指标是否满足要求等。

接口测试的关键是熟悉接口文档（入参/出参）及业务使用场景。接口测试要注意，模拟接口请求一定要符合客户端的实际请求、校验点明确且覆盖全面。

5．接口测试实例

【例 6-1】对豆瓣电影搜索接口（https://api.douban.com/v2/movie/search）进行自动化测试。

【案例分析】测试过程如下：

接口调用示例：https://api.douban.com/v2/movie/search?q=大话西游。

针对豆瓣电影搜索接口的搜索条件 q，我们设计了图 6-2 所示的测试用例。

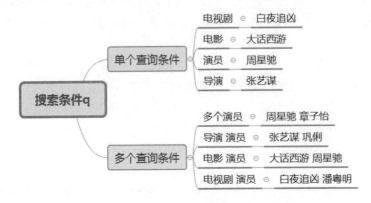

图 6-2 搜索条件 q 的测试用例

根据上面设计的测试用例，使用 python+nosetests 框架编写相关的自动化测试脚本（test_doubanSearch.py）。

首先，使用 requests 库编写上述接口调用方法，对豆瓣电影搜索接口进行封装（列表 qs）；然后在 test_q 方法中使用 nosetests 提供的 yield 方法循环执行列表 qs 中的每个测试集。接口调用代码如下：

```
class test_doubanSearch(object):
    @staticmethod
    def search(params, expectNum=None):
        url = 'https://api.douban.com/v2/movie/search'
        r = requests.get(url, params=params)
        print 'Search Params:\n', json.dumps(params, ensure_ascii=False)
        print 'Search Response:\n', json.dumps(r.json(), ensure_ascii=False, indent=4)
    def test_q(self):
        # 校验搜索条件 q
        qs = [u'白夜追凶', u'大话西游', u'周星驰', u'张艺谋', u'周星驰,章子怡', u'张艺谋,巩俐', u'周
星驰,大话西游', u'白夜追凶,潘粤明']
        for q in qs:
            params = dict(q=q)
            f = partial(test_doubanSearch.search, params)
            f.description = json.dumps(params, ensure_ascii=False).encode('utf-8')
            yield (f,)
```

然后，手工测试接口时需要通过接口返回的结果判断测试是否通过，自动化测试也是如此，如搜索"q=周星驰"，需要判断返回的结果中是否含有"周星驰"。结果校验代码如下：

```
class check_response():
    @staticmethod
    def check_result(response, params, expectNum=None):
        # 由于搜索结果存在模糊匹配的情况，这里简单处理只校验第一个返回结果的正确性
        if expectNum is not None:
            # 期望结果数目不为 None 时，只判断返回结果数目
            eq_(expectNum, len(response['subjects']), '{0}!={1}'.format(expectNum, len(response['subjects'])))
```

```
        else:
            if not response['subjects']:
                # 结果为空，直接返回失败
                assert False
            else:
                # 结果不为空，校验第一个结果
                subject = response['subjects'][0]
                # 校验搜索条件 q
                if params.get('q'):
                    # 依次判断片名、导演或演员中是否含有搜索词，任一个含有则返回成功
                        for word in params['q'].split(','):
                            title = [subject['title']]
                            casts = [i['name'] for i in subject['casts']]
                            directors = [i['name'] for i in subject['directors']]
                            total = title + casts + directors
                            ok_(any(word.lower() in i.lower() for i in total),
                                'Check {0} failed!'.format(word.encode('utf-8')))
```

最后，对上述测试脚本使用 nosetests 命令进行自动化测试。

```
nosetests -v test_doubanSearch.py
```

【例 6-2】某配送 App 的预计送达时间接口为 getPreDeliveryTime()，输入配送距离，输出预计送达时间。当配送距离小于或等于 2km 时，预计送达时间为 60min。针对该分支编写自动化测试用例。

【案例分析】测试过程如下：

测试用例：输入配送距离 1km，输出预计送达时间 60min。

根据上面设计的测试用例，使用 Java+Thrift 框架编写相关的自动化测试脚本。

```java
public class getPreDeliveryTimeCase {
    public void getPreDeliveryTime(String Env_Type) throws Throwable {
        //构造数据
        PreDeliveryTimeParam param = new PreDeliveryTimeParam();
        param.setDistance(1000);
        //接口调用
        PredictTime result=PredictionThriftIfaceApi.getPreDeliveryTime(param);
        //结果校验
        assertTrue("预计送达时间为 60min", result.toString().contains("deliveryTime:60"));
    }
    public static void main(String[] args){
        getPreDeliveryTimeCase t=new getPreDeliveryTimeCase();
        try {
            t.getPreDeliveryTime("test");
        } catch (Throwable e) {
            e.printStackTrace();
        }
        System.exit(0);
    }
}
```

6.2.2 移动 App UI 自动化测试

App UI 层面的自动化也是一项重要的自动化技术，可以快速地进行 App 功能的回归。考虑到功能的变动和维护的代价，实际中投入产出比较高的方式是针对相对稳定的功能进行快速的回归。UI 自动化可能更适合一些基础功能的回归，而不是替代手工的功能测试。接下来讨论如何进行 App UI 的自动化测试。

1. Android 的 UI 自动化技术

在进行 Android UI 自动化测试之前，作为测试人员，应当了解待测 App 的 UI，包括使用了哪些控件、控件的类名、控件的 ID 等。获取这些信息之后才能编写测试脚本，进行自动化测试。Android SDK 提供了一个 UI Automator Viewer 工具来帮助我们获取这些信息。这个工具提供了一个可视化界面展示当前设备上各控件的属性。在熟悉了待测 App 的 UI 以后，我们需要选择一项或多项测试方法来进行 UI 自动化测试。Android 的 UI 自动化测试方法从技术角度来说，大致可以分为以下 5 种：

（1）Instrumentation 测试框架。

（2）UIAutomator 测试框架。

（3）基于 Instrumentation/UIAutomator 的封装。除了上述两个谷歌推出的原生 UI 自动化测试框架外，还有很多基于其封装的 UI 自动化测试框架，其中 Robotium、Appium 使用比较广泛。

（4）基于系统事件的自动化测试。所有 Android 操作系统的输入事件都可以在进入 adb shell 后通过 getevent 获取。基于系统的事件无法对界面上的元素做判断，只能进行一些驱动类型的工作。该方法不能单独用来进行自动化测试，断言部分需要配合 Instrumentation/UIAutomator 测试框架以及基于 Python 语言的 Unittest 单元测试框架或基于 Java 的 TestNG、JUnit 单元测试框架。

（5）基于图像识别的自动化测试。近年来图像识别技术有了一定的发展，测试人员开始研究是否可以将此技术应用到自动化测试中。如果一个 App 的各个元素外观变化不大，而位置变化较频繁，或者内部实现（如 UI 控件类的变化）改变较频繁，使用图像识别编写测试脚本的稳定性可能会较高。另外，如果断言是基于图像的，那么使用图像识别技术做自动化测试会更加方便。

2. iOS 的 UI 自动化技术

主要介绍两个关于 iOS 的 UI 自动化，一个是基于 Instrument 的 UI 自动化，另一个是目前比较常用的 Appium 框架。

（1）基于 Instrument 的 UI 自动化。对于 iOS 的 UI 自动化，Instrument 提供了最基本的自动化测试功能。可以通过 Automation 工具实现基本的自动化测试需求。该工具不需要对 App 做任何修改、插桩，保证了 App 的原生功能，而且对 iOS 的控件支持非常好，还支持暂停、截图等一系列功能，基本上能够满足自动化测试的需要。Automation 支持真机和模拟器两种测试方法。模拟器执行速度快，无需证书，测试门槛低，但是对于一些特定的功能（如相机、跳转）无能为力；而真机 App 的所有功能均能自动化实现，但需调试证书，且执行效率低。Automation 的缺点是没有 Case 管理概念，扩展性不是很好，执行经常会中断。

（2）Appium 框架。Appium（官网为 http://appium.io）是目前比较流行的一个开源自动化测试框架，跨平台、支持原生和混合开发、支持真机和模拟器。Appium 是用 C/S 结构设计的，特点如下：

1）无须任何驱动桩的插入，可直接操作原 App。

2）支持多种语言的脚本开发。

3）含有丰富的 API，支持更多的手机端操作。

4）支持各种测试框架，如 Pytest、TestNG、UnitTest 等。

App 性能测试

6.3　移动 App 性能测试

产品经过了功能层面的验证，还达不到发布的要求，还有很多影响用户体验的问题需要重点关注，比如 App 使用时不流畅，操作时服务端响应慢，高峰期使用时应用频繁报错，莫名闪退，App 使用一段时间后占用内存过高，界面打开速度变慢等。这些问题虽不关乎功能，但很有可能造成用户的流失，影响产品的口碑。所以需要做充分的性能测试来规避相关风险。

性能测试的开展与被测系统的特点密切相关，针对移动互联网产品的构成，简单来说性能可以分为前端性能和后台接口性能，前端又分为 Web 页面和原生的 App 代码。Web 前端的性能测试已经较成熟，Fiddler、FireBug 等工具都能辅助测试。App 端的性能测试在这三项中是最重要的，页面渲染的时间、CPU 的使用情况、内存泄露都会直接影响到 App 的运行性能，甚至导致程序崩溃。测试时可以借助一些工具帮助分析内存使用情况。基于后台服务的性能测试主要是从负载、压力、持久性等方面量化地评估系统的响应时间和容量等指标。

6.3.1　Web 前端性能测试

移动互联网的产品也会直接涉及 Web 的部分，主要有以下两个部分：

（1）M 站也称为触屏版、Touch 版。在计算机浏览器和手机浏览器上输入同一个网站的相同 URL，返回的内容完全不同，这已经是目前非常普遍的做法，主要是考虑手机屏幕的尺寸和流量等情况，返回专门的 M 版本。比如我们在手机打开浏览器访问 www.sina.com.cn，会被自动跳转到 sina.cn，如图 6-3 所示，是针对手机浏览器的版本。大家可以试试自己常在计算机浏览器上访问的一些网站，看是否有针对手机的适配版本。

图 6-3　针对手机浏览器自动适配的网页

（2）很多 App 都是混合方式，既有原生的代码，也有内嵌的网页。比如一些新闻类或者阅读类的 App，可以在登录、列表、订阅等功能采用原生的代码，但是在内容方面直接使用内嵌的 HTML 页面，这样灵活性很大，不用将模板写死，为各种内容的展现提供了便利和灵活性。还有电商的 App，因为会有各种各样的促销活动，这些活动内容和排版布局可能会有非常多的花样，而原生的模板通常有限，如果新增还需要开发、测试和发布，而 App 的发布和更新代价较大，所以该部分通常也是做成 HTML 页面。

基于以上原因，其实在移动互联网的开发和测试中，还是会大量接触到之前 Web 方面的内容，只是此时页面在终端的载体从计算机浏览器变成了手机浏览器或者 App 内嵌的浏览器组件，比如 WebView。

HTTP 前端常用的性能测试工具非常多，比如 Fiddler、YSlow、HttpWatch、Firebug，以及各浏览器基本都自带的开发者工具。在使用过不同工具之后，会发现除个别功能外，大部分前端分析工具提供的信息都差不多。

下面介绍部分常用的工具：

首先，最常用的是浏览器自带的开发者工具。图 6-4 所示是 Chrome 浏览器自带的 PageSpeed 分析工具，在页面加载完成后就可以看到分析的结果，并在数据分析的基础上提供了一个建议。

图 6-4　PageSpeed 分析工具

另外，在线工具 WebPageTest（http://www.webpagetest.org）可以快速获取丰富的信息，并提供一些统计功能。通过统计信息和单个请求的维度，可以很快找到前端性能的瓶颈。在实际项目中，Web 前端性能的优化需要前台、后台多方面的努力。

6.3.2　App 端性能测试

App 端本身的性能是影响用户体验的一个重要方面，包含的内容比较多，例如 CPU、内存的使用情况及如何快速完成页面渲染等，有很多也是与具体的 App 面向的领域相关，比如手游可能涉及游戏 2D、3D 引擎方面的问题。这里重点讨论两个方面，一个是内存问题的分析，另一个是 App 内嵌 Web 组件的性能分析。

1．内存问题的分析

一个好的 App 除了具有优秀的用户体验之外，程序的内存性能也至关重要。虽然用户无法体验到，但是测试人员却无法避开这个问题。一旦发生内存泄露的问题，轻则影响到 App 的运行，重则导致内存告警，甚至程序崩溃。

（1）Android 内存分析。就 App 实际项目的经验来看，Android 平台应用的内存问题比较容易出现，主要症状是内存使用过多，以及因内存不够而导致的崩溃。MAT（可以从官网 http://www.eclipse.org/mat/downloads.php 下载）是一款强大的分析 Android 应用堆内存的工具，可以用它来发现 App 的内存泄露等问题。MAT 中的 QQL 是一个类似于 SQL 的语句，用来查询内存中的对象。使用 QQL 能够精准定位到代码，大大提高了分析的效率。之后通过追踪 GC 根并结合阅读代码，可以进一步将内存问题定位到代码层面。

（2）iOS 内存分析。iOS 的内存管理使用了引用计数器的概念。什么是引用计数器呢？简单来说就是内存空间被引用的次数，当引用计数器为空时，该内存空间才会被系统释放。那么如何申请、释放内存呢？我们知道，在初始化一个变量或给一个空变量赋值时，都会申请内存空间。在 iOS 中，需要关心的三个关键词是 alloc（或 new）、retain 和 copy。当用到这三个关键词初始化变量或者给变量赋值时，就需要释放变量。内存管理属于 iOS 开发人员必须了解的内容，通过了解这些内容，可以帮助测试人员更好地定位 App 中的内存泄露问题。苹果在 iOS 5 中推出了 ARC（Automatic Reference Counting）概念，它的主要功能是自动做释放的操作，开发代码可以省去很多释放的操作语句，大大降低了内存泄露的风险。但是，使用了 ARC 模式开发的 App 不代表就没有内存泄露问题。

2．App 内嵌 Web 组件的性能分析

很多 App 都是采用原生代码和嵌入页面混合的模式，很多比较动态的内容都是通过加载 Web 页面的方式来展现的。以电商 App 为例，很多运营活动都是比较动态的，在 App 上线后再配置出来，而且因为不同的活动需要的模板不同，如果通过原生代码来做，代价会比较大，所以大多通过内嵌的页面实现。从用户可见的功能点来说，这方面占了很大的比重，所以非常有必要关注这一部分的性能问题。下面分别从 Android 和 iOS 的角度来探讨这方面测试。

（1）Android WebView 性能分析。使用 WebView 提供的以下两个 API 进行白盒测试，可以通过修改源代码调用这两个 API 来实现性能分析。

1）setWebChromeClient：主要提供通信相关的通知。

2）setWebViewClient：主要提供 UI、JS 相关的通知。

由于一些情况下开发人员自己也会调用这两个 API，因此在采用调用 WebView 的 API 进行测试时需特别注意，必须在不干扰原有代码逻辑的前提下加上测试代码。在开发没有调用这两个 API 的情况下，可以考虑使用 AOP 等方式进行全局的代码添加以提高测试效率。

（2）iOS WebView 性能分析。iOS 的 WebView 内部引擎与 Safari 不同，由于 WebView 不支持 JavaScript 加速，因此 WebView 的性能比 Safari 的性能差很多。好的 WebView 设计能够让用户有非常好的操作体验，那么如何测试获取 WebView 的性能指标呢？

1）可以在 WebView 的 loadRequest 方法执行后埋入初始时间代码，接着在 WebView 的 -(void)webViewDidFinishLoad:(UIWebView *)webView 委托方法中插入结束时间代码，通过计算时间差可以得到 WebView 的加载时间。这个加载时间只是 WebView 的初始化过程的消耗时间。从用户角度来说，刚看到这个 WebView 的内容而已，毕竟如果各 WebView 内容很多，滑动下拉的过程中，资源请求、重新计算 DOM、重新渲染等性能数据就无法得知了。初始化过程太长会导致用户看到的整个 Web 页是白屏，影响用户体验。

2）现在很多页面都实现了异步调用，比如显示图片，只有用户下拉到其显示位置，App 才会请求该资源。这样做的好处很明显，一是减少了 Web 页的初始化时间，二是节约流量。

那么，如何获取这些资源请求的性能数据呢？可以通过 Fiddler 抓包去查看请求从开始到响应的消耗时间。当然，这个性能数据只是从网络层面进行的性能分析，如果性能数据不理想，那么极有可能是 Server 端出现了响应问题或用户当前网络带宽偏慢，也有可能是网络中的节点出了问题。体现在 WebView 中就是图片区域白屏，图片长时间无法显示，影响用户体验。

3）可以利用 Safari 的 Web Inspector 工具来查看页面元素和布局，该工具支持查看 iOS 设备的 WebView 元素、渲染时间等。其他浏览器通常也有类似的开发者工具可以使用。

提升 WebView 的性能建议如下：

（1）在符合需求的情况下，缓存一切能够缓存的东西，包括 HTML、JS、图片等，这部分的请求耗时与跨度是最长的。缓存后，用户下次进入 Web 页时资源从内存中的加载速度会非常快。

（2）Web 页面做得尽量小，页面元素尽量少。如果 Web 页面太长，用户需要一直下拉滑动，导致大量的布局失效。然后重新计算样式、画图、渲染，这部分也是 WebView 性能下降的原因，直接影响用户体验。

（3）减少复杂的 JavaScript 执行。WebView 的 JS 引擎与 Safari 不同，执行速度慢很多。

（4）桌面端的高性能 Web 页的开发的注意点同样适用于移动客户端。

6.3.3 后台服务性能测试

从整体性能来看，很大部分依赖于后台服务的能力，因为通常很多的功能都依赖于从后台服务接口返回的信息。如果后台服务响应比较慢，即使前端做了非常好的优化，用户体验还是不好。

性能测试是为了量化地评估被测系统的响应时间和容量等维度的指标。实际执行过程中，根据侧重点的不同可以分为以下几种类型的性能测试：

（1）负载测试：通过逐步增大系统负载，测试系统性能的变化，并最终确定在满足系统的性能指标情况下，系统所能够承受的最大负载量的测试。简而言之，负载测试是通过逐步加压的方式来确定系统的处理能力、确定系统能够承受的各项阈值。例如，逐步加压，从而得到"响应时间不超过 10s""服务器平均 CPU 利用率低于 85%"等指标的阈值。

（2）压力测试：通过逐步增大系统负载，测试系统性能的变化，并最终确定在什么负载条件下系统性能处于失效状态，并获得系统能提供的最大服务级别的测试。压力测试是逐步增加负载，使系统某些资源达到饱和甚至失效。

（3）配置测试：主要是通过对被测试软件的软硬件配置的测试，找到系统各项资源的最优分配原则。

（4）并发测试：测试多个用户同时访问同一个应用、同一个模块或者数据记录时是否存在死锁或者其他性能问题，几乎所有的性能测试都会涉及一些并发测试。

（5）容量测试：测试系统能够处理的最大会话能力。确定系统可处理同时在线的最大用户数，通常与数据库有关。

（6）可靠性测试：通过给系统加载一定的业务压力（如 CPU 资源在 70%~90%的使用率）的情况下，运行一段时间，检查系统是否稳定。因为运行时间较长，所以通常可以测试出系统是否有内存泄露等问题。

（7）失败测试：对于有冗余备份和负载均衡的系统，通过失败测试来检验系统局部发生故障时用户是否能够继续使用系统，用户受到多大的影响。例如几台机器做均衡负载，一台或几台机器垮掉后系统能够承受的压力。

性能测试是一个非常综合性的测试活动，涉及面非常广，包括对被测系统架构、实现和使用方式的理解，对网络、操作系统和数据库等通用计算机技术的掌握，以及对测试工具和常用方法的理解。另外，还需要与不同角色的团队成员进行沟通协调，对测试人员的锻炼和考验也非常大。相对于功能测试给出一个通过与否的结论，性能测试是一个开放性的测试，需要探索给出尽量准确的数据来为业务和研发部门提供有价值的参考信息。

6.4　移动 App 专项测试

专项测试是针对某个特殊问题进行的测试，它是移动互联网产品中的重要测试类型，可以从不同维度发现更多深层次的问题，必不可少。如前所述，移动设备有碎片化问题，要针对不同品牌、不同型号、不同分辨率、不同操作系统版本等进行兼容性测试，但由于设备型号太多，全靠真机完成测试代价太大，一般有以下两种解决方法。

（1）借助模拟器模拟各种版本、各种尺寸、各种分辨率的虚拟设备，在 Android 或 iOS 模拟器上完成测试。

（2）借助云测试服务，例如百度 MTC（http://mtc.baidu.com）等提供的服务，一般具备 1000 种左右的真机供适配测试。

也可以从技术、代码角度进行分析，识别出 App 中哪些地方会带来兼容性问题，有针对性地进行测试。通常没有必要对所有品牌、型号、版本进行测试，而应选择市场占有率较高的品牌、型号、版本进行测试。

除了移动设备碎片化问题，移动 App 还存在其特殊的应用环境，针对这些特殊场景，需要进行一些专项测试，如流量测试、用户界面测试、耗电量测试、稳定性测试、兼容性测试、安全性测试等。

6.4.1　流量测试

使用 App 过程中，很多用户会关心流量用了多少，尤其是在非宽带的流量需要付费时。因此，移动应用程序如何降低流量是必须考虑的问题。除了减少不必要的信息网络传输、对数据传输的数据进行压缩，还需要判断用户连接的是 Wi-Fi 还是 Mobile（2G/3G/4G/5G），如果是后者，在下载比较大的数据包时必须提示，得到用户确认后才能下载，否则不能下载。

如果 App 设计有缺陷，频繁联网去服务端获取信息会导致流量消耗较快，最终导致用户卸载 App。对于 Android 系统，可以通过系统提供的 API 接口获取流量数据；而对于 iOS 系统，可以通过 Instrument 自带的 Network 查看网络流量。当然还有其他方法，比如可以通过手机抓包、Wi-Fi 代理的方式来获取流量数据进行分析。控制流量的策略也有很多，如数据压缩、访问控制、缓存、不同的访问策略和不同的数据格式等，最好在 App 设计之初提前考虑到这些问题，避免后续架构改动较多带来一定的风险。

由于 App 经常需要在移动互联网环境下运行，而移动互联网通常按照实际使用流量计费，因此如果 App 耗费的流量过多，不但导致用户流量费用增加，还会导致功能加载缓慢。

流量测试通常包含以下几个方面的内容：

（1）App 执行业务操作引起的流量。

（2）App 在后台运行时消耗的流量。

（3）App 安装完成后首次启动耗费的流量。

（4）App 安装包本身的大小。

（5）App 内购买或者升级需要的流量。

流量测试往往借助于 Android 和 iOS 自带的工具进行流量统计，也可以利用 TCPDump、Wireshark 和 Fiddler 等网络分析工具。对于 Android 系统，网络流量信息通常存储在/proc/net/dev 目录下，也可以直接利用 ADB 工具获取实时的流量信息。Android 的轻量级性能监控小工具——Emmagee 能够定时采样 App 运行过程中的 CPU、内存和流量等信息。对于 iOS 系统，可以使用 XCode 自带的性能分析工具集中的 Network Activity，分析具体的流量使用情况。流量测试的最终目的并不是得到 App 的流量数据，而是减少 App 产生的流量。

6.4.2　用户界面测试

用户界面（User Interface）是指软件中的可见外观及其底层与用户交互的部分（如菜单、对话框、窗口和其他控件）。用户界面测试（User Interface Testing，又称 UI 测试）是指测试用户界面的风格是否满足客户要求，文字是否正确，页面是否美观，文字、图片组合是否完美，操作是否友好等。UI 测试的目标是确保用户界面通过测试对象的功能来为用户提供相应的访问或浏览功能，确保用户界面符合公司或行业的标准，包括用户友好性、人性化、易操作性测试。UI 测试用户分析软件用户界面的设计是否符合用户期望或要求。它常常包括菜单、对话框及对话框上所有按钮、文字、出错提示、帮助信息（Menu 和 Help content）等方面的测试。比如，测试 Microsoft Excel 中插入符号功能所用的对话框的大小、所有按钮是否对齐、字符串字体大小、出错信息内容和字体大小、工具栏位置/图标等。

UI 测试检查点如下：

（1）页面布局检查，包括下面 6 个检查点。

1）字体、颜色、风格是否符合设计标准。

2）页面的排版、格式是否美观一致，是否符合一般操作习惯。

3）不同的界面中，显示效果是否符合设计要求。

4）不同分辨率下，显示效果是否符合设计要求。

5）页面在窗口变化时显示是否正确、美观。

6）页面特殊效果显示是否正确，各页面的链接情况是否准确，页面元素是否存在容错性。

图 6-5 是 UI 测试中最常见的 UI 错位问题，这种问题要在测试过程及时发现，避免产生不良的用户体验。

（2）权限的检查，包括下面 4 个检查点。

1）菜单权限检查。选取有代表性的用户登录后，显示的菜单是否与设计一致。

图 6-5　UI 错位问题

2）功能权限检查。不同类型的用户或不同的阶段，打开相同页面时，页面提供的功能是否与设计一致。

3）数据权限检查。页面显示的数据是否根据不同的状态与设计一致。

4）同一用户是否允许同时登录系统（根据具体需求而定）。

（3）链接测试。测试所有链接是否通过正确的路径链接到指定的页面上，确保应用到系统中的各页面没有孤立的页面。

（4）页面元素、边界测试及用户体验测试，包括下面 7 个检查点。

1）页面清单是否完整（是否将所需要的页面全部列出）。

2）页面特殊效果（特殊字体效果、动画效果等）。

3）页面菜单项总级数是否超过了三级。

4）边界测试（如操作项为空、非空或不可编辑）。

5）页面元素测试，包括页面元素的文字、图形、签章是否正确显示；页面元素的按钮、列表框、输入框、超链接等外形和摆放位置是否美观一致；页面元素的基本功能、文字特效、动画特效、按钮、超链接是否实现。

6）翻页功能测试，包括首页、上一页、下一页及尾页的测试。

7）页面控件测试，包括文本框（如最大值、正数及小数校验）、字符类型（如特殊字符验证）、特定格式类型（如日期格式、时间格式验证）、按钮控件、复选框、滚动条控件及密码框的测试。

6.4.3　耗电量测试

耗电量测试与流量测试相同，也是用户较关心的一个方面。耗电太快会导致用户流失。Android 系统可以借助第三方 App 来评估手机上各 App 的耗电情况。针对 iOS 系统，还是应用 Instrument 提供的 Energy 工具，从多个维度来查看 App 的耗电情况。同时 iOS 提供了类库，可以获取当前设备电量信息。

耗电量也是移动应用能否成功的关键因素之一。在目前的生态环境下，能提供类似服务或者功能的 App 有很多，如果在功能类似的情况下，App 特别耗电、让设备发热比较严重，那么用户一定会卸载该 App 而改用其他 App。最典型的就是地图等导航类的应用，对耗电量特别敏感。

耗电量测试通常从以下 3 个方面来考虑：

（1）App 运行但没有执行业务操作时的耗电量。

（2）App 运行且密集执行业务操作时的耗电量。

（3）App 后台运行的耗电量。

耗电量测试既有基于硬件的方法，也有基于软件的方法。编者经历过的项目都是采用软件的方法，Android 和 iOS 有各自的方法：Android 通过 adb 命令 adb shell dumpsys battery 来获取应用的耗电量信息。耗电量测试中，Google 推出的 history batterian 工具能够很好地分析耗电情况。

iOS 通过 Apple 的官方工具——Sysdiagnose 来收集耗电量信息，然后通过 Instrument 工具链中的 Energy Diagnostics 进行耗电量分析。

6.4.4　稳定性测试

说起稳定性测试，第一个想到的肯定是 Monkey 测试，Monkey 工具使用起来也比较简单，通过命令就可以执行。当应用程序崩溃或者产生了 ANR（Application Not Responding），Monkey 就会停止并报错。

稳定性测试的另一个重要方面是移动 App "闪退" 测试。每个使用手机 App 的用户都会或多或少碰到 "闪退" 问题，有时还会遇到一启动某个 App 应用就直接闪退，无法打开的情况，只好将其卸载。"闪退" 问题即应用崩溃（Crash）问题，是移动应用普遍存在的问题，需要加强测试，尽量避免出现这种错误，提高软件的可靠性。因此，减少移动 App "闪退" 问题，需要加强性能、容错性等测试。功能测试和性能测试是基本的测试，前面已经介绍了。这里主要介绍移动 App 的容错性测试。

简单的方法就是收集 "闪退" 问题出现时的相关信息，如用户使用的机型、所做的操作、线程等信息，然后进行事后分析，吃一堑长一智。但是这种方法属于亡羊补牢，不是上策，上策是在产品发布之前就从应用环境、操作、代码等方面进行测试。从代码角度看，开发人员不仅要加强防御性编程的培训和训练，而且要加强单元测试、代码评审，特别是代码互审，能够发现空指针、数组越界及其他异常没有保护等问题。

从移动应用环境来看，测试不要忽略下面场景：

（1）网络连接突然中断，连接不稳定。

（2）网络弱连接，网络连接带宽不够，造成某些操作响应不及时。

（3）不同网络间切换（如 Wi-Fi 切换到 3G）。

（4）离线情况下的操作。

（5）连接数过多。

（6）交互性操作，同时打开有冲突的应用，如用音乐 App 播放音乐时突然来电话。

（7）不支持多指操作的 App，用户做了多指操作。

（8）用户过快连续多次点击。

（9）操作点刚好处在边界上。

（10）屏幕横竖翻转。

6.4.5　兼容性测试

随着 Android 设备的快速增加，不同品牌厂商的迅速崛起，市场出现了大量的碎片化现象。那么 App 如何适配大量的碎片化严重的移动设备（例如手机、平板电脑、电视盒、投影仪、打印机、可穿戴智能设备等）？这个问题一直困扰着各大厂商及研发团队，因此在 App 开发期间要做 App 的设备兼容性测试，来保证所设计开发的产品适配于绝大多数的移动终端。所以兼容性测试是移动 App 开发生产的必不可少的测试环节。

与所有的测试类型相同，不可能在有限的测试人力和时间情况下覆盖所有的场景，对于兼容性测试而言，这里的取舍更加明显。所以在讨论任何兼容性测试技术和方法之前，都必须考虑的一个问题是如何圈定测试范围。

这个问题没有标准答案，因为其取决于产品本身所处的阶段以及对质量的要求。不过有一个思路可以参考，那就是尽量覆盖该产品的主要用户，也就是常说的 Top X 原则。目前可以通过市场一些第三方服务获取到 Top X 的数据（例如 Testin、友盟等），当获取到这些数据后，我们就可以针对于 App 的兼容性测试选取覆盖范围。

兼容性测试，顾名思义就是要确保 App 在各种终端设备、各种操作系本、各种屏幕分辨率、各种网络环境下，功能的正确性。常见的 App 兼容性测试往往需要覆盖以下测试场景：

（1）不同操作系统的兼容性，包括主流的 Android 和 iOS。对于 iOS，截至目前需要考虑 iOS 6、7、8、9、10、11，常见的兼容性主要考虑 iOS 5.1.1（支持 64 位的最低版）；对于 Andoird，截至目前需要考虑 2.3（有少量较老的机型）、4.x、5.x、6.x、7.x、8.x、9.x、10，针对每个操作系统大版本下的小版本，如 Android 4 包括 4.0-4.0.2、4.0.3-4.0.4、4.1、4.2、4.3、4.4 子版本号。如果逐个覆盖，工作量太大，投入产出比太低。除非有明确的直接影响 App 的特性变动，否则不会逐个考虑每个小版本。

（2）主流的设备分辨率下的兼容性。随着显示屏技术的不断提升和更新，手机屏幕的分辨率也在逐步提升。以 Android 为例，截至目前，主流机型的分辨率大致经历了 800×480、960×640、1280×720、1920×1080、2560×1440 等阶段。对于 iOS，相对简单一些，主要考虑最近几代机型对应的分辨率。分辨率的兼容性问题经常会遇到，如果代码没有对不同的分辨率做适配处理，就会出现错位、遮挡、留白、拉伸和模糊等各种问题。一方面需要测试来实际验证，另一方面从设计和代码（比如使用相对布局）层面考虑。

（3）主流移动终端机型的兼容性。例如不同厂家的 ROM，这个主要是 Android 系统的碎片化引起的问题，几乎每家 Android 手机厂商都对 Android 系统进行了或深或浅的定制。实际中也确实遇到过不同厂家 ROM 导致的问题，例如调用相机和一些底层服务出现的不兼容，以及"摇一摇"之类的功能遇到不同手机对于方向和重力传感器灵敏度设置不同导致的问题。通常会采购一些主流厂家的手机型号，并在上面验证功能。

（4）同一操作系统中，不同语言设置时的兼容性。

（5）不同网络连接下的兼容性。涉及 App 中对不同网络的策略，以及对不同网络的带宽、延迟和稳定性的处理。目前，我们通常考虑 Wi-Fi、2G、3G、4G 及 5G 下的功能情况。

（6）在单一设备上，与主流热门 App 的兼容性，如微信、抖音及淘宝等。

针对上面提到的兼容性问题，基本的做法就是根据 App 用户的特征挑选出要覆盖的范围，然后购买相关的测试设备，在功能测试中抽出一部分时间做兼容性测试。实际中为了效率，不太可能逐个测试用例在每个兼容性的维度，因为功能用例数直接乘以设备数，其结果是无法承受的测试工作量。通常会选择在少数主流设备上执行全量的用例，在其他兼容性范围内的设备上覆盖主要功能的用例。项目执行过程中为了更好地跟踪和了解进展，可以通过表格的形式来维护不同功能点的兼容性测试情况。在 Bug 管理方面，可以增加对应的选项，在测试人员提交 Bug 时记录，以便后面进行统计和经验总结。

传统的兼容性测试需要开发者自备设备，并通过自动化调度或者人工的方式进行测试。这其中涉及的真机购买、部署运维的成本相对较高。随着新的 App 云测试技术的出现，可以合理运用市场上的云测试平台的智能终端设备来帮助我们进行兼容性测试。

6.4.6　安全性测试

移动 App 的安全性测试也非常重要，做好安全性测试有很多挑战。涉及软件的安装和卸载安全、功能权限设置、数据安全、通信安全、用户接口安全等各个方面，既有传统的安全性问题，如 HTTP 数据传输、用户数据的存储等安全性，以及内嵌 Web View 所带来的各种 Web 安全性问题；也有一些特殊的安全性问题，如软键盘劫持、不同 App 之间授权、通讯录的不适当访问、用户地理位置信息泄露等。这里简单介绍移动 App 面对的一些新的安全性问题。

应用软件安全性测试，关键要确保敏感信息不被泄露。例如在移动 App 的安全性测试中，以手机通讯录为测试对象。App 应用第一次访问通讯录时，必须先询问系统是否允许当前程序访问，等待作答。iPhone 要求更严，在 iOS 7 及更高版本中，如果不屑询问，可能导致应用崩溃。所以，在 iOS 中一般会有如下代码：

```
if (ABAdBookGetAuthorizationStatus()!= kABAuthorizationStatusAuthorized) {
    NSLog(@"不允许访问通讯录");
    Return;
}
```

不仅是通讯录，访问手机通话记录、相册等数据、获取用户地理位置信息、向用户推送数据等也都需要征求用户的同意。此外，还要检查应用 App 是否能够恰当处理以下内容：

（1）限制/允许使用手机功能接入互联网。

（2）限制/允许使用手机发送接收信息功能。

（3）限制/允许使用手机拍照或录音。

（4）限制/允许应用程序注册自动启动应用程序。

要对 App 的每个输入进行有效性校验，然后检查是否进行了必要的认证、授权，对敏感数据传输和存储是否进行了加密等。在手机端，一般通过 HTTP 进行连接，采用 HTTP+SSL 的连接比较少，要求数据传输前敏感数据进行加密。

移动 App 安装和卸载也存在安全性问题。安装时，应用程序不能预先设定自动启动；卸载时，询问"是否删除用户配置文件"或"是否删除用户数据文件"等，来确保用户配置、用户数据是安全的。

6.5 移动 App 用户体验测试

App 用户体验测试

在移动 App 呈现出爆发式的年代，手机应用是面向众多个人消费者的，用户遍及世界，无法给用户做培训，而且产品同质化很严重，同类产品也比较多，竞争激烈。当我们的 App 是众多 App 中的一员时，如何才能脱颖而出呢？这就需要我们认真为用户设计，关注用户的体验，产品一定要易用、好用，否则就会失去用户。因此，我们需要特别关注用户体验测试（即软件易用性测试）。

移动 App 用户群体中个体差异性很大，用户体验测试很具挑战性。虽然有黄金分割定律、色彩学等，一个好的软件产品严格符合标准和规范，具有良好的直观性、一致性、灵活性、舒适性、正确性、实用性等，但用户界面设计是否合理、美观难以判断，众口难调。在用户体验测试中最常见的有效方法有按用户分类进行测试、A/B 测试、众测等。

6.5.1 按用户分类进行测试

如何将用户进行分类呢？例如，我们可以将用户分为男/女、老/中/青，也可以分为一般用户/商务人士、入门用户/中级用户/专家用户等，针对每类用户进行行为分析，识别出不同用户的操作行为，从而在软件设计中，考虑这些因素，使软件好用，有能力处理一些相对复杂的业务流程。

在进行测试时，我们还可以从每个类别的用户中选出一些代表来参与测试，即可以邀请一些外部用户参与产品的试用，让他们提供反馈，从而获得产品是否易用、好用的信息。如果更专业一些，可以邀请这些用户进入专业的"用户体验测试实验室"。

6.5.2　A/B 测试

有时，在软件产品 UI 设计中会面临从多个方案中选择一个的困难，例如对比强烈的色彩还是和谐相近的色彩、按钮放在左边还是右边、提示在上面还是下面等，难以抉择。此时我们就可以交给用户判断。我们将两套方案（A 方案和 B 方案）都推给用户，让一部分用户使用 A 方案，另一部分用户使用 B 方案，然后通过收集用户操作的数据进行分析，可以判断哪种方案更适合用户，这就是 A/B 测试。

A/B 测试是不同方案比较分析的一种统一的习惯叫法，不仅局限于两套方案的比较，还可以有更多的方案比较。A/B 测试时，最好每次测试只解决一个变量/因素影响的问题，并确定方案优劣判断的规则。在进行 A/B 测试时，需要对用户进行分流，这可以在客户端做，也可以在服务器端做。在服务端分流更容易实现，当用户的请求到达服务器时，服务器根据一定的规则或随机将不同的版本提供给用户使用，同时记录数据的工作也在服务端完成。也可以在发布软件 A、B 版本时，将它们部署在不同的服务器集群或不同的数据中心，而不同的服务器集群或不同的数据中心是给不同区域的用户提供服务的，用户可下载相应的版本。基于前端的 A/B 测试可以利用前端 JavaScript 方法，在客户端进行分流，并且可以用 JavaScript 比较精确地记录下用户在页面上的每个行为（如鼠标单击行为），直接发送到对应的统计服务器记录。

A/B 测试框架有 FlipTest 和 AppGrader。目前 AppGrader 仅支持 Android 平台，可以帮助开发者将自己的应用与其他众多同类型应用进行多方面比较，比如图形和功能。通过对比结果，开发者可以更有针对性地提高和改进自己的应用。FlipTest 是一个优秀的 iOS App A/B 测试框架，可为 App 挑选最佳的 UI。FlipTest 会基于外观和易用性等众多因素返回测试结果，进而帮助开发者解决 UI 问题。用 FlipTest 进行测试无须向 App Store 重新提交应用或者大幅更改代码，只需在 App 中添加一行代码，节省很多时间。

6.5.3　众测

众测（crowd testing），即借助一个开放的平台，将测试任务发布到这个平台上，这个平台的用户自愿领取任务来完成测试。这类测试能真正反映用户的需求和期望，更适合进行用户体验测试，特别适合移动应用的测试。现在有多个这种平台，这种平台成本很低，甚至没有成本。有时为了鼓励平台用户参与测试，会提供一些奖励或礼品，如找到一个有效 Bug 可得到 50～100 元话费。

6.6　移动 App 自动化测试框架

移动互联网发展至今，无论是 Android/iOS 的官方文档还是第三方开发的工具都层出不穷。在移动应用测试中，很多优秀的开源测试框架涌现出来，很多大公司甚至都会有自己的一套自动化测试框架。移动端的测试框架主要分为 Android 自动化测试框架和 iOS 自动化测试框架。

6.6.1 Android 自动化测试框架

1．Instrumentation

Instrumentation 可用来进行黑盒/白盒测试，是 Google 早期推出的 Android 自动化测试工具类，向后兼容性好，可以用来测试安装在低版本的 Android 操作系统上的 App。虽然当时 JUnit 也可以对 Android 进行测试，但是 Instrumentation 允许对应用程序做更复杂的测试，包括单元层面和框架层面。Android 执行测试活动的核心就是 Instrumentation 框架，在该框架下我们可以实现界面化测试、功能测试、接口测试甚至单元测试。

优点：通过 Instrumentation 可以模拟按键按下/抬起、屏幕点击、滚动等事件，Instrumentation 框架通过在同一个进程中运行主程序和测试程序来实现这些功能。可以把 Instrumentation 看成一个类似 Activity 或者 Service 且不带界面的组件，在程序运行期间监控主程序。它有很多丰富的高层封装，使用者可以使用基于 Instrumentation 的其他框架，避免过多二次开发量。

缺点：对测试人员的编写代码能力要求较高，需要对 Android 相关知识有一定了解，还需要配置 AndroidManifest.xml 文件。此方法只能用来测试单个 App，不支持涉及跨 App 交互的情况。

2．Robotium

Robotium 是基于 Instrumentation 框架开发的一个更强的框架，对常用的操作进行了易用性的封装，用于开发功能性、系统和验收测试场景。它运行时绑定到 GUI 组件，并安装了一个测试用例套件作为在 Android 设备或仿真器上的应用程序，提供用于执行测试的真实环境。

优点：容易在最短时间内编写测试脚本，易用性高，自动跟随当前 Activity。由于运行时绑定到 GUI 组件，因此相比 Appium，它的测试执行更快，更强大，不需要访问代码或理解 App 的实现也可以工作，支持 Activities、Dialogs、Toasts、Menus、Context Menus 和其他 Android SDK 控件。

缺点：不能处理 Flash 和 Web 组件。在旧设备上会变得很慢。由于不支持 iOS 设备，因此当自动化测试同时覆盖 Android 与 iOS 时，测试会被中断。没有内置的记录和回放功能，使用记录功能需要 TestDroid 和 Robotium Recorder 等收费工具。测试人员要有一定的 Java 基础，需要了解 Android 基本组件，不支持跨应用。

3．UIAutomator

UIAutomator 是 Google 提供的测试框架，它提供了原生 Android App 和游戏的高级 UI 测试。它是一个包含 API 的 Java 库，用来创建功能性 UI 测试，以及运行测试的执行引擎，且自带 Android SDK。相比 Instrumentation，它不需要测试人员了解代码实现细节（可以用 UIAutomator viewer 抓取 App 页面上的控件属性而不看源码）。

优点：基于 Java，测试代码结构简单、编写容易、学习成本低，一次编译，所有设备或模拟器都能运行测试，支持跨应用（如很多 App 有选择相册、打开相机拍照）。

缺点：仅支持 Android 4.1（API level 16）及以上，不支持 Hybird App、Web App，不支持脚本记录。由于库仅支持使用 Java，因此很难与使用 Ruby 的 Cucumber 混合。

4．Espresso

Espresso 是 Google 的开源自动化测试框架。相对于 Robotium 和 UIAutomator，它的特点是规模更小、更简洁、API 更加精确、编写测试代码简单、容易快速上手。因为是基于 Instrumentation 的，所以不能跨应用。

5．Calabash

Calabash 是一个适用于 iOS 和 Android 开发者的跨平台 App 测试框架，可用来测试屏幕截图、手势和实际功能代码。Calabash 开源免费并支持 Cucumber 语言，Cucumber 能让用户用自然的英语语言表述 App 的行为，实现行为驱动开发（Behavior Driven Development，BDD）。Cucumber 中的所有语句使用 Ruby 定义。

优点：有大型社区支持。列表项简单，类似英语表述的测试语句支持在屏幕上的所有动作，如滑动、缩放、旋转、敲击等。跨平台开发支持（相同代码在 Android 和 iOS 设备中都适用）。

缺点：测试步骤失败后，将跳过所有的后续步骤，这可能会导致错过更严重的产品问题。测试耗费时间，因为它总是默认先安装 App。由于 Calabash 框架要安装在 iOS 的 ipa 文件中，因此测试人员必须有 iOS 的 App 源码。除了 Ruby，对其他语言不友好。

6．Appium

说到移动端的自动化测试框架，最有名的当属 Appium。Appium 是一个开源的跨平台移动端 UI 自动化测试框架，支持 iOS、Android 和 FirefoxOS 平台，它支持 Native App、Hybird App 和 Web App 的测试。通过 Appium，开发者无须重新编译 App 或者做任何调整，就可以测试移动应用，可以使测试代码访问后端 API 和数据库。它是通过驱动苹果的 UIAutomation 和 Android 的 UIAutomator 框架来实现的双平台支持，同时绑定了 Selenium Web Driver 用于旧的 Android 平台测试。开发者可以使用 Web Driver 兼容的任何语言编写测试脚本，如 Java、OC、JavaScript、PHP、Python、Ruby、C#、Clojure 和 Perl 语言。

7．Selendroid

Selendroid 基于 Instrumentation 框架，完全兼容 Web Diver 协议。Selendroid 可以在模拟器和实际设备上使用，也可以集成网络节点作为缩放和并行测试。它可以测试 Native App、Hybird App、Web App。

8．Robolectric

Robolectric 是一个 Android 单元测试框架，但并不依赖于 Android 提供的测试功能，它通过实现一套 JVM 能运行的 Android 代码，在单元测试运行时截取 Android 相关的代码调用，然后转到 Robolectric 实现的代码（Shadow Objects）去执行这个调用的过程。因此它不像模拟器或设备需要 Dexing（Android Dex 编译器将类文件编译成 Android 设备上的 Dalvik VM 使用的格式）、打包、部署和运行的过程，大大减少了测试执行的时间。Pivotal 实验室声称使用 Robolectric 可以在 28s 内运行 1047 个测试。

除了实现 Android 中类的现有接口，Robolectric 还给每个 Shadow 类额外增加了很多接口，可以读取对应的 Android 类的一些状态。例如它为 ImageView 提供了 getImage ResourceId() 方法，测试者可以通过 getImage ResourceId()接口来确定是不是正确显示了期望的 Image。

9．RoboSpock

RoboSpock 是一个开源的 Android 测试框架，它提供了简单的编写 BDD 行为驱动开发规范的方法，使用 Groovy 语言，支持 Google Guice 库。RoboSpock 合并了 Robolectic 和 Spock 的功能。

10．Cafe

Cafe 是一个来自百度 QA 部门的 Android 平台自动化测试框架，它基于 Robotium 的测试框架，覆盖了 Android 自动化测试的各种需求，致力于实现跨进程测试、快速测试、深度测试，解决了 Android 自动化测试中的诸多难题（如业界一直没有解决的跨进程测试问题）。其主要亮点有基于 hook 录制体系、遍历测试、跨 App 测试、PC Agent 设计、使用 Android 漏洞提权。

11．Athrun

Athrun 无线测试框架是淘宝自动化测试团队开发的 UI 自动化测试框架，支持 Android 和 iOS 移动 App 的 UI 自动化测试。Athrun 以 Mobile 自动化为基础，以 PC2Mobile 为切入点，是淘宝 Mobile 测试日常工作必备的平台。Android 部分基于 Instrumentation 框架，在 Android 原有的 ActivityInstrumentationTestCase 2 类基础上进行了扩展，提供一整套面向对象的 API。iOS 上的自动化测试包括注入式自动化框架 AppFramework 和基于录制的非注入式自动化框架 Athrun_iOS，还有持续集成体系。目前两个部分在淘宝测试内都有用户群，都在不断使用和演进过程中。AppFramework 支持 Socket 通信方式。

Android 自动化测试框架的继承关系如图 6-6 所示，继承关系决定了框架的先天优势或先天不足。

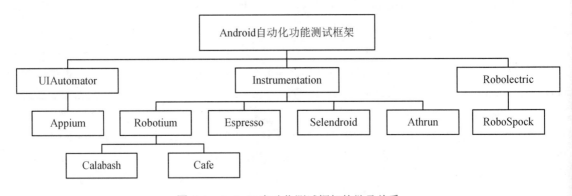

图 6-6　Android 自动化测试框架的继承关系

（1）基于 Instrumentation 的测试框架，比如 Espresso、Robotium、Selendroid 等，都不能支持跨 App 使用。如果自动化测试中有跨 App 的操作，可以结合 UIAutomator 实现。

（2）支持 BDD 的自动化框架比较少，可以在 Calabash 和 RoboSpock 之间选择。

（3）若想同时支持 Android 和 iOS，可选框架有 Appium、Calabash 或 Athrun。

（4）若为单元测试选择框架，可选 Instrumentation 或 Robolectric。Robolectric 实现了 Shadow Object 类，耗时短。

6.6.2　iOS 自动化测试框架

1．XCTest

XCTest 是苹果在 iOS 7 和 Xcode5 中引入的一个简单而强大的测试框架，它的测试代码编写起来非常简单，并且遵循 xUnit 风格。XCTest 的优点是与 Xcode 深度集成，有专门的 Test 导航栏，但因为受限于官方测试 API，所以功能不是很丰富。

2．UIAutomation

UIAutomation 是苹果提供的 UI 自动化测试框架，目前应用较多，使用 JavaScript 编写。基于 UIAutomation 有扩展型和驱动型的工具框架。扩展型框架由 JavaScript 扩展库方法提供了很多好用 JS 工具，注入式的框架通常会提供一些 Lib 或者 Framework，要求测试人员在待测应用的代码工程中导入这些内容，从而完成对 App 的驱动。驱动型 UIAutomation 在自动化测试底层使用了 UIAutomation 库，通过 TCP 通信的方式驱动 UIAutomation 来完成自动化测试，通过这种方式，编辑脚本的语言不再局限于 JavaScript。

3．Frank

Frank 是 iOS 平台下的一款非常受欢迎的 App 测试框架，它使用 Cucumber 语言来编写测试用例。Frank 包含一个强大的 App Inspector——Symbiote，可以获得运行中 App 的详细信息，便于开发者将来进行测试回顾。它允许使用 Cucumber 编写结构化英语语句的测试场景。Frank 要求测试时在应用程序内部编译，这意味着对源代码的改变是强制性的。操作方式为使用 Cucumber 和 JSon 组合命令，将命令发送到在本地应用程序内部运行的服务器上，并利用 UISpec 运行命令。

优点：测试场景是在 Cucumber 的帮助下，用可理解的英语语句编写的。具有强大的 Symbiote 实时检查工具，还有不断扩大中的库。

缺点：对手势的支持有限；在设备上运行测试有点难；修改配置文件时需要在实际设备上运行；记录功能不可用。

4．KIF

KIF（Keep It Functional）是一款 iOS App 功能性测试框架，使用 Objective-C 语言编写，对苹果开发者来说非常容易上手，更是一款开发者广为推荐的测试工具。KIF tester 使用私有 API 来了解 App 中的视图层级。其缺点是运行较慢。

5．Calabash-iOS

参见 Calabash-Android。

6．Subliminal

Subliminal 是另一款与 XCTest 集成的框架。与 KIF 不同的是，它基于 UIAutomation 编写，旨在对开发者隐藏 UIAutomation 中的一些复杂细节。

7．Kiwi

Kiwi 是对 XCTest 的一个完整替代，使用 xSpec 风格编写测试。Kiwi 自带一套工具集，包括 Expectations、Mocks、Stubs，甚至还支持异步测试。它是一个适用于 iOS 开发的 BDD 库，优点在于其具有简洁的接口和可用性，易于设置和使用，非常适合新手开发者。Kiwi 使用 Objective-C 语言编写，iOS 开发人员易上手。

iOS 自动化测试框架的继承关系如图 6-7 所示，XCTest 与 Xcode 的 IDE 直接集成，使用简单，但不支持 Stub 和 Mock，所以很少单独使用 XCTest 框架。Kiwi 是一个 iOS 平台十分好用的行为驱动开发的测试框架，有非常漂亮的语法，可以写出结构性强、非常容易读懂的测试。UIAutomation 是苹果公司官方提供的 UI 自动化测试的解决方法，但接口不够丰富。

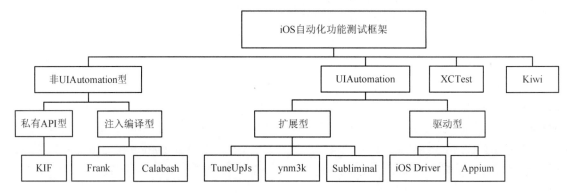

图 6-7　iOS 自动化测试框架的继承关系

（1）KIF、Frank、Calabash 都是通过使用代码的形式来模拟事件触发，使得被测代码就像是由用户行为触发的一样。但这样做的代价是插入一个额外层的复杂度。

（2）iOS 测试框架中支持 BDD 的有 Calabash 和 Kiwi。

（3）可选用的单元测试框架有 Kiwi、Specta、Quick 等，而 KIF、Subliminal 和 Calabash 更适用于 UI 级验收测试。

扩展阅读：App 自动化测试框架

本章小结

移动 App 测试是由移动应用软件本身技术特点和应用场景决定的。我们首先应清楚移动 App 的特点，包括对 Android、iOS 等移动操作系统的技术特点，甚至要考虑其开发模式的特点，如快速发布、持续发布。在其测试上，除了代码层次的单元测试之外，功能测试、性能测试、专项测试、用户体验测试等都有自己的特点、方法和技术。

移动 App 功能测试包括移动 App 服务端接口测试和移动 App UI 自动化测试，主要介绍了接口测试的概念、接口测试测什么以及如何进行接口测试。此外，还分别介绍了 Android 和 iOS 的 App UI 自动化测试技术方案。

移动 App 性能测试包括对被测系统架构、实现和使用方式的理解，对网络、操作系统和数据库等通用计算机技术的掌握，以及对于测试工具和常用方法的理解。移动 App 性能测试分为 Web 前端的性能测试、App 端性能测试和后台服务性能测试。

移动 App 专项测试介绍了流量测试、用户界面测试、耗电量测试、稳定性测试、兼容性测试及安全性测试。

移动 App 用户体验测试最常见、有效的方法有按用户分类进行测试、A/B 测试、众测等。

移动 App 自动化测试框架包括 Android 自动化测试框架和 iOS 自动化测试框架。

课后习题

一、简答题

1．针对某个接口，采用 Java 或 Python 编程语言编写自动化测试脚本。

2．尝试使用在线工具 WebPageTest 测试某个网站首页，给出获取的信息和统计结果。

3．针对同一款应用（如百度地图），在 Android 和 iOS 平台上分别进行内存分析，适当进行对比分析。

4．移动 App 的安全性测试与 PC 应用的安全性测试有什么不同？

5．针对某类相同软件，如百度地图和高德地图、有道词典和必应词典，进行用户体验对比测试，提交用户体验测试报告。

二、设计题

1．分别下载一个本章介绍的 Android 和 iOS 自动化功能测试框架，对同一款应用的 Android 版本和 iOS 版本设计测试流程并进行功能自动化测试。

2．选取一款手机 App，采用本章所学的 App 测试方法，对该 App 进行各项测试。

第 7 章 软件测试度量与评价

为什么软件的质量度量与评价重要？软件测试作为软件质量度量与评价的重要方法，对软件质量的评价和软件生产过程质量的提升有哪些重要的作用？对软件质量进行评估是软件测试的一个重要目的，本章将在深刻理解软件质量定义、软件质量模型的基础上，学习测试测量与产品质量评估的一般方法。测试度量指标一般包括工作量、规模、效率、质量等。本章重点介绍针对质量方面的测试度量指标，包括测试覆盖率以及基于软件缺陷的质量评估方法。此外，本章还将介绍软件缺陷管理及缺陷预防。

- 软件质量与度量
- 软件质量模型
- 测试测量
- 产品质量评估方法
- 软件测试度量指标
- 软件缺陷管理
- 缺陷预防

7.1 软件质量及度量

质量与效率

7.1.1 质量的定义

对于软件质量的定义，人们一直在追寻和理解中。

《质量管理与质量保证术语》（GB/T 19000—2000）对质量的定义是"一组固有特性满足要求的程度"。

《软件工程 产品评价》（GB/T 18905—2002）中，将质量分为内部质量和外部质量。其中内部质量是指产品属性的总和，决定了产品在特定条件下使用时，满足明确和隐含要求的能力；外部质量是指产品在特定条件下使用时，满足明确或隐含要求的程度。

GB/T 11457—2006 中软件质量是：

（1）软件产品中能满足给定需要的性质和特性的总体。

（2）软件具有所期望的各种属性的组合程度。

（3）顾客和用户觉得软件满足其综合期望的程度（明确的、隐含的、实际中的实用需求）。

（4）确定软件在使用中满足顾客预期要求的程度。

Philip B. Crosbu（菲利浦·B.克劳斯比）是美国质量管理专家、零缺陷之父，他认为"质量是产品符合规定要求的程度。"从生产者角度出发，包括：

（1）使用要求：即用户需求，应准确、清晰地表达多样化、动态化的用户需求。

（2）满足程度：应通过一定手段、借助工具进行定期测量。

（3）提供标准：应有标准来衡量产品与需求的一致程度。

总之，狭义的软件质量是指产品无缺陷，满足客户的需求；而广义的软件质量包括产品质量、过程质量和客户满意度。

7.1.2　度量与软件度量

度量存在于我们生活的很多方面。在经济领域，度量决定着价格和付款的升高；在雷达系统中，度量使我们能透过云层探测到飞机；在医疗系统中，度量帮助医生诊断某些疾病……没有度量，技术的发展根本无法进行。度量是指在现实的世界中，把数字或符号指定给实体的某个属性，以便以这种方式来根据已明确的规则描述它们。度量关注的是获取关于实体属性的信息。如果没有度量，我们很难想象关于电子、机械及普通工程的定律能得到发展。

软件度量是对软件开发项目、过程及其产品进行数据定义、收集以及分析的持续性定量化过程，目的在于对此加以理解、预测、评估、控制和改善。没有软件度量，就不能从软件开发的"暗箱"中跳出来。通过软件度量可以改进软件开发过程，促进项目，开发高质量的软件产品。软件的度量取向一般包括项目规模度量、项目成本度量、项目进度度量、顾客满意度度量、质量度量，以及品牌资产度量、知识产权价值度量等。度量取向要依靠事实、数据、原理、法则，其方法是测试、审核、调查，工具是统计、图表、数字、模型，标准是量化的指标。

软件项目规模度量是估算软件项目工作量、编制成本预算、策划合理项目进度的基础，有效的软件规模度量是成功项目的核心要素：基于有效的软件规模度量可以策划合理的项目计划，合理的项目计划有助于有效地管理项目。软件开发成本度量主要是指软件开发项目所需的财务性成本的估算。顾客满意是软件开发项目的主要目的之一，而顾客满意目标要得以实现，需要建立顾客满意度度量体系和指标对顾客满意度进行度量。此外，软件的质量度量与评价也非常重要。

7.1.3　软件质量度量与评价

软件质量度量与评价是为了直接支持开发和获得能满足用户和消费者要求的软件。最终目标是保证软件产品能提供所要求的质量，即满足用户（包括操作者、软件结果的接受者，或软件的维护者）明确和隐含的要求。

（1）评价中间产品质量：决定（是否）接受分包商交付的中间产品；决定某个过程的完成以及何时把产品送交下个过程；预计或估计最终产品的质量；收集中间产品的信息以便控制和管理过程。

（2）评价最终产品质量：决定（是否）接受产品；决定何时发布产品；与竞争的产品进行比较；从众多可选的产品中选择一种产品（产品选型）；使用产品时评估产品积极和消极的影响；决定何时增强或替换产品。

评价软件产品的质量对获取和开发满足质量需求的软件是不可缺少的。1999 年，国际软件工程标准化组织将"软件评价"和"软件质量"分成两个标准，"软件评价"注重软件质量的评价的支持和评价过程；"软件质量"注重软件本身的质量度量模型。

软件质量评价的基本部分包括质量模型、评价方法、软件的测量和支持工具。要想开发好的软件，就要规定质量需求，策划、实现和控制软件质量保证过程，需要进行中间产品的评价和最终产品的评价。要达到评价软件质量的目的，应用有效的度量方法测量软件的质量属性是非常必要的。度量时，首先需要建立质量模型和质量指标体系，然后使用特定的方法进行测量，将测量结果与指标体系相结合，从而对质量给予评价。

7.2　软件质量模型

进行软件质量度量，首先要建立软件的质量模型。在软件发展史上，很多位专家都提出过软件的质量模型，下面主要介绍 McCall 质量模型、Boehm 质量模型和 ISO 9126 质量模型。

1．McCall 质量模型

McCall 质量模型是 1977 年 McCall 及其同事建立的，如图 7-1 所示，软件质量集中在 3 个方面：操作特性（产品运行）、承受可改变能力（产品修订）、新环境适应能力（产品转移）。

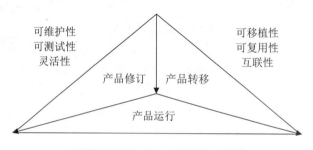

图 7-1　McCall 质量模型

2．Boehm 质量模型

Boehm 质量模型是 1978 年 Boehm 及其同事建立的，如图 7-2 所示，其分为 3 层：第一层称为质量特性（SQRC），第二层称为质量自特性（SQDC），第三层称为度量（SQMC）。Boehm 质量模型定义了 8 个质量特性：正确性、可靠性、可维护性、效率、安全性、灵活性、可使用性、互连性。此外，还定义了 21 个子特性。用于评价质量子特性的度量没有统一的标准，由各单位视实际情况制定。

3．ISO 9126 质量模型

20 世纪 90 年代早期，很多软件工程组织试图将诸多软件质量模型统一到一个模型中。国际标准化组织于 1991 年颁布了 ISO 9126—1991《软件产品评价-质量特性及其使用指南》。我国也于 1996 年发布了相同的软件产品质量评价标准。

ISO 9126 质量模型是一个分层的质量模型，将软件质量属性划分为 6 个特性，并进一步细分为若干子特性，如图 7-3 所示。

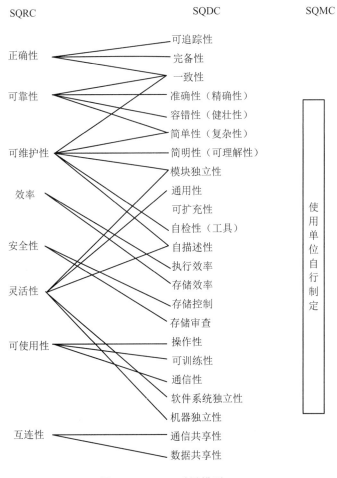

图 7-2 Boehm 质量模型

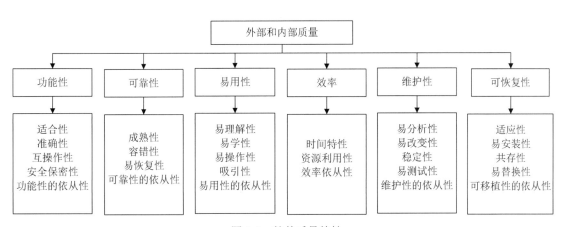

图 7-3 软件质量特性

这 6 个特性包含的子特性如下：

（1）功能性：当软件在指定条件下使用时，软件产品提供满足明确和隐含要求的功能的能力。

1）适合性：软件产品为指定的任务和用户目标提供一组合适的功能的能力。

2）准确性：软件产品提供具有所需精度的正确或相符的结果或效果的能力。

3）互操作性：软件产品与一个或多个规定系统进行交互的能力。

4）安全保密性：软件产品保护信息和数据的能力，以使未授权的人员或系统不能阅读或修改这些信息和数据，而不拒绝授权人员或系统对它们的访问。

5）功能性的依从性：遵守与功能性相关的标准、阅读、法规以及类似规定的能力。

（2）可靠性：在指定条件下使用时，软件产品维持规定的性能级别的能力。

1）成熟性：软件产品为避免由软件中故障导致失效的能力。

2）容错性：在软件出现故障或者违反其指定接口的情况下，软件产品维持规定的性能级别的能力。

3）易恢复性：在失效发生的情况下，软件产品重建规定的性能级别并恢复受直接影响的数据的能力。

4）可靠性的依从性：遵守与可靠性相关的标准、约定、法规的能力。

（3）易用性：在指定条件下使用时，软件产品被理解、学习、使用和吸引用户的能力。

1）易理解性：软件产品使用户能理解软件是否合适以及如何能将软件用于特定的任务和使用条件的能力。

2）易学性：软件产品使用户能学习其应用的能力。

3）易操作性：软件产品使用户能操作和控制的能力。

4）吸引性：软件产品吸引用户的能力。

软件质量模型
及测试类型

5）易用性的依从性：遵守与易用性相关的标准、约定、法规的能力。

（4）效率：在规定条件下，相对于所用资源的数量，软件产品可提供适当性能的能力。

1）时间特性：在规定条件下，软件产品执行其功能时，提供适当的响应和处理时间以及吞吐率的能力。

2）资源利用性：在规定条件下，软件产品执行其功能时，使用合适数量和类别的资源的能力。

3）效率依从性：遵守与效率相关的标准、约定的能力。

（5）维护性：软件产品可被修改的能力。修改可能包括纠正、改进或软件对环境、需求和功能规格说明变化的适应。

1）易分析性：软件产品诊断软件中的缺陷或失效原因或识别待修改部分的能力。

2）易改变性：软件产品使指定的修改可以被实现的能力。

3）稳定性：软件产品避免由于软件修改造成意外结果的能力。

4）易测试性：软件产品使已修改软件能被确认的能力。

5）维护性的依从性：遵守与维护性相关的标准、约定的能力。

（6）可恢复性：软件产品从一种环境迁移到另一种环境的能力。

1）适应性：软件产品无须采用额外的活动或手段即可适应不同指定环境的能力。

2）易安装性：软件产品在指定环境中被安装的能力。

3）共存性：软件产品在公共环境中同与其分享公共资源的其他独立软件共存的能力。

4）易替换性：软件产品在相同环境下，替代另一个相同用途的指定软件产品的能力。

5）可移植性的依从性：遵守可移植性相关的标准、约定的能力。

7.3　测试测量与产品质量评估过程

软件项目中最主要的质量测量包括软件测试和评审活动。TMMi 基金会编写的《测试成熟度模型集成 V1.2》中，对测试测量及产品质量评估过程进行了相关的定义和规范。

7.3.1　测试测量（测试度量）

测试测量的目的是确认、搜集、分析和应用测试过程及正在开发的产品的数据，以支持一个组织对测试过程的效果和效率、测试人员生产率、产品质量、测试改进的结果进行客观评价。一个测试测量方案有两个核心方面：支持测试过程和产品质量评估、支持过程改进。

测试测量对产品质量的客观评价起到积极的帮助。《测试成熟度模型集成 V1.2》中，组织的成熟度 4 级为"已测量级"。TMMi 推荐一个组织在测试成熟度较低级别时，就可以开展一些测试策略，例如缺陷库等。在 TMMi 4 级时，测试测量活动需要在测试组织层级建立正式的测试测量方案，以明确测试测量目标；制定策略分析和确认技术，制定测量数据搜集、数据存储、检索、通信和反馈机制；实施测量数据的搜集存储分析和报告，为测试组织或某个项目提供客观结果，用于作出明智决策并采取适当行动。测试测量过程主要包括如下 4 个方面：

（1）建立测试测量目标：我们为什么要测量这个指标？

（2）制定测试测量指标：测试测量指标包括基本指标和衍生指标，例如测试用例数的估计值和实际测量值、缺陷总数、严重级别的缺陷数或优先级高的缺陷数、缺陷发现率、缺陷密度、同行评审覆盖度、燃烧测量（如每周测试用例执行率）等。

（3）指定数据搜集和存储规程：包括收集频率、数据采集点、存储数据的时间线和安全准则、相应的支持工具等。

（4）指定分析规程：明确分析方法、如何检查测试测量之间的关系、分析工具选择等。

通过测试测量方案的实施，可以评估测试过程的质量、评估生产率，并监督改进生产过程。测试测量方案还用于预测测试性能和成本。

【例 7-1】某瀑布式开发项目中工作量度量的基本指标和衍生指标。

【案例分析】基本指标是指直接可以采集到数据结果的指标，衍生指标是指由多个基本指标通过一定的计算公式计算后得到数据的指标。假设产品生产过程包括需求分析、需求评审、系统设计、系统设计评审、编码、代码评审及系统测试。工作量度量指标举例见表 7.1，表中 Redmine 是一个项目管理系统。

表 7.1　工作量度量指标举例

类别	分类	名称	单位	收集频度	数据来源	计算公式
基本度量项	工作量	需求分析工作量	人时	阶段结束	Redmine	
基本度量项	工作量	需求评审工作量	人时	阶段结束	Redmine	
基本度量项	工作量	系统设计工作量	人时	阶段结束	Redmine	

续表

类别	分类	名称	单位	收集频度	数据来源	计算公式
基本度量项	工作量	系统设计评审工作量	人时	阶段结束	Redmine	
基本度量项	工作量	编码工作量	人时	阶段结束	Redmine	
基本度量项	工作量	代码评审工作量	人时	阶段结束	Redmine	
基本度量项	工作量	系统测试工作量	人时	阶段结束	Redmine	
衍生度量项	工作量	项目实际工作量	人时	项目结束	项目度量表	项目实际工作量 = Σ各阶段实际工作量
衍生度量项	工作量	项目计划工作量	人时	项目进度计划完成后	项目度量表	项目计划工作量 = Σ各阶段计划工作量
衍生度量项	工作量	项目工作量偏差	%	项目结束	项目度量表	项目工作量偏差=(项目计划工作量–项目实际工作量)/项目计划工作量×100%

7.3.2 产品质量评估

在软件的生产过程中，产品评价包括开发者的评价过程、需求方的评价过程和评价者的评价过程。评价者通常为第三方组织。

软件通用评价过程如图 7-4 所示。

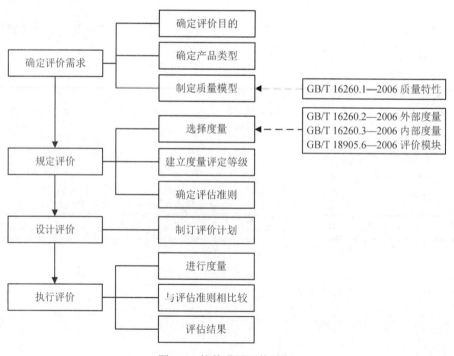

图 7-4　软件通用评价过程

《测试成熟度模型集成 V1.2》中指出产品质量评估过程是通过测试过程实践（功能或非功能测试的测试设计和执行、测试监督与控制过程等），以形成对正在开发的产品的量化理解，并达到可测量产品质量的目标。产品质量评估时，产品的功能性和非功能性的质量属性均需要考虑，而测试测量过程为质量评估提供了测试基础架构。

产品质量评估过程可基于软件产品的通用评价过程进行，主要包括如下步骤：

（1）识别产品质量需求。产品质量需求可能来源于需求规格、组织的产品质量目标、业务目标、市场调查、服务水平协议等。对于产品质量需求的完整性和优先级别，需要在项目组织内进行评审并达成一致。明确评价目的，明确产品类型，在组织、客户和最终用户的需求基础上，建立产品的量化目标。

（2）定义项目的量化产品质量目标。依据软件产品质量模型，选择与明确产品的质量目标，例如产品的功能性、可靠性、可维护性、可用性、可移植性、效率等，为每个选定的产品质量属性定义量化产品目标，识别出可测量的数值。质量目标一般都作为项目的验收标准。

（3）定义测量项目产品质量目标的途径。例如，为了测量产品质量，可能用到的技术包括同行评审、原型开发、静态（代码）分析、动态测试、预测（根据在开发测试期间的缺陷数量，以预测在生命周期后期发现的缺陷）等。

（4）在整个生命周期内量化测量产品质量。对项目交付的产品和工作产品的质量进行量化测量，对需求文档、设计文档、接口规范、原型、代码及独立组件等进行质量测试数据的收集，并保证数据的完整性和准确性。

（5）分析产品质量测量，并将它们与产品的量化目标相比较。通过对产品质量测量数据的分析，与干系人对质量测量数据的沟通，识别并记录重大产品质量问题及其影响，并明确需要采取的纠正措施。

产品质量目标在整个生命周期可用量化术语来理解并针对已定义的目标来管理。工作产品的评价是使用质量属性的量化指标，如可靠性、易用性和可维护性等。而组织测量方案的存在使一个组织能够通过定义质量需求、质量属性和质量度量来实现产品质量评价过程。

评审和审查被认为是测试过程的一部分，用来在生命周期早期测量产品质量，并作为正式控制质量的阶段点。同行评审作为一个缺陷检测技术，变成与产品质量评估过程域保持一致的产品质量测量技术。

QA（质量保证）

7.4　软件测试度量指标

测试测量（度量）指标一般包括工作量、规模、效率、质量等；软件测试的工作量指标，如测试投入的总人月数、测试用例编写投入人天数等；规模指标，包括测试计划执行的功能点数、测试范围规模偏差等；效率指标为衍生度量项，如测试用例编写效率、测试用例执行效率等。本章主要探讨质量方面的测试度量指标。

7.4.1　测试覆盖率

软件测试度量指标

测试覆盖率用来度量软件测试的完全程度，进而度量软件的质量。测试覆盖率是衡量软件测试完整性的一个重要指标。掌握测试覆盖率数据有利于客观认识软件质量，同时明确了解测试状态，有效改进测试工作。

测试覆盖率如果用公式描述，为"测试过程中已验证的区域或集合"与"要求被测试的总的区域或集合"的比值。测试覆盖率需要贯穿测试过程的始终，通过测试覆盖率的持续评估，及时发现测试不充分的地方，及时补充相应的测试。

1．基于需求的测试覆盖

基于需求的测试覆盖在测试生命周期中要评测多次，并在测试生命周期的里程碑处提供测试覆盖的标识（如已计划的、已实施的、已执行的和成功的测试覆盖）。

在执行测试活动中，使用两个测试覆盖评测，一个确定通过执行测试获得的测试覆盖，另一个确定成功的测试覆盖（即执行时未出现失败的测试，如未出现缺陷或意外结果的测试）。

例如：

测试分析覆盖率=需要进行测试分析的功能需求数/被测系统总的功能需求数

测试用例覆盖率=编写用例的测试需求点数/测试需求点的总数

测试用例执行覆盖率=实际执行用例数/设计总用例数

2．基于代码的测试覆盖

基于代码的测试覆盖测试过程中已经执行的代码数量，与之相对的是要执行的剩余代码的数量。代码覆盖可以建立在控制流（语句、分支或路径）或数据流的基础上。控制流覆盖的目的是测试代码行、分支条件、代码中的路径或软件控制流的其他元素。数据流覆盖的目的是通过软件操作测试数据状态是否有效，例如数据元素在使用之前是否已作定义。

代码覆盖率关注的是在执行测试用例时，有哪些软件代码被执行了，有哪些软件代码没有被执行。被执行的代码数量与代码总数量之间的比值，就是代码覆盖率。

根据代码粒度的不同，代码覆盖率可以进一步分为源文件覆盖率、类覆盖率、函数覆盖率、分支覆盖率、语句覆盖率等。它们形式各异，但本质是相同的。

度量代码覆盖率一般通过第三方工具完成。不同编程语言有不同的工具。例如 Java 语言有 Jacoco，Go 语言有 GoCov，Python 语言有Coverage.py。这些度量工具一般用在单元测试阶段。对于黑盒测试（例如功能测试/系统测试）来说，度量代码覆盖率困难得多。对于黑盒测试，例如系统测试/用户验收测试，测试用例通常是基于软件需求而不是软件实现设计的。因此，度量这类测试完整性的指标一般是需求覆盖率，即测试所覆盖的需求数量与总需求数量的比值。

对于代码覆盖率来说，100%的代码覆盖率并不能说明代码就被完全覆盖而没有遗漏了。因为代码的执行顺序和函数的参数值都可能是千变万化的。对于需求覆盖率来说，100%的覆盖率也不能说"万事大吉"。因为需求可能有遗漏或存在缺陷，测试用例与需求之间的映射关系，尤其是用例是否真正能够覆盖对应的测试需求，也可能是存在疑问的。

7.4.2 基于软件缺陷的质量评估

1．缺陷发现率

在项目的测试中，随着时间的推移，发现的缺陷会有一定的变化趋势。记录这种变化趋势，有助于对软件质量的评估和测试工作计划是否调整的安排。

缺陷发现率以时间为横坐标，以缺陷数为纵坐标，如图 7-5 所示。时间轴根据项目周期的长短可以取不同数值，如按周统计或按天统计等。

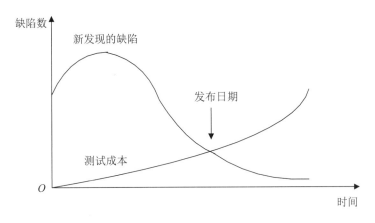

图 7-5　缺陷发现率

　　测试一个新建的项目时，常常会出现类似图 7-5 的趋势，开始的几轮测试，新发现的缺陷数会有上升趋势，到达顶峰后逐步减少。根据测试成本曲线，随着时间的推移，每发现一个缺陷所消耗的成本会呈现上升趋势，所以如果缺陷到达一定的收敛程度，通常可以判断产品即将到达可以发布的时刻。当然，此时必须提防是否是其他原因导致的缺陷发现率的降低，例如测试人数减少、测试工作量减小、人员更换对系统熟悉程度降低等。此外，遗留的严重性缺陷的收敛情况也是决定上线时间的一个重要指标。

　　在实际开发项目中，并不是一定要追求产品的完美实现，鉴于市场竞争或业务要求等，当产品风险在一个可接受的范围时，产品即可推向市场。采用基于风险的技术，通过新发现缺陷的发展趋势、严重性缺陷的发展趋势、遗留缺陷的发展趋势及影响等，综合判断产品上线时间点。

　　2．阶段缺陷清除率（DRE）

　　在软件生命周期中，有些活动会为软件注入缺陷，有些活动会清除软件中的缺陷。评审和测试是重要的清除活动。首先需要考察开发过程中有哪些活动可能为产品注入了缺陷，哪些活动会从产品中清除缺陷。一般注入活动执行结束后，会相应地发起缺陷清除活动。软件生命周期的每个阶段都可能包含多个缺陷注入和缺陷清除的活动。

　　表 7.2 中，清除"活动 j"实施前，假设一共注入的缺陷为 $Z=D1+D2+D3+\ldots+Di$，通过"活动 j"清除的缺陷为 $F=Dj$，"活动 j"之前的清除活动清除的缺陷为共计 $H=Da+Db+Dc+\ldots+Dj\text{-}i$，则"活动 j"的缺陷清除率为 $DREj= Dj/(Z{-}H)$。

表 7.2　缺陷清除活动

缺陷清除活动	缺陷注入活动（或阶段）							合计
	活动 1	活动 2	活动 3	……	活动 i	……	活动 m	
活动 a	D1a							Da
活动 b	D1b	D2b						Db
活动 c	D1c	D2c	D3c					Dc

缺陷清除活动	缺陷注入活动（或阶段）						合计
	活动 1	活动 2	活动 3	……	活动 i	……	活动 m	
								Dj-1
活动 j	D1j	D2j	D3j		Dij		Dmj	Dj
活动 n	D1n	D2n	D3n		Din		Dmn	Dn
合计	D1	D2	D3		Di		Dm	D

【例 7-2】 阶段缺陷清除率（DRE）应用实例。

假设一个项目有 4 个主要的阶段注入缺陷，分别是需求定义、概要设计、详细设计和编码。开发过程有 6 个主要的活动能够清除缺陷，分别是需求评审（需求定义后，概要设计前）、概要设计评审（概要设计后，详细设计之前）、详细设计评审（详细设计后，编码前）、单元测试（编码之后）、代码评审（编码之后）、系统测试（编码之后）。项目执行完毕后统计到的缺陷数按照注入和清除划分，得到表 7.3，请计算各阶段的 DRE。

表 7.3　阶段缺陷清除率（DRE）实例

缺陷清除活动	缺陷注入活动（或阶段）				合计
	需求定义	概要设计	详细设计	编码	
需求评审	35				35
概要设计评审	4	64			68
详细设计评审	6	12	82		100
单元测试	10	25	256	124	415
代码评审	0	4	58	168	230
系统测试	12	18	86	79	195
交付后缺陷对应	2	6	18	22	48
合计	69	129	500	393	1091

【案例分析】

详细设计阶段 $DRE=100/[(69+129+500)-(35+68)]\times100\%=17\%$

系统测试阶段 $DRE=195/[(69+129+500+393)-(35+68+100)]\times100\%=80\%$

考察编码阶段的缺陷清除率时，这个阶段包含了两个缺陷清除活动：单元测试和代码评审。可以考察其中一个活动的缺陷清除率，也可以将编码阶段的这两个活动合起来考察，那么编码阶段的缺陷清除率应该为：

$(415+230)/[(69+129+500+393)-(35+68+100)]\times100\%=73\%$

还可以计算某个缺陷清除活动之前的所有清除活动的缺陷清除率，例如交付前所有缺陷清除活动总的 DRE 为 $(1091-48)/1091\times100\%=77.7\%$。

3．缺陷潜伏期

缺陷潜伏期是测试有效性度量的一个重要指标，通常也称阶段潜伏期。缺陷潜伏期是一种特殊类型的缺陷分布度量。在实际测试工作中，发现缺陷的时间越晚，这个缺陷所带来的损害就越大，修复这个缺陷所耗费的成本就越高。

表 7.4 是某项目缺陷潜伏期的度量。例如需求阶段引入的缺陷，若在概要设计阶段发现了该缺陷，则该缺陷的潜伏期为 1；若在系统测试阶段发现了该缺陷，则该缺陷的潜伏期为 6。或者说概要设计阶段发现该缺陷需要 1 人时的工作量修复，则系统测试阶段修改该缺陷的工作量投入为 6 人时。实际项目中，根据项目特点，可以对各度量权重进行适当的调整。

表 7.4　某项目缺陷潜伏期的度量

缺陷造成的阶段	缺陷发现阶段									
	需求	概要设计	详细设计	编码	单元测试	集成测试	系统测试	验收测试	试运行	产品发布
需求	0	1	2	3	4	5	6	7	8	9
概要设计		0	1	2	3	4	5	6	7	8
详细设计			0	1	2	3	4	5	6	7
编码				0	1	2	3	4	5	6

按照缺陷产生的阶段和缺陷发现阶段，统计软件开发项目的缺陷分布情况，再根据软件开发生命周期的各阶段缺陷潜伏期度量的加权值，可以对缺陷发现过程的有效性和修复缺陷所耗费的成本进行评测。表 7.5 为某项目缺陷分布情况，可以根据潜伏期的权重，逐一评估各阶段缺陷带来的耗费。

表 7.5　某项目缺陷分布情况

缺陷造成的阶段	缺陷发现阶段										各阶段缺陷总数
	需求	概要设计	详细设计	编码	单元测试	集成测试	系统测试	验收测试	试运行	产品发布	
需求	0	8	4	1	0	0	5	6	2	1	27
概要设计		0	9	3	1	1	3	1	2	0	20
详细设计			0	15	3	4	7	0	1	1	31
编码					62	16	22	6	3	2	111
合计	0	8	13	19	66	21	37	13	8	4	189

在实际项目中，这种做法可能在项目后评价阶段进行，但将所有缺陷确定"缺陷造成阶段"是一件困难和费时的工作，所以缺陷潜伏期的意义更多地在于使项目管理人员、项目需求分析人员和开发人员等，更好地意识到缺陷越早发现越好的意义。此外，对在建项目，在确定待修改缺陷的优先级时，缺陷潜伏期也是参考依据之一。

4．缺陷密度

缺陷密度是一种以平均值估算法来计算软件缺陷分布的密度值。程序代码通常是以千行为单位的，软件缺陷密度计算方法如下：

软件缺陷密度=软件缺陷数量÷代码行或功能点的数量

例如，某项目有 200 千行代码，软件测试小组在测试工作中共找出 900 个软件缺陷，其软件缺陷密度为 4.5（900÷200）。

表 7.6 显示了不同 CMMI 成熟等级的组织交付程序的缺陷密度。在 CMM1 级上，典型的缺陷密度大约是每千行代码 7.5 个缺陷；当组织达到 CMM5 级时，组织通过一系列的过程改进，可以将缺陷密度降低为每千行代码 1.05 个缺陷。

表 7.6　不同 CMMI 成熟等级的组织交付程序的缺陷密度

CMMI 等级	缺陷数/KLOC	缺陷数/MLOG
1	7.5	7500
2	6.24	6240
3	4.73	4730
4	2.28	2280
5	1.05	1050

随着研发语言、持续集成、敏捷研发模式等新型技术的发展，这个数据并不是固定的，但是通过这个数据可以知道，随着软件组织成熟度的提升，缺陷密度可以得到显著的变化。

【例 7-3】某组织的度量指标及相应的权重举例。

【案例分析】在 7.2 节讲到，Boehm 质量模型中 SQMC 没有统一的标准，由各单位视实际情况制定。在软件版本上线时，可以针对指定度量指标，对软件版本的质量进行评估，以确定版本是否可按期上线。表 7.7 为某组织的版本上线度量指标及相应的权重。

表 7.7　某组织的版本上线度量指标及相应的权重

指标名称	指标说明	计算公式/分析方法	目标值	权重	数据来源
系统测试覆盖率	判断设计的测试用例是否完备	系统测试用例设计所覆盖功能点数/系统功能点总数 注：系统功能点数，也可采用如 Use Case 数、代码规模等其他规模统计方式	95%	20%	测试需求跟踪表
测试执行率	判断测试执行的完备性	已执行的测试用例数/设计的总测试用例数	83%	20%	测试用例、测试用例执行结果
编码质量指标	判断是否发现了足够数量的缺陷	缺陷数（缺陷严重等级为"次要"以上的缺陷）/规模 注：这里"规模"采用 KLOC 为单位，也可采用 Use Case 数或者是功能点数等其他规模统计方式	8 个/KLOC	15%	项目估算表、缺陷库
缺陷解决率	判断是否解决了必需的缺陷，只允许遗留少数非致命、严重的缺陷	关闭缺陷数/总缺陷数（前提：状态为"非关闭"的"严重级别"为致命、严重缺陷数=0）	91%	20%	缺陷库
缺陷收敛趋势	用于判断质量趋势，间接评价产品是否可对外发布	使用发现缺陷与关闭缺陷两条趋势曲线。期望发现缺陷与关闭缺陷曲线汇集，并持续了一段时间，此时产品质量比较稳定，可以批准对外发布	期望发现缺陷与关闭缺陷曲线汇集，并持续了两轮测试	25%	缺陷库

7.5 软件缺陷管理及缺陷预防

软件缺陷管理

对测试中发现的缺陷进行分析是软件质量评估的重要依据之一。很多测试组织都定义了与缺陷有关的度量指标，表 7.8 为某组织定义的与缺陷相关的度量指标。

表 7.8 某组织定义的与缺陷相关的度量指标

编号	指标	衡量目标	数据采集频度	指标单位	公式
1	缺陷发现率	评估被测系统质量	/轮次	%	每轮结束后发现的缺陷总数/每轮执行用例数
2	严重以上缺陷占比	评估被测系统质量	/轮次	%	(严重缺陷数量+致命缺陷数量)/缺陷总数
3	缺陷解决率	评估缺陷解决效率	/轮次	%	已关闭缺陷总数/缺陷总数
4	二次故障率	评估缺陷修复质量	/轮次	%	"重新打开"状态缺陷/缺陷总数
5	缺陷收敛率	评估被测系统缺陷收敛情况	/轮次	%	本轮测试缺陷数/上轮测试缺陷数

在第 1 章中，我们曾简单介绍过缺陷的概念、属性及流转流程。不同的组织或者相同的组织，对规模及复杂程度不同的产品进行测试时，采取的缺陷管理复杂程度往往各不相同。本节将进一步讲解软件的缺陷管理，使读者有更全面的认识。

软件缺陷管理（Defect Management）是指在软件生命周期中识别、管理、沟通任何缺陷的过程（从缺陷的识别到缺陷的解决关闭），确保缺陷被跟踪管理而不丢失。一般需要管理工具来帮助进行缺陷全程管理。

缺陷管理是测试管理的重要环节，通过对缺陷全生命周期的监控，分析和处理缺陷的共性原因，促进开发质量的改进和测试水平的提高，进而实现缺陷预防。

缺陷管理要达到以下目标：

（1）确保每个被发现的缺陷都能够被解决，有明确的解决方案。

（2）确保每个被发现的缺陷的处理方式能够在组织中达成一致意见。

（3）收集缺陷数据并根据缺陷趋势曲线识别测试过程是否结束。

（4）收集缺陷数据并进行分析，作为组织的测试资产和产品风险分析的依据。

以下主要以某中等规模产品的测试缺陷管理过程为例进行讲解。

7.5.1 缺陷生命周期

1．缺陷流转流程

图 7-6 为缺陷流转流程图。

2．项目中与缺陷相关的一般角色和职责

图 7-6 中，与缺陷相关的角色包括测试人员、测试组长、产品经理、关联系统产品经理、开发工程师、配置管理员、仲裁组。

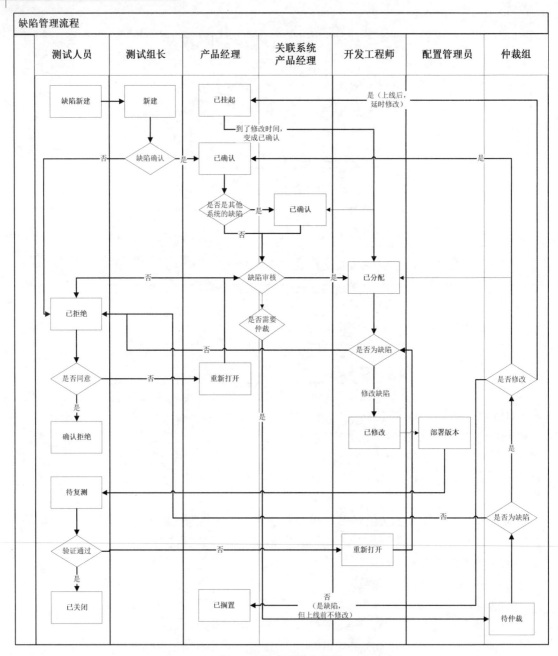

图 7-6　缺陷流转流程图

与缺陷相关的角色的职责见表 7.9。

表 7.9　与缺陷相关的角色的职责

角　色	职　责　描　述
产品经理	缺陷审核支持
	缺陷确认支持
	系统上线前不修改的缺陷的判断

角　色	职 责 描 述
测试人员	提交缺陷
	跟踪缺陷的解决
	测试缺陷复测
	关闭缺陷
测试组长	初步确认缺陷
	指派缺陷至关联系统产品经理
	跟踪缺陷流转
关联系统产品经理	确认缺陷
	分配缺陷修改任务给开发人员
	转分配缺陷至关联系统产品经理
	跟踪缺陷的解决
开发工程师	分析缺陷
	确认缺陷
	修改缺陷
仲裁组	对争议缺陷进行确认
配置管理员	负责版本部署在测试环境，并置缺陷为"待复测"

7.5.2　缺陷状态及严重级别

1. 缺陷状态

图 7-6 中，缺陷有如下状态，根据流程图可以得知这些缺陷状态的标记人及相应动作，见表 7.10。

表 7.10　缺陷状态与各角色动作的关系

缺陷状态	标记人	动作	指派至	被指派人采取的行动
新建	测试人员	发现缺陷	测试组长	测试组长：确认缺陷 如果判断是缺陷,缺陷流转至开发经理，缺陷状态=已确认 如果判断是非缺陷，与测试人员确认后，关闭缺陷，缺陷状态=已关闭
已确认	测试组长	缺陷确认	关联系统产品经理	关联系统产品经理：审核缺陷 如果经审核是缺陷，把缺陷指派给开发工程师，缺陷状态=已分配 如果经审核为非缺陷，把缺陷退回给测试人员，缺陷状态=已拒绝
已分配	开发经理	分析缺陷并进行修复	开发人员	开发人员：判断缺陷 如果是缺陷，开发人员修改缺陷，并填写影响分析，把缺陷流转至关联系统产品经理,缺陷状态=已修改 如果是非缺陷，缺陷流转至测试人员，缺陷状态=已拒绝

缺陷状态	标记人	动作	指派至	被指派人采取的行动
已修改	开发人员	缺陷已修复并准备发布测试环境	关联系统产品经理	开发经理审定影响范围并进行增补，版本发布后，缺陷分派给测试人员，缺陷状态=待复测
待复测	版本管理员	缺陷修复版本已提交至测试环境	测试人员	测试人员进行缺陷复测，复测通过，缺陷状态=已关闭；复测不通过，缺陷分派给开发人员，缺陷状态=重新打开
重新打开	测试人员	缺陷在测试人员复测后未通过，重新打开	开发人员	开发人员：对重新打开的缺陷进行识别，缺陷状态=已确认
已拒绝	开发经理/开发人员	缺陷审核/缺陷判断	测试人员	测试人员：判断是否为其他组的缺陷，如果是其他组的缺陷，重新打开缺陷，由关联系统产品经理重新审核。判断是否为其他组的缺陷，如果不是其他组缺陷，而是本组缺陷，进一步判断是否为非缺陷，如果同意该缺陷是非缺陷则执行 3，如果不同意该缺陷是非缺陷则执行4 如果同意该缺陷为非缺陷，测试人员将该缺陷关闭，缺陷状态=已关闭 如果不同意该缺陷为非缺陷，测试人员将该缺陷申请仲裁，缺陷状态=待仲裁
待仲裁	开发经理	缺陷审核时对缺陷提出异议	仲裁组	仲裁组对缺陷进行仲裁：如果是缺陷，且缺陷目前可以解决，缺陷状态=已分配 如果是缺陷，且确认需要修改，但可能是延时修改的缺陷，缺陷状态=已挂起 如果是缺陷，且确认缺陷为本次上线前不做修改的缺陷，缺陷状态=已搁置 如果不是缺陷，添加拒绝原因，缺陷退回测试人员，缺陷状态=已拒绝
已搁置	仲裁组	缺陷审核为本期上线前不做修改	关联系统产品经理	缺陷经仲裁后，确认缺陷为本次上线前不做修改的缺陷，该状态是缺陷的最终状态之一
已关闭	测试人员	该缺陷处理结束		该状态是缺陷的最终状态之一
已挂起	仲裁组	缺陷审核为本期延后修改	关联系统产品经理	缺陷经仲裁后，确认是缺陷，但需要延迟修改，状态设置成已挂起
确认拒绝	测试人员	该缺陷处理结束	测试人员	缺陷拒绝后，如提出该缺陷测试人员确认为无效缺陷时，缺陷状态置为"确认拒绝"

2. 缺陷严重级别

不同的组织对缺陷严重性等级的定义可能不同，一般分为三级、四级或五级。表 7.11 为缺陷严重级别及举例，将缺陷分为五个严重级别。为了使测试工程师能够对缺陷有统一的评判标准，可以对各级别进行更详细的阐述与举例说明。

表 7.11　缺陷严重级别及举例

严重等级	缺陷判定准则	可能情况举例
致命缺陷	导致系统崩溃、上线后可能导致无法进行正常业务、用户数据受到破坏、系统数据完全混乱无法再继续进行测试、任何一个主要功能完全缺失或丧失、主要进程死锁等	1.　引起死机、宕机或系统异常退出 2.　导致系统崩溃 3.　造成数据丢失或损坏 4.　引起系统性能下降或无法响应 5.　导致某类业务整体流程中断或某类业务的多个交易流程中断 6.　与数据库链接错误 7.　数据通信错误 8.　严重影响其他系统运行或其他模块功能
严重缺陷	系统主要功能部分缺失或丧失、任何一个次要功能完全缺失或丧失、影响客户账务正确性、影响银行会计账务正确性、多个业务无法正确执行且无绕行方式、外部重要接口无法连通或内容错误而影响业务完成、功能设计错误而导致业务无法正确完成、系统性能表现不符合设计要求、系统提供的功能或服务受到明显的影响等	1.　单个客户账务错误 2.　程序运算或统计错误 3.　多个业务无法执行，且无绕行方式 4.　外部重要接口无法连通或内容错误而影响业务完成 5.　系统提供的功能或服务受到明显的影响 6.　功能设计错误而导致业务无法正确完成 7.　数据库的表、业务规则、默认值未加完整性等约束条件 8.　程序运行不稳定，如出现无法继续进行操作的错误，或缺陷导致某个交易流程中断 9.　程序运行不稳定，如出现难以捕捉和不可再现的错误 10.　数据库表中有应赋值而未赋值的空字段 11.　系统性能的关键或重要指标与需求或设计不符 12.　影响其他业务流程的错误
一般缺陷	系统辅助、支持类功能缺失、实现不正确或无法使用，但不影响业务流程中其他功能测试的缺陷。错误功能导致主要业务无法正确执行且暂时有绕行方式、客户回单/对账单等重要凭证内容错误、有关重要业务信息的页面回显错误、非重要数据错误等	1.　关键或重要业务、交易的内容打印、格式错误 2.　辅助功能实现与需求不符合，如打印、查询等交易 3.　性能表现的一些非关键指标不符合设计要求 4.　简单输入限制未放在前台进行控制 5.　删除/退出操作未给出提示 6.　功能不完整，如菜单、按钮不响应 7.　重要及基本业务、统计类报表内容错误 8.　非重要数据不正确，如客户回单/对账单等重要凭证内容错误 9.　对页面错误没有处理或没有相应的提示信息
轻微缺陷	功能实现基本正确，但在表达方面不符合行业规范或不利于使用的缺陷。错误功能导致次要业务无法正确执行但暂时有绕行方式、统计类业务报表格式错误、客户回单/对账单等重要凭证内容有瑕疵，虽不影响业务进行，但影响客户满意度	1.　帮助/辅助说明不准确 2.　输入输出不规范，或备注类、留存类等非重要字段的打印、显示格式 3.　提示窗口文字未采用行业术语 4.　界面不够友好，或界面造成客户使用不便或产生歧义性理解 5.　可输入区域和只读区域没有明显的区分标志 6.　界面风格不一致 7.　操作界面错误（包括数据窗口内列名定义、含义是否一致） 8.　操作界面文字表述中有容易导致使用人员做出异常操作的错别字或歧义文字

续表

严重等级	缺陷判定准则	可能情况举例
改进建议	系统整体风格以及使用习惯等的改进建议。虽然是功能错误但不属于上线需要的业务功能问题。使用不便等修饰性问题，或对系统使用的确认问题，界面不够友好性或界面造成客户使用不便的问题等	1. 测试人员根据用户（或业界）默认习惯（或隐含需求）所提出的建设性意见（需求变更除外） 2. 窗口中的按钮或者控件缺少快捷字母，或快捷字母冲突 3. 操作界面文字表述中有不影响正常操作的错别字

7.5.3 缺陷预防

缺陷预防（Defect Prevention）是一种用于整个软件开发生命周期中识别缺陷根本原因和防止缺陷发生的策略，也是全面质量管理（Total Quality Management）的本质。

缺陷预防处于 TMMi 测试成熟度模型的第 5 个级别。缺陷预防的目的是识别并分析开发生命周期中缺陷的常见原因，并定义行动来防止类似的缺陷在将来发生，进而改进产品质量和生产率。

使用缺陷预防策略后，每个阶段发现的缺陷数与使用缺陷预防策略前所发生缺陷数的分布如图 7-7 所示。

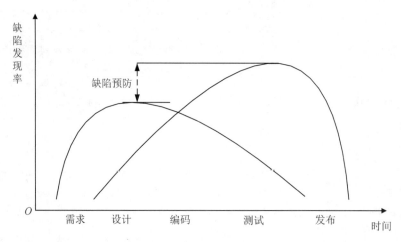

图 7-7　使用缺陷预防策略前后缺陷发现率曲线图

从图 7-7 中可以看出，使用预防缺陷策略后，缺陷的特性发生了以下两个方面的变化：

（1）需求和设计阶段发现的缺陷数占所有缺陷的比例增大，项目前期发现的缺陷比较多，降低了缺陷修复的成本。

（2）缺陷总数下降，即发现的总的缺陷数下降，得益于大部分的缺陷发现在前期的研发阶段。

缺陷预防的方法主要是分析过去遇到的缺陷，识别原因并采取特定行动来预防将来再发生类似的缺陷。重点需要关注缺陷预防有最大的增值价值（经常在减少成本或风险方面）的地方。

（1）确定缺陷的常见原因。与相关干系人一起评审和商定已定义缺陷的参数，例如缺陷会造成的危害、缺陷发生频率、缺陷的修复成本、缺陷对过程性能的消极影响范围等，对缺陷进行分类。

（2）选择缺陷进行分析。使用帕累托分析法和柱状图技术等，识别出现频率较高的缺陷类型。

（3）分析所选缺陷的原因。对所选缺陷进行因果分析，以确定它们的根本原因。可使用因果图分析法、故障树分析法、鱼骨图、故障模式影响分析等方法。

（4）优化并定义系统消除缺陷根本原因的行动。提出解决方案以消除缺陷，确定最优的可能解决方案。

软件缺陷预防技术有很多方面，除了测试执行之外，几乎所有的软件工程活动、测量分析活动和项目管理活动都可以提前预防缺陷产生，或尽早发现缺陷。

常用的缺陷预防技术如下：

（1）开发过程：利用 CMMI（能力成熟度模型集成）、TMMi（测试成熟度模型集成）、使用 PSP（个人软件过程）和 PSP（团队软件过程）。

（2）规范标准：使用原型法进行需求开发、使用联合应用设计和收集需求、使用正规的设计方法、编码标准、旧软件代码更新之前分析代码复杂性、从旧软件中移出易错模块等。

（3）软件验证和质量评估：测试策略与测试途径、评审技术、测试驱动开发、评价指标。

（4）项目管理与监控：如 SCRUM 每日会议、正规的变更管理办法、组织架构。

（5）资源调配：培训、招聘、指导，通信和协作活动，使用工具。

7.6 项目案例

7.6.1 按照缺陷类型的统计结果

在"香霖网上书城"测试中，缺陷类型包括产品崩溃、未实现的需求、功能错误与失效、性能缺陷、易用性缺陷、语言描述错误、安全性问题等。测试组通过测试，共发现 65 个缺陷，按照测试缺陷类型统计见表 7.12。

表 7.12 按缺陷类型统计表

缺陷种类	统 计 情 况	
	数量	百分比/%
产品崩溃	3	4.62
未实现的需求	8	12.31
功能错误与失效	35	53.85
性能缺陷	2	3.08
易用性	13	20.00
语言描述错误	4	6.15
安全性问题	0	0.00
总计	65	100.00

注：表中的百分比 ＝(每个分项的缺陷数量/总缺陷数量)×100%。

分析：功能错误与失效的缺陷共 35 个，占比为 53.85%，其中有很多是由开发人员自测不充分导致；如果开发人员充分测试后再提交测试，该比例应该会减小。

可以用相应的饼状图展示，如图 7-8 所示。

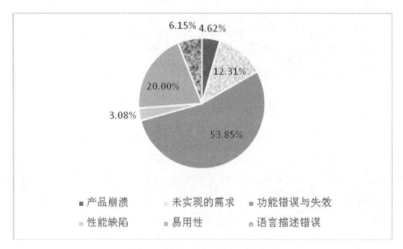

图 7-8　按缺陷类型统计饼状图

7.6.2　按照缺陷严重程度的统计结果

在"香霖网上书城"测试中，缺陷严重程度分为五个等级：致命、严重、一般、轻微、建议，按照测试缺陷严重程度统计见表 7.13。

表 7.13　按缺陷严重级别统计表

缺陷严重程度	总数	百分比/%
致命	1	1.54
严重	5	7.69
一般	42	64.62
轻微	10	15.38
建议	7	10.77
总计	65	100.00

注：表中的百分比 ＝(每个分项的缺陷数量/总缺陷数量)×100%。

7.6.3　按照系统模块的缺陷统计情况

通过测试，系统各模块的缺陷按严重级别统计见表 7.14。

表 7.14　系统各模块的缺陷

系统模块	致命	严重	一般	轻微	建议	缺陷总数
前台登录	0	1	5	2	2	10
前台购买图书	1	2	15	3	2	23

续表

系统模块	致命	严重	一般	轻微	建议	缺陷总数
后台图书管理	0	1	13	3	2	19
其他	0	1	9	2	1	13
总计	1	5	42	10	7	65

相应的柱状图如图 7-9 所示，可以更清晰地了解到各个模块的缺陷比例情况。从图中可以看到，前台图书购买模块和后台图书管理模块缺陷较多，严重问题有一定比例，占比最大的是一般性缺陷。

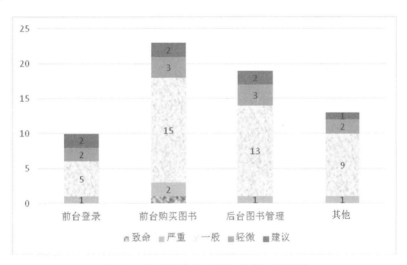

图 7-9　缺陷按模块严重级别统计柱状图

本章小结

软件测试的目的是保证软件产品的最终质量。一个软件产品的测试工作，通过测试设计与测试实施会发现软件产品的一系列缺陷与不足。通过软件测试对产品进行评估与质量分析也是一项关键工作。本章在学习软件产品质量定义与模型的基础上，对软件产品质量的测试测量与评估进行了介绍，并学习了基于需求的测试覆盖、基于代码的测试覆盖、缺陷发现率、阶段缺陷清除率、缺陷潜伏期、缺陷密度等测试度量指标，通过这些指标，可以对产品质量有一定的量化评价，从而对产品进一步优化和缺陷预防提供参考依据。

课后习题

一、简答题

1．什么是软件质量？
2．ISO 9126 质量模型中，软件质量属性的 6 个特性是什么？

3．什么是基本指标？什么是衍生指标？

4．如何计算基于需求的测试覆盖率？

5．如何计算基于代码的需求覆盖率？

6．什么是缺陷的潜伏期？

7．什么是缺陷密度？如何计算缺陷密度？

8．简述软件缺陷跟踪管理的实现原理。

9．软件缺陷的严重级别有哪些？

10．缺陷预防有哪些技术？

二、设计题

某产品在各阶段发现的缺陷个数见表 7.15，请计算编码和单元测试阶段、系统测试阶段、验收测试阶段的缺陷发现率。

表 7.15　某产品在各阶段发现的缺陷个数

故障发现阶段	缺陷类型			总计
	需求缺陷	设计缺陷	编码缺陷	
需求阶段	2			2
设计阶段	10	50		60
编码和单元测试	2	5	15	22
系统测试	1	2	100	103
验收测试	0	0	20	20
总计	15	57	135	207

第 8 章 软件测试项目管理

 本章导读

  软件测试项目的顺利开展及有序推进离不开软件测试的项目管理。测试项目需要从哪些方面做管理呢？软件测试项目管理需要在测试的全周期内开展，还是主要在哪个阶段进行呢？所有的软件测试项目的项目管理工作都相同吗？通过本章的学习，我们将解决这些问题。此外，在学习软件测试项目管理前，我们首先要知道什么是项目，什么是项目管理，通用的项目管理理论有哪些内容，然后结合我们对软件工程及软件测试的理解，学习软件测试的项目管理知识。一个测试项目的成功实施依赖于测试经理熟悉、掌握这些测试管理知识，并能够基于实践经验和项目实际灵活应用。

本章要点

- 软件测试项目管理原则
- 软件测试范围及变更管理
- 软件测试进度管理及工作量预估
- 软件测试风险管理
- 软件测试配置管理
- 软件测试沟通管理

8.1 项目管理概述

  项目管理在各个生产及工程领域都得到了非常重要的关注，在这方面，国际上有一个项目管理专业人士资格认证是非常知名的，即 PMP（Project Management Professional）。它是由美国项目管理协会（Project Management Institute，PMI）发起的，协会发布的《项目管理知识体系指南》（Project Management Body of Knowledge，PMBOK）对项目管理所需的知识、技能和工具进行了全面的阐述。《项目管理知识体系指南》每四年更新一次，目前为第六版。每次更新都增加一些能引领项目管理实战发展的新知识，有上万名 PMI 成员及 20 多个其他相关专业组织为此作出了贡献。

  第六版《项目管理知识体系指南》中，把项目管理划分为 10 大知识领域，即项目整合管理、项目范围管理、项目进度管理、项目成本管理、项目质量管理、项目资源管理、项目沟通管理、项目风险管理、项目采购管理、项目相关方管理。

  2019 年 3 月 PMI 全球认证人士及《项目管理知识体系指南》发行量统计数据公布：截至 2019 年 3 月，PMI 全球有效认证人数为 911375 人，PMI 出版的《项目管理知识体系指南》被

翻译成 11 种语言。

本章依据《项目管理知识体系指南》，对通用的项目管理的相关知识进行介绍。

8.1.1　项目管理基本概念

1．项目

项目是为创造独特的产品、服务或者成果而进行的临时性的工作。首先项目是一个临时性的工作，它有起点，也有终点；其次，项目可以创造：

（1）一种产品，既可以是其他产品的组成部分，也可以本身就是终端产品，例如某个软件系统、某软件系统的子系统等。

（2）一种能力（如支持和配送的业务职能，用来提供某种服务），如某个软件 APP 可以提供快递服务或购票服务等。

（3）一种成果，例如结果或文件（如某研究项目所产生的知识等），如某个 IT 咨询项目等。

2．项目的特征

（1）临时性。项目有明确的起点和终点。临时性并不一定意味着持续的时间短；项目所产生的社会、经济和环境影响往往比项目本身长久得多。

项目团队组织机构随项目的结束而重组。

一些大型的软件项目，例如一些银行核心的项目建设周期一般为一年左右；一些短小的项目，例如一个小的 App 的项目，建设周期可能是 2～3 个月。但是无论这些项目所用的时间长短，它都有明确的起点和终点，都有软件需求分析的开始时间，也有系统上线运行的时间点。每个阶段的测试也都有相应的开始时间和结束时间。

（2）独特性。每个项目都会创造独特的产品、服务或成果。尽管许多测试项目的交付成果中有重复的元素，但这种重复并不会改变项目工作本质上的独特性。

由于独特，项目团队可能不具备或无法找到相关的经验借鉴，因此项目存在一定的风险。

每个软件项目都是为了实现一定的生产目的，或者实现用户的需求而进行生产的，这些项目的每次测试都有测试的背景、项目的特点、上线的要求，所以每个测试项目也都具有独特性。

（3）渐进明细。渐进明细是指随着信息越来越详细和估算越来越准确，需要持续改进和细化工作计划。它使项目管理团队能随项目的开展而进行更加深入的管理。

软件项目尤其是这样，因为逻辑复杂、人员的规模较大、多人协作等，一个软件项目由需求分析到软件上线的过程中，所有的业务需求和所有的系统特点都是渐进明细的。对测试人员来说，对项目的理解，随着需求的精细化也在逐渐清晰，也是一个渐进明细的过程。

3．项目管理

项目管理就是将知识、技能、工具与技术应用于项目活动，以满足项目的要求。项目管理就是预测和计划、组织、协调和控制。项目的管理者在有限的资源约束下，运用系统的观点、方法和理论，对项目涉及的全部工作进行有效的管理，即从项目的投资决策开始到项目结束的全过程（计划、组织、指挥、协调、控制和评价），以实现项目的目标。

4．项目管理三角形

项目管理三角形是指项目管理中范围、时间、成本三个因素之间相互影响的关系，如图8-1 所示。

图 8-1　项目管理三角形

项目管理是一个有压力也有魅力的工作。由于项目是独特的，每个项目都具有很多不确定的因素，项目资源使用之间存在竞争性，除了极少的项目，项目很难最终完全按照预期的范围、时间和成本三大约束条件完成。项目范围的扩大会导致项目工期延长，或者需要加班的资源，进一步导致项目成本的增加，同样项目成本的减少也会导致项目范围的限制，项目经理就是要运用项目管理的相关知识，合理、科学地分配各种资源，尽可能地实现项目的目标，使客户获得最大的满意度。

项目管理三角形强调的是三个因素的相互影响的紧密关系。

（1）为了缩短项目时间，就需要增加项目成本（资源）或减小项目范围。

（2）为了节约项目成本（资源），可以减小项目范围或缩短项目时间；如果需求变化导致增大项目范围，就需要增加项目成本（资源）或延长项目时间。

因此，项目计划的制订过程是一个多次反复的过程，根据各方面的不同要求，不断调整计划来协调它们之间的关系。在项目执行过程中，当项目的某个因素发生变更时，往往会直接影响其他因素，需要同时考虑一个因素变更给其他因素造成的影响，项目的控制过程就是要保证项目各方面的因素从整体上能够相互协调。

项目管理的魅力在于：世界上没有完全相同的两个项目。

5．事业环境因素

事业环境因素是指围绕项目或能影响项目成败的任何外部环境因素，这些因素来自任何或所有项目参与单位。事业环境因素是在项目计划编制之前就已经形成的背景因素，它们是客观存在的，不以项目经理和项目团队的意志为转移，如自然环境、市场行情、法规和标准、社会文化背景、基础设施条件、技术发展程度、现行管理体制、外部信息资料等。

事业环境因素与
组织过程资产

软件测试位于软件开发过程的后期，在软件测试时，软件的需求、软件的概设详设或软件的编码都已进行了，不同项目的这些因素是各不相同的。

6．项目管理知识领域

项目整合管理、项目范围管理、项目时间管理、项目成本管理、项目质量管理、项目人力资源管理、项目沟通管理、项目风险管理、项目采购管理、项目干系人管理 10 个知识领域，在软件测试项目中都有相应的体现。每个软件测试项目都有具体的项目范围，也有相应的需要上线的时间点，也有相应的投资以及上线后的质量需求。在测试项目的推进过程中，人力资源的管理也颇为重要，因为软件生产过程中会有大量的人力的投入，人员间有效的沟通会使得需求更加清晰，项目的协调沟通更加顺畅。此外，在测试项目中，风险的预估也是非常重要的。

任何一个项目都有一定的范围，都有相应的边界。项目范围的蔓延是项目经理需要非常注意的事情。有效地规避或者减少风险，会使项目进行得更顺利。项目采购管理是从项目团队外部采购或获取所需产品、服务或成果的各个过程；而干系人是能影响项目决策、活动或结果的个人、群体或组织，以及被项目决策、活动或结果所影响的个人、群体或组织，项目经理需要注重对干系人的管理。此外，每个项目都需要在一定的时间内完成相应的任务，如何合理地分配时间，如何在确定的时间内完成相应的任务并达到质量目标，是每个项目经理都需要非常关注的事情。

8.1.2　测试项目管理的主要内容

测试项目组成员包括测试经理和测试工程师，测试工程师又可分为初、中、高等级别。根据工作内容，测试工程师又可以分为功能测试工程师、性能测试工程师、自动化测试工程师等。在较大的测试组织中，测试团队又分为若干个测试组，每个组有测试组长。测试经理的任务是全面负责测试过程和达成测试项目的目标，主要工作内容如下：

（1）理解测试目标，规划测试活动，包括估算测试工作量和成本、获取资源、定义测试级别和测试周期，规划缺陷管理、配置管理、测试环境等。

（2）编写和更新测试计划。

（3）与项目经理、产品所有者和其他人协调测试计划。

（4）明确测试入口与出口准则，启动测试分析、设计、实施和执行、监督测试进度和结果。

（5）根据收集的信息准备并提交测试进度报告和测试总结报告。

（6）根据测试结果和进度调整计划，采取所需的行动以进行测试控制。

（7）支持建立缺陷管理系统和对测试件的重复配置管理。

（8）引入适当的度量来测量进度并评估测试和产品的质量。

（9）选择测试工具，并计划相应的培训。

（10）决定测试环境的实施。

（11）将项目的情况及时汇报给相关干系人。

（12）通过培训或指导，培养测试人员的技能。

8.1.3　测试项目管理的基本原则

（1）始终能够把质量放在第一位。软件测试是通过挖掘系统软件的缺陷，力求提高软件的质量。软件质量是软件稳定运行、获得客户满意的重要因素，因此软件测试项目管理中，需要树立质量第一的观念，使得测试人员能够重视质量，为推进质量的提升进行积极的工作。

（2）可靠的需求。做好软件测试工作的根本是需要真正理解需求，需求可分为显性需求和隐性需求。测试人员需要在测试过程中追求需求的正确性、完整性，并识别隐形需求。只有需求可靠，测试用例才能更好地覆盖被测系统。

（3）尽量留出足够的时间测试。测试执行在需求讨论及代码编写之后进行。前期工作的延期或项目上线时间点的紧迫常导致测试的时间被压缩，测试需求分析、测试用例编写及测试用例执行等工作又都需要一定的工作量。当测试时间足够充分时，被测系统上线时的成熟度才高，上线后才能保证平稳地运行，所以在项目计划和实施中，要尽可能地给测试留出足够的时间。

（4）足够重视测试计划。计划是一次性实现目标的纸面模拟过程。软件测试计划是指导测试过程的纲领性文件，对即将实施的测试工作的测试范围、测试策略、测试方法、测试进度、测试资源、测试风险分析等各方面进行纸面模拟。只有足够重视测试计划，才能使测试项目更顺利地开展。

（5）要适当地引入测试自动化或测试工具。有效使用测试工具将提升测试效率，方便测试管理。测试过程管理工具一般包括测试需求分析、测试用例设计、测试用例执行及缺陷管理，使用测试过程管理工具，可以使所有的测试人员在同一平台上工作，帮助测试组织有效管理测试过程。使用自动化测试工具能够帮助测试工程师提升测试效率。自动化测试工具类型很多，包括单元测试工具、接口测试工具、UI 自动化测试工具、压力测试工具、安全扫描工具等。

（6）建立独立的测试环境。独立的测试环境有助于测试结果的真实性和正确性。测试环境包括硬件环境和软件环境，硬件环境指测试必需的服务器、客户端、网络连接设备，以及打印机/扫描仪等辅助硬件设备所构成的环境；软件环境包括被测软件运行时的操作系统、数据库及其他应用软件构成的环境。

8.2　测试范围及变更管理

8.2.1　测试范围管理目的

项目范围管理是项目管理的重要环节。项目范围的变化将影响项目的整体工作量、质量、资源调配等，范围确认是否清晰、准确将直接影响项目的整体质量和进度。通常，在项目环境中，"范围"有以下两种含义：

（1）产品范围：某项产品、服务或成果所具有的特性和功能。

（2）项目范围：为交付具有规定特性与功能的产品、服务或成果而必须完成的工作。

根据项目管理中对范围的定义（产品范围和项目范围），结合测试项目范围的特殊性，对测试项目范围的广义定义如下：

（1）测试类型的范围：例如功能、性能、兼容性。

（2）被测系统的范围：例如某银行项目中，测试包括银行核心业务系统、柜面系统、信贷管理系统、网上银行系统等，以及因测试需求所影响到的系统的范围（例如提供验证的系统、提供数据来源的系统等）。

（3）软件测试过程的活动范围，例如测试的分析、设计、执行，测试提交物内容等。

测试项目范围的狭义定义主要是被测系统中具体的功能或性能的测试范围，功能测试范围常用业务功能点、业务规则或业务交易清单等描述，性能测试常用性能测试场景与性能指标等描述。梳理测试范围能够明确测试的具体对象，保证测试的覆盖率。

8.2.2　测试范围管理过程

（1）在测试计划阶段，测试经理需要明确测试项目及测试对象，测试什么，不测试什么。

（2）在测试需求分析阶段，通过测试工程师的测试需求分析活动，将测试范围逐步细化为测试点。

（3）在测试用例设计阶段和测试用例执行阶段，测试经理需要经常检查项目范围是否发生变化（例如是否引入新的测试类型、是否存在新增的页面或功能项、需求规格说明书是否有变更等）。

（4）在测试总结阶段，分析与总结由项目范围变更带来的测试计划变更情况及工作量的变化情况等。

8.2.3　测试范围变更管理

（1）测试范围变更的必然性。在项目进行过程中，测试范围不是一直保持不变的。随着项目的进行，项目的业务需求规格、软件需求规格、接口规范、设计规格都有可能发生变化，相应的测试范围也可能发生变化。

变更控制过程并不是给变更设置障碍。相反地，它是一个渠道和过滤器，通过它可以明确哪些测试范围发生了变更，使变更产生的负面影响最小。

（2）范围变更流程。变更均应遵循组织规范的变更过程，使变更有序、可控、可管理。范围变更的控制过程一般如下：

1）针对在项目开发中引起的业务变更或系统功能变更或系统设计变更申请，测试组需要进行测试范围的变更影响性分析，判断这些变更是否会对相关测试范围产生影响。

2）当确定范围发生变更时，根据测试需求与系统需求跟踪矩阵，找到与变更需求有关的各层、各环节测试需求项。根据测试需求与系统需求跟踪矩阵，可以完整地追踪到需求变更影响的所有地方，可以避免因发生遗漏而产生系统缺陷等。

3）如果变更申请得到批准，测试组变更测试需求，并形成新的测试需求版本（与变更后的相关开发文档版本保持一致）。

4）将新形成的测试需求提交给相关的主管部门，组织评审，评审通过后，作为后续测试用例变更的基准。

（3）变更状态及类型。变更状态一般包括原有未变、新增、修改、删除、未确定、原来遗漏。其中："原有未变"表示初始测试基线；"新增"表示根据需求变更，在基线后新增加的测试范围；"修改"表示该测试范围相对于初始基线发生了改变；"删除"表示去除的测试内容在后续测试时可不测试；"未确定"用于表示需要进一步明确的测试范围。

【例 8-1】功能测试范围的变更状态记录。

【案例分析】以某手机银行转账功能为例，随着项目的推进，项目经理需要经常关注与记录范围的变更，并在有变更时及时修订被测需求点。某手机银行转账功能测试范围见表 8.1。

表 8.1　某手机银行转账功能测试范围

编号	一级菜单	二级菜单	三级菜单	变更状态
1	转账	收款人管理	新增收款人	原有未变
2			编辑收款人	原有未变
3			删除收款人	原有未变
4		转账限额管理	单日限额	原有未变
5			年度限额	原有未变
6			单笔限额	新增
7		定活互转	活期转定期	原有未变
8			定期转活期	原有未变
9		行内转账	给本人转账	原有未变
10			给他人转账	原有未变
11		跨行转账	给本人转账	原有未变
12			给他人转账	原有未变
13		转账明细查询	按账号查询	原有未变
14			按日期查询	原有未变
15			按日期段查询	原来遗漏
16		预约转账	指定日期转账	原有未变
17			指定周期转账	原有未变
18			预约转账管理	原有未变
19		公益捐款	某慈善机构	修改

【例 8-2】性能测试范围的梳理。

【案例分析】以某银行综合理财系统性能测试为例，性能测试范围见表 8.2。

表 8.2　某银行综合理财系统性能测试范围

模块	关键交易	交易量（每日）
查询类	客户交易明细查询	50 万
	余额理财客户每日收益明细查询	50 万
	产品信息查询	50 万
	垫资余额查询	30 万
代销基金	产品购买（认申购）	1 万
	赎回	1 万
余额理财	余额理财主动购买	30 万
	余额理财定投	10 万
	余额理财快赎	2 万
	余额理财普赎	2 万

续表

模块	关键交易	交易量（每日）
代销保险	新单试算	2000
	新单承保	2000
	当日撤单	200
	犹豫期退保确认	500

8.3 测试进度管理及工作量预估

测试项目进度管理

8.3.1 测试进度管理目的

测试进度管理的主要目标是在规定的时间内，制订出合理、经济的进度计划，并在该计划执行过程中，检查实际进度是否与计划进度一致，以保证项目按时完成。

时间是任何项目都不可或缺的资源，它对软件项目管理的主要意义如下：

（1）每个软件项目都面临着一个无法回避的最终交付日期，这个期限构成了项目管理的三大约束之一，因此软件测试活动也必须在某个时间点完成。

（2）所有的项目管理活动都不可避免地围绕着时间坐标进行，这个横坐标为项目提供了一个重要的量化指标和尺度。

有效的项目进度管理有助于在规定的时间内，拟定出合理且经济的进度计划。在执行该计划的过程中，通过实际进度与计划进度的偏差分析，及时找出原因，采取必要的补救措施或调整、修改原计划，最终保证项目在满足其时间约束条件的前提下实现总体目标。

8.3.2 测试工作量预估

合理且经济的进度计划的制订，必须以项目范围管理为基础，针对项目范围的内容要求，有针对性地安排项目活动。编制进度计划前要进行详细的项目结构分析，系统地剖析整个项目结构构成，包括实施过程和细节，系统、规则地分解项目。

项目结构分解可使用工作分解结构（Work Breakdown Structure，WBS）工具。测试经理通过 WBS 分解，可以将软件测试全过程逐一分解到相对独立的、内容单一的、易于成本核算与检查的项目活动，明确这些测试活动之间的关系，做到每个活动具体地落实到责任者，进而进行测试组织内外的有效协调。

编制进度计划的主要依据包括项目目标范围、工期的要求、项目特点、项目的内外部条件、项目结构分解后的活动、项目对各项工作的时间估计、项目的资源供应状况等。进度计划编制要与费用、质量、安全等目标相协调，充分考虑客观条件和风险预计，确保项目目标的实现。项目工作量的预估也需要考虑这些内容。

软件项目的成本投入中，最主要的是人员成本，而人员成本（人员成本=耗费的资源×资源的单价）取决于工作量。工作量的单位可以是人天、人月或人年，根据项目的规模，可以选取不同的单位。

一般测试工作量的预估可采取如下 4 种方式：

（1）类比估算法。类比估算法是指一种自上而下的成本估算方法，它通过比照已完成的类似项目的实际成本，估算出新项目成本，实际上是一种专家判断法。

类比估算法的优势是效率高、花费比较少，一般用在项目资料难以取得时。例如当一个软件测试项目无法获取相应的基线文档，如系统测试时暂时无法获取详细的《软件需求规格说明书》，测试经理需要收集以往类似规模类似项目的参数值，包括持续时间、预算、规模、复杂性等，或者请参与过类似项目的工程师，根据类似项目的情况，结合自己的经验和判断，估算出当前项目的工作量及相关成本。

当以往项目不仅在形式上与新项目相似，而且其实质也非常相同时，类比估算法的准确性相应更高一些。例如本次项目是测试某银行的手机银行，与前期完成的某一个或多个手机银行测试项目相比，两个银行的规模属于同一等级，开发商是同一家公司，主要的功能模块类似，开发的投入成本类似，此时新项目的工作量可以类比估算出来，并有一定的准确性。

由于项目具有一次性、独特性等特点，在实际生产中，根本不可能存在完全相同的两个项目，因此当类似项目的情况与新项目有比较大的差异时，类比估算法的可用性不高。

（2）参数估算法。参数估算法是一种基于历史数据和项目参数的估算方法，参数估算的准确性取决于参数模型的成熟度和基础数据的可靠性。

功能测试的工作量预估一般使用基于功能点（Function Point，FP）的工作量估算方法，从用户的角度来度量软件。进行工作量估算时，需要先估计出软件项目的功能点数，然后根据参数模型，将功能点数转换为工作量，即人天数。

参数估算法常用在项目开始或项目需求基本明确时，此时估算结果的准确性比较高。通过一些行业标准或企业自身度量的分析，参数估算法可以转换为 LOC 代码行。

将功能点转换成工作量（人天数）的前提是测试经理已经获取行业或者软件组织的参数模型，例如某类型系统的测试用例设计效率或测试用例执行效率等。根据这些效率指标，在估算出被测系统的功能点数后，直接用功能点数除以效率指标，即得工作量投入数。例如一个系统的功能点数为 500 个，每人每天测试用例编写数为 50 个，则该系统的测试用例编写工作量为 10 人天。

（3）三点估算法。当估算一个测试项目的工作量时，没有类似项目可以直接进行类比估算，也缺乏组织已积累的参数模型，可以采用三点估算法与专家判断法相结合的方法。

三点估算法通过考虑估算中的不确定性和风险，以提高活动持续时间估算的准确性。这个概念起源于计划评审技术。使用三种估算值来界定活动持续时间的近似区间：

$$E=(O+4M+P)/6$$

式中：O——最乐观估计的工期；

　　　P——最悲观估计的工期；

　　　M——最可能实现的工期；

　　　E——最后估算出的工期。

其中，"最乐观的工期"是指基于可能获得的资源、最可能取得的资源生产率、能够顺利获取相关参与者的支持及干扰最小的情况的活动持续时间。"最悲观估计的工期"和"最可能实现的工期"同理。

【例8-3】某功能测试项目工作量预估方法举例。

【案例分析】以某功能测试项目为例，采用类比估算法结合专家判断法，明确各个三级功能项的难易度，根据难易度的不同，预估测试用例编写及执行时间见表8.3。

表8.3　某功能测试项目工作量估算样例

一级功能项	二级功能项	三级功能项	难易度	工作量预估（人天）				工作量预估合计（人天）
				用例编写	第一轮测试	第二轮测试	第三轮测试	
QT_UC_报价	QT_UC01_新保报价	新保报价申请录入	难	4	10	8	3	25
		新保报价单修改	简单	1	2	2	1	6
		新保报价单转投保单	简单	1	2	2	1	6
		新保报价多版本管理	中等	1	4	3	2	10
		新保报价查询（含查询历史版本）	简单	1	2	2	1	6
		新保报价打印	简单	1	2	2	1	6
		新保报价注销	简单	1	2	2	1	6
		新保报价复制	简单	1	2	2	1	6
		报价产品方案推荐	难	3	8	6	3	20
		创建组合报价申请	中等	2	4	4	2	12
		创建关系报价申请	中等	2	4	4	2	12
		相似报价单校验	中等	2	4	4	2	12
		询价信息补录（非车险集中出单）	中等	2	4	3	2	11
		批量新保报价申请录入	难	5	12	8	3	28
总计				共166人天，约为8人月				

8.3.3　测试进度管理过程

计划做得再好，没有有效的执行等于没做，所以测试经理在项目实施周期内，需要持续进行进度跟踪与控制。测试进度管理过程主要包括如下4个环节：

（1）计划制订。测试经理首先根据项目的整体计划，明确测试的总体时间要求，确定测试的里程碑计划。测试的里程碑一般包括测试启动阶段、测试计划阶段、测试需求分析阶段、测试用例设计阶段、测试用例执行阶段（可以分多个轮次）、测试总结汇报阶段等。此后，测试经理可使用WBS工具对每个里程碑测试活动进行细化，预估每个活动的工作量（采用工作量预估方法），并为每个活动分配资源。制订计划时应充分考虑外部依赖关系及可能的风险，制订计划后需要由测试组、开发团队、最终用户共同评审确认。

（2）进度跟踪。随着测试项目实施的开展，测试经理需要对测试计划中的各个里程碑和各个测试活动进行必要的跟踪，及时了解测试的进度，以及测试的范围、测试的人员状况、测试的问题、测试的质量等。测试进度的把控可以通过日志管理、周报管理等方式进行。例如项目组成员每天填写工作日志，说明工作完成情况及遇到的阻碍，便于测试经理及时掌握进度情况，并发现测试项目当前存在的问题。

（3）分析偏差：测试经理对测试项目的实际数据信息进行分析，与测试计划比较，分析进度偏差情况，并对偏差产生的原因进行必要分析。对于未按计划完成的任务，需要与相关人员沟通，明确原因，找到问题解决办法，并尽快采取措施解决问题，避免进度偏差扩大化。

（4）进度调整：当实际测试进度与测试计划内容偏差较大时，测试经理提出变更进度计划申请，在项目管理团队批准后变更测试计划。

【例 8-4】个人测试工作周报举例。

【案例分析】个人测试工作周报一般按日填写，有助于项目管理人员了解测试工作进展情况及投入时间情况。项目周报是在个人工作周报基础上，对项目组工作进展情况的总结。表8.4 是某测试项目的个人工作测试周报内容以及投入时间情况。

表 8.4　个人测试工作周报样例

表格名称	个人工作周报				
项目名称			人员姓名		
日期	测试/管理活动类型	活动内容	工作内容	正常工时	加班工时
201X/2/13	性能测试	测试需求分析	了解对账管理系统操作手册	8.0	
201X/2/14	测试管理	项目监控	协调解决功能测试中遇到的问题	3.0	1.0
	性能测试	测试总结报告	评审山西手续费系统性能测试报告	5.0	
201X/2/15	性能测试	测试总结报告	评审山西手续费系统性能测试报告	3.0	
	性能测试	测试需求分析	了解对账管理系统操作手册	4.0	
	测试培训	配置管理	培训测试管理工具的用例导入及执行方法	1.0	1.5
201X/2/16	测试管理	项目监控	协调解决功能测试中遇到的问题	6.0	1.5
	测试管理	测试需求分析	对账管理系统进行需求调研	2.0	
201X/2/17	配置管理	配置管理	协调专线机、安装测试软件	4.0	
	测试管理	配置管理	整理项目组工作周报	4.0	1.5
合计				40.0	5.5

表 8.4 中，该项目的"测试/管理活动类型"包括功能测试、性能测试、自动化测试、测试管理、配置管理、测试培训等；"活动内容"包括测试计划制订、测试需求分析、测试用例设计、测试脚本准备、测试数据准备、测试用例执行、测试总结报告、测试规范整理、项目监控、配置管理、质量保证等，以方便该项目中各类测试人员及测试管理人员的填写。同时，可以汇总一定时期项目中所有成员的各类活动的用时，为后续项目工作量预估做数据支持。

个人工作周报或项目工作周报中，一般还包括下周"工作任务"和"需协调工作或经验交流"，见表 8.5。

表 8.5 下周工作计划样表

下周工作任务（计划内、计划外、上周任务偏差所引起的任务）		
序号	下周工作计划	期望的支持人员
1		
2		
3		
需协调工作或经验交流		
序号	经验交流或需协调的工作	重要性或紧急度
1		
2		
3		

8.4 测试风险管理

测试项目风险实例

8.4.1 测试项目风险管理目的

风险管理的目标在于提高项目中积极事件的概率和影响，降低项目中消极事件的概率和影响。在进行风险管理时，首先要识别风险，评估它们出现的概率及产生的影响，然后建立风险应对策略来管理风险。

项目风险源于项目存在的不确定性。测试项目风险会影响测试计划的实现，如果项目风险变成现实，就可能影响项目的进度、增加项目的成本，甚至使项目失败。只有注重风险管理，才可以最大限度地减少风险的发生。

软件测试项目中，测试经理除需要进行项目风险管理外，还需要带领团队在测试过程中注重产品风险，进行产品风险管理。

8.4.2 项目风险与产品风险

项目风险包括项目执行过程的各方面，如任务协同、资源分配（包括人员、测试工具、测试环境）、进度、工期、成本、技术等。一般可以通过非测试措施（如沟通协调、资源申请、风险升级、范围变更等）进行风险缓释。

产品风险是基于产品本身（被测对象）存在的风险，例如功能性、性能、兼容性、安全性、可靠性、稳定性、可移植性的风险等。产品风险是基于产品本身特性存在的。一般可以通过增加对应测试场景或加强测试等措施进行风险减缓或规避。

【例 8-5】项目风险类型举例。

【案例分析】某项目的系统测试计划中，测试经理根据对项目相关因素的分析，结合已有项目的风险防范经验，从测试进度、测试人员、测试环境和被测系统需求 4 个方面进行了项目风险的预估，并对每个风险的发生概率、风险可能带来的影响及可能发生的时段进行了预估，见表 8.6。

表 8.6　测试项目风险样表

风险类型	风险描述	发生概率	风险影响	发生时段
测试进度	开发延期使得系统测试未能如期开始	40%	严重	测试初期
	由于开发时间很短，而且为新建类项目，软件成熟度不高，因此冒烟测试未能一次性通过，进而影响系统测试进度	30%	严重	测试初期
	第一轮测试后缺陷较多，开发人员需要更长时间修复，导致系统测试延期，进而导致项目无法按时上线	30%	严重	测试中期
	缺陷修改质量不高，导致出现更多缺陷，影响测试进度	10%	严重	测试中期
测试人员	由于可能的大量加班，人员工作积极性降低，进而影响人员稳定性	20%	中等	测试中期
测试环境	功能测试与性能测试共用测试环境，在性能测试执行时，功能测试执行效率低	10%	严重	测试中期
被测系统需求	由于软件需求描述太简单，功能范围不够明确，实际的功能可能比预计的多	30%	中等	测试中期
	系统测试用例执行后，需求有较大变化	5%	严重	测试后期
项目沟通	由于被测业务涉及多个系统，各个系统相关人员沟通不畅或配合不及时	30%	低	测试中期

【例 8-6】产品风险的来源。

【案例分析】产品风险可能来源于业务需求、专家经验、历史缺陷、生产事件及产品风险库等。某测试项目的产品风险样表见表 8.7。

表 8.7　某测试项目的产品风险样表

分类	描述	举例
业务需求	测试人员参与业务需求的讨论及评审过程中，发现可能带来的产品风险	例如在需求分析的过程中，分析被测对象的某些特性或模块是否会存在潜在的风险，例如支付模块是否会存在支付安全的风险
专家经验	凭借专家经验（类似产品经验）或者团队头脑风暴的小组讨论，对产品风险进行识别、分析和评估工作	例如测试用例的评审过程，结合产品需求与设计，识别产品潜在的风险，并将识别的新增风险记录在产品风险管理表中，并进行追踪解决
历史缺陷	引入历史测试问题	虽然缺陷（事件）得到修复，但在未来版本中依然可能存在此风险
生产事件	引入历史生产问题	历史投产后发生的生产问题，可能在未来版本中依然存在
产品风险库	复用风险库中已有条目	同类产品、类似模块的可借鉴风险
其他	其他	例如行业竞品、上级管理要求等

8.4.3　测试项目风险管理过程

风险管理可划分为风险识别、风险分析、风险应对规划和风险控制等。

（1）风险识别。风险有狭义和广义的定义。狭义的风险是指对项目有消极影响、需要管理者规避的事件；而广义的风险，既包括消极影响，也包括积极影响。风险识别中，一般测试经理更关注的是会给项目带来消极影响的因素。

测试项目的风险识别包括对产品风险和项目风险的识别。风险识别是通过对产品和项目的理解，基于已有测试管理中的经验，以及通过对已有类似项目/产品风险库的借鉴等，识别出可能影响本次项目的产品质量与项目进度等风险，并记录具体风险各方面特征。识别风险是一个反复进行的过程，因为在项目生命周期中，随着项目的不断进行，可能会产生新的风险并暴露出来，因此测试经理及测试组织对风险识别需要有规律地贯穿于整个项目中。

（2）风险分析。风险分析是评估并综合分析风险的发生概率和影响的过程。该过程用来明确每个风险可能对项目目标产生的影响，它在明确特定风险和指导风险应对方面十分重要。

对风险的分析可以从以下角度进行：

1）风险类型：包括产品风险和项目风险。产品风险一般包括产品功能、性能、安全性、兼容性、用户体验等方面的风险；项目风险可划分为被测需求风险、测试环境风险、测试进度风险、测试数据风险、人员风险、技术风险等。

2）风险发生概率：用于明确风险发生可能性的评估，不同项目的描述方法不同，发生概率可以分为高、中、低三档；也可以包括非常小（<10%）、小（10%~25%）、中等（25%~50%）、大（50%~75%）、非常大（>75%）五档。

3）风险严重性：或称"风险影响程度"，不同组织可能有不同的定义。例如有些组织可能定义为高、中、低三档。有些组织可能定义为灾难性（进度延迟1个月以上，或者无法完成项目）、严重（进度延迟2~4周，或者严重影响项目完成）、中等（进度延迟1~2周，或者对项目完成有一定影响）、低（进度延迟1周以下，或者对项目完成稍有影响）四档。

4）发生时段：是对风险可能发生的时间进行估计，一般包括近期（可能在本阶段发生）、中期（可能在下一阶段发生）、远期（可能在下一阶段之后发生）。

（3）风险应对规划。风险应对规划是针对项目目标，制定提高机会、降低威胁的方案和措施的过程。风险应对规划是针对已识别的风险进行的；对于未来未知的风险，不可能预先制订相应的应对计划或应急计划。在风险分析的基础上，针对每个风险制定有效的应对措施，并满足组织的风险处理机制。风险应对策略中，有时需要确定风险应对责任人和申请资金支持等。

通常应对措施有如下几个方面：

1）规避策略：改变项目计划或缩小项目工作范围以及采用更成熟的技术方案进行风险规避。

2）转移策略：把风险的影响和责任转嫁给第三方，该风险还是存在的。这种方式通常是要给第三方报酬的。

3）减轻策略：降低不利风险发生的可能性，例如选择更好的方案、更可靠的供应商等。

4）接受策略：在无法规避、转移和减轻风险的情况下，面对风险选择"坦然接受"，最常用的措施是风险储备金：费用、资源、时间等。

组织可以依据"风险等级"采取相应的应对措施。例如表 8.8 中，通过风险发生概率和风险影响程度建立风险矩阵，风险等级共六级：1、2、3、4、6、9。

表 8.8　风险矩阵样表

风险影响程度	风险发生概率		
	1（低）	2（中）	3（高）
3（高）	3	6	9
2（中）	2	4	6
1（低）	1	2	3

针对不同风险等级，可采取如下的应对措施：风险等级为 6 和 9，制订详尽的风险缓解计划；增强风险的监控的力度和频率。例如本等级的产品风险，需要加强相应内容的测试强度，或者可采取增加测试轮数、早期评审、优先测试执行、优先移除相关缺陷、增大回归范围等方式；风险等级为 3 和 4，制订简要的风险缓解计划，本等级的产品风险可进行较强测试强度、较优先测试执行、较优先移除相关缺陷；风险等级为 1 和 2，制订最基础的风险缓解计划，本等级的产品风险满足最低测试覆盖率要求即可。

（4）风险控制。风险控制是指风险管理者采取各种措施和方法，消灭或减小风险事件发生的各种可能性，或风险控制者减少风险事件发生时造成的损失。风险控制是在整个项目中实施风险应对计划、跟踪已识别风险、监督残余风险、识别新风险以及评估风险过程有效性的过程。风险控制会涉及选择替代策略、实施应急或弹回计划、采取纠正措施、修订项目管理计划等。测试风险应对责任人应定期向测试经理汇报计划的有效性、未曾预料到的后果，以及为合理应对风险而需要采取的纠正措施。在控制风险过程中，还应更新项目经验教训数据库或产品风险库，以使未来的项目受益。

在项目实施过程中，测试经理通过测试监督与控制，及时更新风险状态。风险状态可分为未发生、已移除、已缓解、已接受、已转移等。

8.4.4　测试各阶段的风险管理

在软件测试各阶段，风险管理需要持续不断地进行。项目团队或组织需要不断在实践中收集汇总风险清单，整理生成风险库，以更好地指导未来项目的实践。

（1）测试计划制订阶段。风险管理计划是测试计划的子计划，在制订测试计划时，测试经理需组织测试团队对项目风险和产品风险进行识别、分析、评估，并对已识别的风险逐一制定相应的防范与规避措施。

在测试启动阶段，通过对项目背景、系统复杂度、项目进度排期、研发团队能力等信息的了解，测试经理组织团队运用专家判断法、头脑风暴法或借鉴已有类型项目资产，对项目风险进行预估。此外，测试经理（或测试组长）在组织测试团队参与需求评审（需求确认/需求讨论）过程中，测试团队应注重收集产品风险的输入信息。

测试计划评审时应注重风险计划的评审，尤其是较复杂或中大型项目的测试计划的评审。一般邀请的参与人员包括项目经理、开发人员、业务代表、需求分析师、架构师和测试人员等。

（2）测试需求分析及测试用例/脚本设计阶段。在测试分析与设计阶段，需根据产品风险等级及风险缓解的方法来进行测试需求（测试条件）的分析与测试用例的编写，并对测试需求（测试条件）和测试用例进行优先级的划分，划分依据是产品风险和业务需求。在组织测试用例评审的过程中需对所识别的产品风险与相关干系人进行讨论。与此同时，测试经理对项目风险（例如需求的清晰度、需求分析及用例设计的进度等）进行风险识别与监控。

（3）测试执行阶段。在测试执行阶段，测试经理通过日报、周报、周例会等，对所识别的风险进行监控，确认风险是否已得到有效减缓、是否有新增风险产生等情况，对于变更的风险需在风险管理表中进行相应的更新。

基于产品风险，在测试实现与执行阶段，尤其是测试时间紧张的情况下，建议优先执行产品风险等级高（优先级为高）的测试用例。同时，缺陷的严重性和修改的优先级也需基于产品风险等级来考虑。

（4）测试总结阶段。测试执行完成后，在测试评估与报告阶段，测试组织需基于产品风险覆盖率和缓解程度来评估是否达到测试项目出口准则；基于产品风险覆盖率、风险缓解程度、剩余风险来进行测试报告，以支持上线决策、上线策略、加强测试或减少测试等决策。

在测试活动结束阶段，在确认相应测试活动结束后，需由测试负责人对测试项目中的所有产品风险进行归纳总结，更新组织的风险库。同时，测试组织针对项目风险管理表进行复盘，讨论项目过程中风险识别及防范措施的有效性。

8.5　测试配置管理

测试配置管理库实例

配置管理的目的在于使用配置识别、配置控制、配置状态记录与报告以及配置审计，来建立并维护工作产品的完整性。

软件测试的工作产品即软件测试产出物（或提交物），主要包括测试计划、测试用例、测试报告等，如单元测试报告、集成测试计划、系统测试用例、用户验收测试缺陷等。此外，根据项目的规模不同、测试类型不同、测试过程不同，测试的工作产品可能还包括测试范围确认书、性能测试调研表、测试需求点清单、测试案例评审表、测试问题及跟踪表、测试执行日报、准入检查表、风险跟踪表、度量分析报告等。

8.5.1　测试配置管理目的

软件配置管理（Software Configuration Management，SCM）应用于整个软件工程过程。在软件建立时变更是不可避免的，而变更加剧了项目中软件开发者之间的混乱。SCM 的目标就是为了标识变更、控制变更、确保变更正确实现并向其他有关人员报告变更。从某种角度讲，SCM 是一种标识、组织和控制修改的技术，目的是使错误最少并最有效地提高生产效率。

测试配置管理的目的，一方面与软件配置管理相似，使软件测试过程中测试组成员及时获取正确的产出物版本，减少因使用版本不一致导致的测试需求分析、用例设计等错误，提高生产效率；另一方面是积累测试资产，为测试资产库的建设奠定基础。

测试资产库是将测试过程中的具有再生产能力或复用价值的资源提炼为组织级的资源，并在集中化的设施中存储、加工、提纯和使用。一般测试用例、测试脚本的数量很大，若每次都重新编写则效率会很低，很多组织都在基于测试用例、测试脚本、测试缺陷等建设测试资产库，通过资产的部分复用，提高测试效率和质量，并通过进一步的汇总分析，实现缺陷预防。

8.5.2　测试配置库的一般结构

测试配置库中主要包括以下配置项：

（1）开发方提供的文档、程序等。

（2）客户（采购方）提供的文档。

（3）测试过程中生成的工作产品（包括测试计划、进度计划、测试用例、测试报告、管理文档等）。

（4）指定在测试项目内部使用的测试环境、测试版本、测试软件工具等。

（5）指定在项目内部使用的过程、规程、标准等。

（6）测试过程中的一些其他过程产品。

在《测试项目配置管理计划》中，需要对配置项结构进行阐述，对配置项标识方法进行定义，对各个配置项的权限进行设计，对配置管理员的工作职责进行阐述。

（1）配置项结构。测试配置项的结构设计需要考虑测试过程中接收的测试资料、产出的测试工作产品，以及测试管理资产的合理存放和高效查阅等方面。在配置管理计划里，根据项目实际设置配置项，便于项目组成员了解配置库结构。

（2）配置项标识。用于标识测试产出物、测试标准、测试工具等配置项的名称和类型，便于配置项的管理。

【例 8-7】配置项标识样例。

【案例分析】以下为某组织的配置项标识定义：项目编号-ZZYY V X.Y，其中：

①ZZ 代表文档简称，例如：TP——测试计划；TR——测试报告；TD——测试用例/测试设计方案；PR——项目总结报告；CP——配置管理计划；QP——质量保证计划；RR——评审报告；CC——变更记录。

②YY 代表该文档序号，当一个文档由多个文档组成时，按顺序编号（01,02,03,...）。

③V 表示版本。

④X.Y 代表版本号：X 代表主版本号，表明产品的一个版本；Y 代表发布号，表明产品经过了修改，但是没有根本变化。测试产品的主版本号一般从 1.0 开始，在此基础上，每发布产品的一个新版本，版本发布号增加 1，比如 1.1、1.2 等。

（3）配置项的权限。不同角色一般对配置项有 3 种权限：读（R）、写（W）、删除（D），在配置管理计划里，需要根据项目实际，明确不同角色的权限。

（4）配置管理员的工作职责。配置管理工具的日常管理与维护、提交配置管理计划、各配置项的管理与维护、执行版本控制、完成配置审计并提交报告、对项目组成员进行配置管理相关的培训等。

【例 8-8】新建类项目的测试配置管理库结构。

【案例分析】新建类项目是指该项目建设的软件系统从无到有，或者是某个已有软件系统的大规模改造。表 8.9 为某项目的第三方软件测试中新建类项目测试配置库样表。维护类项目一般可按照版本上线周期进行测试配置项的管理。

表 8.9　新建类项目测试配置库样表

主目录	子目录 1	子目录 2	子目录 3	配置项举例	纳入配置库时间
被测系统	版本一	文档	子系统	需求分析说明书 总体设计说明书 详细设计说明书 用户手册等	从客户或开发方处得到后
		程序	子系统	源程序 可执行程序等	从客户或开发方处得到后
		业务资料		系统业务规则 系统业务流程说明等	从客户处得到后
	版本二	……	……	……	……
测试实施	项目立项			立项记录 测试方案建议书等	立项阶段
	需求分析	轮次		测试需求表 需求追溯矩阵	测试需求分析阶段
	测试计划	轮次		测试计划	测试计划阶段
	测试类型 A	测试设计	子系统	测试用例 测试实施方案	测试实施过程任何阶段
		测试执行	轮次	测试脚本 Bug 记录 测试数据等	测试执行阶段
		测试总结	轮次	测试总结报告 Bug 汇总统计等	测试总结阶段
	测试类型 B	……	……	……	……
	测试验收			交付工作产品清单	测试验收阶段
项目管理	计划、测量和监控			项目计划和跟踪甘特图 工作量成本规模测量表 项目周报 里程碑报告 工作产品评审记录表 风险跟踪表	测试实施过程中，周期/事件驱动
	工作日志	人员姓名			每日
	配置管理	变更管理		变更记录表（集合）	变更发生
		配置状态和审计报告		配置审计表 配置状态报告	配置审计
	质量保证			质量保证检查记录 不符合项清单 阶段质量检查报告	质量保证活动时

续表

主目录	子目录 1	子目录 2	子目录 3	配置项举例	纳入配置库时间
项目管理	项目总结			轮次测试报告 项目总结报告	项目总结阶段
测试资源	项目内部使用的过程、规程、标准			测试用例设计规范 测试脚本编写规范 ……	得到有关资料，经过项目经理认可，对测试有帮助的纳入配置库
	技术参考资料			……	

8.5.3 测试配置管理过程

（1）制订配置管理计划。配置管理员制订《配置管理计划》，测试经理评审，配置管理员对项目成员进行培训。

（2）配置库建立及权限设定。配置管理员为项目创建配置库，并给每个项目成员分配权限。各项目成员根据自己的权限操作配置库。配置管理员定期维护配置库，例如清除垃圾文件、备份配置库等。

【例 8-9】某测试项目配置库权限设置。

假设共有五类人员会使用该配置库，其中 R 表示仅可读，W 表示可写，D 表示可以删除，具体设置见表 8.10。

表 8.10 某测试项目配置库权限设置样例

目录	配置项举例	权限				
		项目经理	配置管理员	测试工程师	QA	测试督导
项目立项	立项记录 测试计划建议书等	R	RWD	R	R	R
需求分析	测试需求点清单	RW	RWD	R	R	R
测试计划	测试计划	RW	RWD	R	R	R
测试设计	测试用例	R	RWD	RW	R	R
	测试脚本					
测试执行	测试数据	R	RWD	RW	R	R
	Bug 记录					
测试总结	测试总结报告	R	RWD	RW	R	R
测试验收	交付工作产品清单	RW	RWD	R	R	R

（3）利用配置管理工具进行版本控制。测试过程中，一方面存在多位测试人员共同修改一份测试工作产品的情况，另一方面我们不能保证新版本一定比旧版本"好"，所以版本控制的目的是按照一定的规则保存配置项的所有版本，避免发生版本丢失或混淆等现象，并且可以快速、准确地查找到配置项的任何版本。配置项的状态一般有三种：草稿、正式发布和正在修改，利用配置管理工具可以方便地实现版本控制。

（4）定期进行配置库的备份管理。为了防止配置管理服务器出现物理事故导致配置管理库不可用，配置管理员需要定期对配置管理库做异地备份。

常用的配置管理工具有 SVN、GIT、Perforce、Rational ClearCase、Microsoft VSS 等。

8.6 测试沟通管理

8.6.1 沟通管理的目的

沟通是人与人之间传递信息、传播思想、传达情感的过程；沟通是一个人获得他人思想、情感、见解、价值观的重要途径；沟通是人与人之间交往的桥梁，人们分享彼此的情感和知识，消除误会，增进了解，达成共同认识或共同协议。

沟通管理的目的是在项目管理过程中，建立规范科学的沟通机制，确保信息传递的有效性、准确性、及时性。

为了推进软件测试工作的有效顺利开展，在测试项目实施过程中，需要测试经理及测试工程师重视并进行一定量的沟通工作。

经常会有人说，软件研发人员的沟通很重要，软件测试人员的沟通更重要。为什么呢？这主要由如下两方面决定：

（1）软件生产的特点：软件规模除了小型项目外，大多是中型、大型及超大型的规模，软件结构都很复杂，涉及多人组成的团队的工作。当团队面对规模越大、逻辑越复杂的项目，越需要良好的沟通质量，才能推动项目的有效进行。

（2）测试工作的特点：软件测试依赖于软件需求、产品定义、软件代码质量、测试环境与数据等，良好的测试工作基于有效的沟通。

沟通是信息交换的过程，是信息接收者和发送者基于特定的环境，通过一定的渠道（信息在参与者之间进行传递的途径），分享信息和表达思想的过程。沟通模型如图 8-2 所示，在沟通过程中，噪声（干扰和阻碍理解和解释信息的因素）的影响常常导致信息的发送方与接收方产生沟通不畅或理解错误的情况，因此项目经理（测试经理）需要重视沟通管理计划与落实。

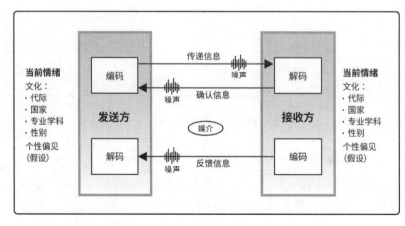

图 8-2 沟通模型

通常根据沟通活动的不同维度，将沟通形式分为如下 4 类：

（1）内部（测试组内）和外部（其他项目组、跨条线、各级管理者）。

（2）正式（报告、会议纪要、周报）和非正式（电子邮件、即兴讨论）。

（3）垂直（上下级之间）和水平（同级之间）。

（4）书面和口头。

8.6.2　测试项目沟通的主要活动

（1）识别项目干系人：识别所有受测试项目影响的人员或组织，记录其利益、参与情况和影响项目测试的过程。具体管理内容包括：明确项目团队组织结构的设定策略，分组的工作目标和职能；提供测试团队的组织结构图，明确测试团队的分组及相关岗位角色；建立完整的项目干系人通讯录，保证干系人沟通顺畅；明确相关干系人的岗位角色与职责分工；了解干系人对测试组织的期望，结合项目实施计划，对干系人参与任务提出要求（例如，为了熟悉和了解项目业务和被测系统，需要业务人员为测试人员提供培训支持）。

（2）制订沟通计划：确定项目干系人的信息需求，明确沟通方法，制订项目的沟通计划。具体管理要求包括：根据项目干系人，建立沟通矩阵模型（大型及超大型项目）；确定沟通的频率、时长、主题、内容、干系人及沟通交付成果物（如日报、周报、会议纪要等）；确定沟通的形式（研讨、日站会、周例会、专题会议）。各种沟通形式有不同的目的和方式，举例如下：

1）日站会的管理要求：由测试经理组织，测试组成员汇报个人工作任务的完成情况及问题处理情况，未来八小时的任务；日站会结束后，测试经理对站会上发现的问题或风险情况进行跟踪、处理与记录。

2）周例会的管理要求：测试组每周召开项目的周例会；测试经理对本周项目情况和下周工作计划进行总结。具体内容包括但不限于项目进展状况、工作量、项目交付情况、项目的执行情况、项目存在问题及问题解决情况、下周工作计划、需要项目成员改进的地方等。

3）专题会议的管理要求：专题会议一般由测试经理发起，参与会议的人员可能包括但不限于相关管理人员、开发和业务部门的相关人员等。专题会议的主题是研究并落实项目过程中各类重大问题（如项目自身的技术问题、业务问题、环境问题、数据问题）和风险（项目风险和产品风险等），例如需求讨论会、用例评审会、遗留缺陷讨论会、测试工具培训等。

（3）管理干系人期望：为满足干系人期望，需要建立定期沟通机制，确认干系人期望的活动。管理要求如下：

1）记录项目干系人对项目的期望（例如工期要求、培训要求、文档要求、项目范围的要求、汇报的要求等）。

2）在定期会议（例如日例会、周例会或专题会议、项目里程碑阶段评审会议）上，就项目干系人的期望，由项目经理进行确认和影响评估。

3）若干系人期望发生变化，需修订干系人期望的记录，并由项目经理重新评估项目范围、进度、质量是否发生变化，若存在变化，启动项目变更流程。

（4）报告绩效：收集并发布绩效信息（包括状态报告、进展测量结果和预测情况）的活动。

绩效报告的管理包括如下内容：对过去绩效的分析；当前项目风险、问题状态及本期完成的工作情况；下一时期需要完成的工作计划；由需求变更带来的测试工作量变更情况；项目交付成果物及数量等。报告绩效采取的方式有邮件、会议、文档等。

8.6.3 软件测试中各沟通对象及内容

一个项目组织中，测试过程中涉及的角色及其沟通职责可能如下，具体项目根据该项目规模、组织架构、测试组织职责分工等各有不同：

（1）测试部门主管：负责与上级部门沟通，获取对项目的总体要求；向下级人员传递工作目标及目标实现方法；对下级人员进行工作分配、资源协调；获取下级人员反馈信息，作为决策依据。

（2）测试经理：负责测试沟通计划的制订与宣讲、管理组内工作分配、资源协调；获取测试组内成员反馈信息，制定相应决策。

（3）测试组长：负责对下级测试人员进行任务分配、资源协调；获取测试反馈信息；对下级反馈信息进行梳理并向上反馈；测试报告汇总等。

（4）测试人员：负责测试任务的具体执行（测试需求分析、用例设计、用例执行、提交缺陷缺陷等）；填写日报汇报工作内容与进度；汇报测试活动中的风险。

（5）开发人员：负责协助测试人员排查测试问题；按缺陷处理时效要求解决测试人员提交的缺陷；参与测试方案及用例的评审；跟踪测试进度。

（6）开发负责人：负责开发任务的测试申请；协调资源配合测试人员进行测试。

（7）需求人员：负责提供评审通过需求文档给测试人员；配合测试人员确认需求问题；跟踪需求测试进度。

【例 8-10】沟通计划举例。

【案例分析】例如某公司核心业务系统测试方案中沟通方案的内容包括：

（1）沟通管理工作内容。在项目中与各团队要保持密切的沟通与协调，确保项目的透明度。

由于引入外部人员服务涉及的人员多，为保证项目的顺利进展，宣传管理规范和标准、安排工作计划、协调相关资源、解决工作中出现的问题，有效的沟通管理是项目成功的关键。

（2）工程协调会制度。项目管理办公室组织，听取各项目组的工作汇报，协调解决进展中的问题、听取质量审查的结论和建议、讨论下一阶段的工作。

参加人员：工程总监、项目管理办公室、项目经理（测试项目负责人）、其他相关人员。

会议频率：每月。

反馈机制：面对面。

（3）项目周例会制度。每周由项目经理组织项目例会，进行内部协调、沟通，检查上周的工作和部署下一阶段工作，形成会议纪要，并向项目管理办公室汇报项目进展情况和会议结论。

参加人员：项目经理、业务人员、项目组全体人员、项目管理办公室相关业务、技术、质量人员。

会议频率：每周。

反馈机制：面对面。

（4）简报制度。项目组定期与不定期（周报、月报）根据项目的进展情况，编制项目简报。简报主要通报项目的进展情况、存在的问题、下一步的工作安排或调整。

发放单位：高层领导、工程指导委员会、项目管理办公室、工程参与各方主要人员。

简报频率：周/月。

反馈机制：电子邮件、纸介质文件。

（5）洽商函制度。对于项目出现的重大问题，且处理范围已经超过了项目管理办公室的职权范围，由项目管理办公室共同或单方，向一方或双方的高层发出"洽商函"，就相关问题进行说明，并明确要求对方在确切时间就相关问题进行答复。

洽商频率：根据工作需要。

（6）汇报制度。项目管理办公室在必要时，以书面或者会议形式向高层汇报项目进展情况与必须及时解决的重大问题。汇报内容须经审批同意。

汇报对象：高层。

汇报频率：根据工作需要。

（7）其他沟通方式。根据项目的需要，如遇到其他单方无法解决且非常急迫的问题，任何一方均可通知项目管理办公室、发起其沟通会议。

（8）主要沟通工具。主要沟通工具有会议、电子邮件系统、投影仪、PowerPoint、Word、Excel。

（9）项目管理办公室（PMO）在沟通中的工作重点。

及时公正：针对项目进度及影响进度的问题和风险情况编写 PMO 工作报告，提示问题和风险。

跟踪周报：对任务延迟原因及进展情况进行汇报，确保项目进度透明、信息共享。

协调有争议的问题：针对各组上报的疑难问题及存在争议的问题，组织相关方进行问题分析，推动问题解决。

有效跟踪：对项目涉及的所有系统的改造工作进行统一管理跟踪，协助领导优化实施路径和资源配置，以保证项目的有效推进。

【例 8-11】会议纪要一般内容。

【案例分析】表 8.11 为沟通会议纪要样例。

表 8.11　沟通会议纪要样例

日期：2018-10-25	地点：×××第五洽谈室
时间：10:00—10:30	记录：张三

参加人员：

A 公司：张三、李四

B 公司：王五、赵六

主题/主要内容：

1．REQ-838 单证归档优化，需求沟通

2．REQ-841 岗位权限规则优化，需求沟通

3．下一升级周期（10.23—11.19）的工作计划沟通

续表

会议记录：

1．REQ-838 单证归档优化

（1）在增加新单证类型代码时，为其生成对应的编码，重新制定单证类型编码生成规则。

（2）生成的归档号首字母重新制定。

2．REQ-841 岗位权限规则优化

历史数据将保持原有岗位的权限，仅在新增加岗位配置时按照岗位权限规则进行配置

决议事项/尚待解决问题：

决议事项：

1．新增加交强险标识自动生成归档号和生成结算凭证数据与收付接口的推送需求

2．两个新增加的需求要优先于发票改造的需求。

尚待解决问题：

无

本章小结

　　本章对软件测试项目管理中经常涉及的管理问题进行了阐述。测试范围说明了该项目测试什么、不测试什么。在项目过程中，随着业务需求的变更，测试范围也常发生变化，因此测试经理需要反复确认测试范围，使测试没有遗漏，但也不浪费时间在测试范围之外的内容上。测试进度依赖的外部因素很多，包括研发进度、研发质量、被测系统环境与版本等，所以保证测试进度需要测试经理有合理的工作量预估和全程的进度跟踪与管理。测试风险是影响测试进度与质量的重要因素，需要测试经理组织团队注重项目风险和产品风险。在测试工作进行中，还需要注重测试配置管理工作，使测试过程产出物在统一的工具中得到清晰和有效的管理。此外，软件测试人员的沟通对项目的有效推进起到非常重要的作用，测试经理需要擅长沟通和沟通管理。最终，一名优秀的测试经理需要做好测试项目的整合管理。

课后习题

一、简答题

1．项目有哪些特征？

2．试述项目管理三角形。

3．测试项目管理有哪些基本原则？

4．测试组织的管理者必须具备哪些能力？

5．什么是类比估算法？

6．什么是项目风险？项目风险有哪些类型？

7．什么是产品风险？产品风险有哪些来源？

8．测试配置库中主要包括哪些方面的配置项？

9．请阐述你对沟通模型的理解。

10．软件测试中有哪些沟通对象？可能的沟通内容包括哪些？

二、设计题

1．某软件的工作量是 20000 行，由 4 个人组成的开发小组开发，每个程序员的生产效率是 5000 行/人月，每对程序员的沟通成本是 250 行/人月，该软件需要开发多少个月？

2．某软件工程项目各开发阶段的工作量比例见表 8.12，假设当前已处于编码阶段，程序已完成 1200 行（共 3000 行），估算该工程项目开发进度已完成的比重是多少？

表 8.12　某项目开发阶段的工作量比例

需求分析	概要设计	详细设计	编码	测试
0.23	0.11	0.15	0.2	0.31

参考文献

[1] 朱少民. 软件测试——基于问题驱动学习模式[M]. 北京：高等教育出版社，2017.

[2] 佟伟光，郭霏霏. 软件测试[M]. 2 版. 北京：人民邮电出版社，2015.

[3] 柳纯录，黄子河，陈渌萍. 软件评测师教程[M]. 北京：清华大学出版社，2005.

[4] 于涌. 精通软件性能测试与 LoadRunner 实战[M]. 北京：人民邮电出版社. 2010.

[5] 谭志彬，柳纯录. 信息系统项目管理师教程[M]. 3 版. 北京：清华大学出版社，2005.

[6] 朱少民. 软件测试方法和技术[M]. 北京：清华大学出版社. 2009.

[7] 邓武，李雪梅. 软件测试技术与实践[M]. 北京：清华大学出版社，2012

[8] 张坤，李媚，王向. 软件测试基础与测试案例分析[M]. 北京：清华大学出版社，2014.

[9] 宫云战. 软件测试教程[M]. 北京：机械工业出版社，2008.

[10] 郑人杰. 软件测试[M]. 北京：人民邮电出版社，2011.

[11] 朱少民. 软件质量保证和管理[M]. 北京：清华大学出版社，2007.

[12] 张靖，贾可荣，罗云锋. 软件测试研究综述[J]. 计算机与数字工程，2008（10）：78-82，93.

[13] 颜炯，王戟，陈火旺. 基于模型的软件测试综述[J]. 计算机科学，2004（3）：184-187.

[14] 赵斌. 软件测试技术经典教程[M]. 北京：科学出版社，2011.

[15] 黎连业，王华，李龙. 软件测试技术与测试实训教程[M]. 北京：机械工业出版社，2012.

[16] Kanglin Li, Mengqi Wu. 高效软件测试自动化[M]. 曹文静，谈利群，等译. 北京：电子工业出版社，2005.

[17] Daniel J Mosley, Bruce A Posey. 软件测试自动化[M]. 邓波，黄丽娟，等译. 北京：机械工业出版社，2003.

[18] 丛珉，陆民燕. 软件可靠性预计方法研究及实现[J]. 北京航空航天大学学报，2002，28（1）：34-38.

附录 软件测试的英文术语及中文翻译

序号	英文名称	中文名称	含义
1	Acceptance testing	验收测试	软件或硬件开发的一个测试阶段,以检验所测试的系统是否正确实现了所有的用户需求,以保证其达到可以交付使用的状态。通常是产品发布之前的最后一个测试阶段
2	Architecture	体系结构	系统各部件之间的结构和关系
3	Auditor	审核员	专门从事检查测试报告的正确性、合理性和可接受性的专业人员
4	Availability	可用性	软件在投入使用时能实现其指定的系统功能的概率,可用系统正常工作时间与总的运行时间之比计算
5	Alpha test	阿尔法测试	验收测试的一种,指的是由用户、测试人员、开发人员等共同参与的内部测试
6	Behavioral test	行为测试	基本计算机系统、硬件或软件假定完成的用途和功能测试,根据产品特征、操作描述和用户方案进行的,也被称为黑盒测试或功能测试
7	Black-box test	黑盒测试	无论程序内部结构是什么样的,把系统或软件看成一个黑盒,只是根据输入/输出条件、边界条件和限制,从用户观点/数据驱动的方式,来验证产品所应该具有的功能是否实现,是否满足用户的要求。参见行为测试
8	Baseline	基线	在配置项目生存周期的某个特定时间内,正式指定或固定下来的配置标识文件和一组这种文件或数据,可用作下一个开发的基础
9	Bug	软件缺陷	系统或程序中隐藏的功能缺陷、错误或瑕疵,而导致软件产品在某种程度上不能满足用户的需要
10	Build	构件	软件产品的一个工作版本,其中包括最终产品将拥有的能录的一个规定的子集
11	B/S	浏览器/服务器(结构)	B 指的是浏览器(Browser),S 指的是服务器(Server),这种软件同样是基于局域网或互联网的,它与 C/S 结构软件的区别就在于无须安装客户端(Client),只需有 IE 等浏览器就可以直接使用。比如搜狐、新浪等门户网站及 163 邮箱都是属于 B/S 结构的软件
12	Beta test	贝特测试	验收测试的一种,指的是内测之后的公测,即完全交给最终用户的测试
13	Black-box testing tools	黑盒测试工具	是指测试功能或性能的工具,主要用于系统测试和验收测试,其又可分为功能测试工具和性能测试工具

续表

序号	英文名称	中文名称	含义
14	Certification	认证	证实软件系统或程序在其运行环境中能满足规定的需求的过程,认证使验证和确认的过程扩充到实际的或模拟的运行环境中
15	Capacity test	容量测试	预先分析出反映软件系统应用特征的某项指标的极限值,如某个 Web 站点可以支持的多少个并发用户的访问量
16	Close or inactive	关闭或非激活状态	已经被解决的缺陷的一种状态,即被测试人员验证后,确认 Bug 不存在之后的状态
17	Code audit	代码审计	由某人或小组对源代码进行的独立的审查,已验证其是否符合软件设计文件和程序设计标准,还可能对正确性和有效性进行估计
18	Compatibility testing	兼容性测试	测试在特殊的硬件/软件/操作系统/网络环境下的软件表现
19	Component testing	组件测试	在系统集成之前,对构成系统的各组件进行测试的阶段,类似于模块测试或单元测试
20	Confirmation tests	确认测试	一套选定的测试,用于对报告中不能完全修复的缺陷进行测试的方法,包含对每个缺陷报告都重新执行测试过程和隔离步骤
21	Configuration	配置	未确定系统或系统组成部分的特定版本而在技术文档中提出的需求和制定的产品硬件、软件的特性要求
22	Configuration management	配置管理	标识和确定系统中配置项的过程,在系统整个生存周期内控制这些项的变化,记录并报告配置的状态和更新要求,验证配置项的完整性和正确性
23	Coverage	覆盖率	是检查对系统或子系统测试是否彻底的一种程度衡量,是测试质量的近似量
24	C/S	客户端/服务器	C 指的是客户端（Client）,S 指的是服务器端（Server）,这种软件是基于局域网或互联网的,需要一台服务器来玩装服务器端软件,每台客户端都需要安装客户端软件。比如人们经常用的 QQ、MSN 和各种网络游戏就是属于 C/S 结构的软件
25	Capability Maturity Model（CMM）	软件能力成熟度模型	CMM 就是 SQA 用来监督项目的一个标准质量模型,由卡内基-梅隆大学于 20 世纪 80 年代制定的,最初只是应用于本校的软件项目开发,后来逐渐推广为主流的行业标准。CMM 共 5 级:初始级、可重复级、已定义级、已管理级和优化级
26	Data flow testing	数据流测试	测试需求需要检验所有已定义的数据输入、处理、输出的一种测试类型
27	Defect	缺陷	未满足与预期或规定用途有关的要求,或软件中存在的某种破坏正常运行能力的问题、错误

序号	英文名称	中文名称	含义
28	Design specification	设计规格说明	描述设计要求的正式文档,对系统或系统组成部分(如软件配置项、算法、控制逻辑、数据结构、输入输出格式和接口等)进行设计
29	Distributed testing	分布式测试	在多个位置、涉及多个开发小组或两者兼备的情况下进行的测试
30	Dynamic testing	动态测试	是指实际进行被测程序,输入相应的测试数据,检查实际输出结果和预期结果是否相符的过程
31	Driver	驱动模块	是指模拟被测的上级模块,驱动模块用来接受测试数据,启动被测模块,并输出结果
32	Effectiveness	有效性	完成策划的活动并达到策划的结果的程度
33	Error,faults and failures	错位、缺陷与失效	错误是人为的失误,产生一个或者多个缺陷,这些缺陷被嵌入程序的文本中,执行有缺陷的代码时,会产生零个或多个失效
34	Exploratory testing	搜索性测试	并行地进行测试的设计、开发和执行,通常伴随着学习被测试的系统和不重要的测试文档
35	Failure	失效	系统或系统部件丧失了(在规定的限度内)执行所要求功能的能力
36	Fatal bug	致命的缺陷	造成系统或程序崩溃、宕机、悬挂、数据丢失或主要功能完全丧失等缺陷
37	Fixed or Resolved	已修正状态	缺陷被开发人员处理过并通过开发人员单元测试的状态,还需要测试人员的验证
38	Functional specification	产品功能规格说明(书)	产品或系统要实现的、满足用户需求的各种功能、特性和界面的描述(文档)
39	Functional tests	功能测试	参见行为测试或黑盒测试,但它还意味着集中与功能正确性方面的测试,功能测试必须与其他测试方法一起处理潜在的重要的质量风险,比如性能、负荷、容量等
40	Grade	等级	对功能、用处相同但质量要求不同的产品、过程或体系所作的分类或分级
41	Granularity	粒度	聚集的精确度或粗糙度。高粒度测试让测试者检验低级细节,如结构测试,而行为测试不是低粒度测试,它给测试者提供整体系统行为的信息,而不是细节
42	Gary-box testing	灰盒测试	可以把它看作黑盒测试和白盒测试的一种结合
43	Ideal fault condition	理想缺陷条件	在测试理论中,是指可达性、必要性和传播性条件
44	Implementation requirement	实现需求	对软件设计的实现产生影响或限制的任何要求。例如,设计描述、软件开发标准、程序设计语言要求、软件质量保证标准等

续表

序号	英文名称	中文名称	含义
45	Integration testing	集成测试	在单元测试的基础上，按照设计要求，将所有单元（模块/组件）组装成系统而进行的测试，通过测试，可以发现单元之间关系和接口中的错误
46	Inspection	代码审查	静态测试的一种方法，由开发组内部进行，采用讲解、提问并使用编码模板进行的、查找错误的活动。一般有正式的计划、流程和结果报告
47	Installation testing	安装测试	指广义上的安装测试，包括安装、卸载
48	Invalid equivalence class	无效等价类	是指不符合《需求规格说明书》，无意义地输入数据集合
49	Log file	记录文件	包含测试运行时的实际输出的文件
50	Load testing	负载测试	是性能测试的一种，通常是指被测系统在其能忍受的压力极限范围之内连续运行，来测试系统的稳定性
51	Maintainable	可维护性	由于用户新的需求、功能增强或所发现的问题，对已开始使用的系统修改的难易程度
52	Major bug	一般的缺陷	这种软件缺陷虽然不影响系统的基本使用，但没有很好地实现功能、没有达到预期效果。如次要功能丧失、提示信息不太准确、用户界面不友好、操作时间长等问题
53	Management system	管理体系	建立方针和目标并实现这些目标体系
54	Module	模块	是离散的程序单元，且对于编译、与其他单元相结合是可识别的
55	Mean Time Between Failure（MTBF）	失效平均时间	数据预测系统的现场错误率，暗示了稳定性、可靠性
56	Mean Time to Repair（MTTR）	平均维修时间	表明系统的可恢复时间
57	Necessity condition	必要性条件	在测试理论中，采用导致程序出现错误内部状态的值来检验缺陷的要求
58	Organizational structure	组织结构	人员的职责、权限和相互关系的安排
59	Orthogonal	正交	两个或多个变量之间的关系描述，或集合中元素互不影响的一组集合元素之间的关系的描述
60	Peer review	同级评审	在一个项目组内，组员之间相互阅读和审查对方的代码、缺陷报告、计划书等
61	Performance	性能	在指定条件下，用软件实现某种功能所需的计算机资源（包括时间）的有效程度
62	Performance test	性能测试	确定系统运行时的性能表现，如得到运行速度、响应时间、占有系统资源等方面的系统数据
63	Project	项目	由一组有起止时间的、相互协调的受控活动组成的特定过程，该过程要求达到符合规定要求的目标，包括时间、成本和资源的约束条件

续表

序号	英文名称	中文名称	含义
64	Quality assurance	质量保证	通过对软件产品和活动有计划进行评审和审计，确保任何经过认可的标准和步骤都被遵循，并且保证问题被及时发现和处理。质量管理的一方面致力于提供能满足质量要求的信任
65	Quality control	质量控制	质量管理的一部分，致力于满足质量要求
66	Quality management	质量管理	指导和控制组织的关于质量的相互协调的活动
67	Quality metric	质量度量	对软件所具有的、影响其质量的给定属性进行的定量测量
68	Quality risk management	质量风险管理	以预防或发现并消除风险为目的，识别、优化、管理被测试系统质量风险的过程
69	Recovery testing	恢复测试	对系统崩溃或失效之后的系统和数据重新恢复的能力和效率
70	Regression testing	回归测试	用于验证改变了的系统或其组件仍然保持应有的特性，即保证不会因为处理存在的缺陷、添加产品新功能等进行的程序修改而导致原有正常功能的实效
71	Release	产品发布	对进入一个过程的下一阶段的许可
72	Reporting logs	报告日志	测试工具产生的原始测试输出，如通过 SoftICE 捕获的程序运行状态的文本文件
73	Review	评审	为确定主题事项达到规定目标的适宜性、充分性和有效性所进行的活动
74	Reliability testing	可靠性测试	也称稳定性测试，是指连续运行被测系统，检查系统运行时的稳定程度。人们通常用 MTBF 来衡量系统的稳定性，MTBF 越大，系统的稳定性越强
75	Random testing	随机测试	是指测试中所有的输入数据都是随机产生的，其目的是模拟用户的真是操作，并发现一些边缘性的错误
76	Scalability	可扩展性	软件系统可以在不同规模、不同档次的硬件平台上运行的能力
77	Script	脚本	自动测试工具的程序指令，程序指令由解释性语言（被称为脚本语言）写成
78	Security testing	安全测试	测试系统在应付非授权的内部/外部访问、故意的损坏时的防护情况
79	Software Development Life Cycle（SDLC）	软件开发生命周期	从需求分析、设计、编程、测试到维护的整个软件开发过程
80	Stress testing	压力测试	用来检查系统在大负荷条件下系统运行的情况
81	Structural test	结构测试	基于代码的或程序结构内部的测试技术和方法，又称白盒测试

序号	英文名称	中文名称	含义
82	Stub	桩模块	对顶层或上层模块进行集成测试中,所编制的替代下层模块的程序
83	System testing	系统测试	软件测试的一个阶段,将软件放在整个计算机环境下,包括软硬件平台、某些支持软件、数据和人员等,在实际运行环境下进行一系列的可用性测试
84	Software	软件	是计算机中与硬件结合的一部分,包括程序和文档
85	Software testing	软件测试	使用人工或自动手段运行或测试某个系统的过程。其目的在于检验它是否满足规定的需求或弄清预期结果与实际结果之间的差别
86	Static testing	静态测试	是指不实际运行被测软件,而只是静态地检查程序代码、界面或文档中可能存在的错误的过程
87	Smoke testing	冒烟测试	是指在对一个新版本进行系统大规模的测试之前,先验证一下软件的基本功能是否实现,是否具备可测性
88	Software quality assurance	软件质量保证	为了确保软件开发过程和结果符合预期的要求而建立的一系列规程,以及依照规程和计划采取的一系列活动及其结果评价
89	Test automation	测试自动化	通过软件测试工具自动执行软件测试的方法
90	Test case	测试用例	为了特定目的(如考查特定程序路径或验证是否符合特定的需求)而设计的测试数据及与之相关的测试规程的一个特定的集合,或称有效地发现软件缺陷的最小测试执行单元
91	Test casually	随机测试	模拟客户操作的随意性,进行大量的、自动化的随机测试,来发现今后用户可能会碰到的问题
92	Test coverage	测试覆盖	测试系统覆盖被测系统的程度。这种度量可以表示为结构化元素（如代码行）或功能点被覆盖的百分比
93	Test platform	测试阶段	指定特殊的质量风险集合并有一个或更多测试通过组成的测试期
94	Test specification	测试规格说明	用来测试子系统的一个特定输入集。测试规格说明满足一个或多个测试需求。例如:单个测试规格说明 A=−1 和 B=0 可以满足 A<B 和 A<0 两个测试需求。测试规格说明还包含根据这些值执行子系统后,预期应得结果的精准描述
95	Test suite	测试包/测试套件	一组测试用例的集合、执行框架,是组织测试用例的方法,通过测试用例组合可以创造新的测试条件或满足某个特定的测试目标

序号	英文名称	中文名称	含义
96	Test tool	测试工具	应用于测试用例执行、安装或撤销测试环境、创造测试条件或者度量测试结果的过程中的软件系统或程序
97	Tolerance Test	容错测试	对系统在各种异常条件下提供继续操作的能力的测试
98	Test environment	测试环境	软件测试环境就是软件运行的平台，包括软件、硬件和网络的集合。用一个等式来表示：测试环境=软件+硬件+网络。其中，"硬件"主要包括PC（包括品牌机和兼容机）、笔记本、服务器、各种PDA终端等；"软件"主要指软件运行的操作系统；"网络"主要指C/S结构和B/S结构的软件
99	Testing management tools	测试管理工具	是指管理整个测试流程的工具，主要功能有测试计划的管理、测试用例的管理、缺陷跟踪、测试报告管理等，一般贯穿于整个软件生命周期
100	Unit testing	单元测试	指一段代码、一个函数或子程序、模块或组件的基本测试，一般由开发者执行，采用白盒测试方法，可以从程序的内部结构出发设计测试用例
101	Usability	可用性	软件在用户学习、操作和理解等方面所做努力的程度，如安装性、使用性、界面友好性等，并能否适用于不同特点的用户，包括对残疾人、有缺陷的人能提供产品使用的有效途径或手段
102	UI testing	界面测试	UI（User Interface）即用户界面的缩写。一般情况下，都把软件的界面测试用例同软件的逻辑功能测试用例分开写
103	Usability testing	易用性测试	是指从软件使用的合理性和方便性等角度对软件系统进行检查，来发现软件中不方便用户使用的地方
104	Validation	确认	通过提供客观证据对特定的预期使用或应用要求已得到满足的认定，要能保证所生产的软件可追溯到用户需求的一系列活动
105	Verification	验证	即检验软件是否已正确地实现了产品规格书所定义的系统功能和特性。验证过程提供证据表明软件相关产品与所有生命周期活动的要求（如正确性、完整性、一致性、准确性等）一致
106	Version	版本	某个配置项的一个可标识的实例
107	Valid equivalence class	有效等价类	是指符合《需求规格说明书》，对于程序的规格说明来说是合理的、有意义的输入数据构成的集合
108	White-box tests	白盒测试	在已知产品的内部工作过程（如计算机程序的结构和语句），检验程序中的变量状态、语句、路径、条件、逻辑结构等是否符合设计规格要求、或达到预定要求结果。参见结构测试

序号	英文名称	中文名称	含义
109	Walk-through	走查	评审的一种方式，指由某个设计/开发者通过已书写的设计或编码，其他成员负责提出问题并对有关技术、风格、可能的错误、是否违背开发标准的地方等进行讨论
110	White-box testing tools	白盒测试工具	是指测试软件的源代码的工具，可以实现代码的静态分析、动态测试、评审等功能，主要用于单元测试